"十四五"职业教育国家规划教材

# 建筑工程质量与安全管理

## （第2版）

主　编　郝永池
副主编　谷军明　王云龙
参　编　梁慧敏

北京理工大学出版社
BEIJING INSTITUTE OF TECHNOLOGY PRESS

## 内 容 提 要

本书为"十四五"职业教育国家规划教材。全书为上、下两篇共12个项目。上篇为建筑工程质量管理，共8个项目：建筑工程质量管理基本知识、建筑工程项目质量控制体系、建筑工程项目质量控制、各分部工程质量控制要点、建筑工程项目质量验收、建筑工程质量改进和质量事故的处理、质量控制的统计分析方法、建设行政管理部门对施工质量的监督管理。下篇为建筑工程安全管理，共4个项目：建筑工程职业健康安全管理基本知识、建筑工程施工安全措施、建筑工程职业健康安全事故的分类和处理、建筑工程项目环境与绿色施工管理。

本书可作为高等院校土木工程、工程造价、工程管理、建筑装饰工程技术等相关专业的教材，也可作为相关工程技术人员工作时的参考书。

**版权专有　侵权必究**

### 图书在版编目(CIP)数据

建筑工程质量与安全管理/郝永池主编.——2版
.——北京：北京理工大学出版社，2022.2(2024.1重印)
ISBN 978—7—5763—0975—1

Ⅰ.①建… Ⅱ.①郝… Ⅲ.①建筑工程－工程质量－质量管理②建筑工程－安全管理　Ⅳ.①TU71

中国版本图书馆CIP数据核字(2022)第028977号

| | | | |
|---|---|---|---|
| **责任编辑**：钟　博 | | **文案编辑**：钟　博 | |
| **责任校对**：周瑞红 | | **责任印制**：边心超 | |

**出版发行** / 北京理工大学出版社有限责任公司
**社　　址** / 北京市丰台区四合庄路6号
**邮　　编** / 100070
**电　　话** /（010）68914026（教材售后服务热线）
　　　　　　（010）68944437（课件资源服务热线）
**网　　址** / http://www.bitpress.com.cn
**版 印 次** / 2024年1月第2版第6次印刷
**印　　刷** / 北京紫瑞利印刷有限公司
**开　　本** / 787 mm×1092 mm　1/16
**印　　张** / 16
**字　　数** / 385千字
**定　　价** / 49.00元

图书出现印装质量问题，请拨打售后服务热线，负责调换

# 前　言

　　质量是企业的根本，安全是企业的命脉。质量与安全管理是建筑企业项目管理的核心，也是建筑企业的基本社会责任与担当。党的二十大报告中指出，建设现代化产业体系"坚持把发展经济的着力点放在实体经济上，推进新型工业化，加快建设制造强国、质量强国、航天强国、交通强国、网络强国、数字中国。"提高公共安全治理水平，"坚持安全第一、预防为主，建立大安全大应急框架，完善公共安全体系，推动公共安全治理模式向事前预防转型。推进安全生产风险专项整治，加强重点行业、重点领域安全监管。"建筑领域的质量与安全管理，更是关乎人民生命财产安全。《建筑工程质量与安全管理》第1版自出版以来，得到了众多高等院校师生的肯定和认可，同时获评"十三五"职业教育国家规划教材。随着近年来建筑业的高速发展，不断出现新的法律法规和行业标准，有必要对教材进一步修订。为此，我们对原教材进行了修订改版。

　　本次改版维持了原教材的定位和特色，主要内容也保留了原教材的结构体系和编排形式。教材在内容上仍分为上、下两篇：上篇为建筑工程质量管理；下篇为建筑工程安全管理。在下篇"建筑工程安全管理"部分中仍保留"建筑工程项目环境与绿色施工管理"这一特色内容。根据教育部《高等职业学校专业教学标准》目录和读者的反馈意见，针对土木工程类及相关专业人才培养目标以及建筑行业通用岗位职业标准，我们对原教材作了必要的修订，主要的修订内容包括以下几个方面。

　　（1）本次修订，教材各项目增加了素质目标，与职业教育、思政教育紧密衔接，体现时代性。

　　（2）本次修订，教材调整了编写思路，整套教材以"项目教学"方式展开，通过"项目导入"引入教学内容，力求实现建筑职业岗位工作过程和课程教学内容与教学过程的有机融合，体现课程教学目标并遵循学生职业成长规律。

　　（3）在上篇"建筑工程质量管理"部分中增加了"建设行政管理部门对施工质量的

监督管理",体现了我国对建筑工程质量管理的新要求。

（4）根据新法律法规、行业标准，对原教材内容进行相应的更新，体现了行业的新技术和新要求。在编写过程中，吸取当前行业企业应用的管理方法，并认真贯彻我国现行规范及有关文件，从而增强了适应性与应用性。

本书由河北工业职业技术大学郝永池担任主编，河北工业职业技术大学谷军明、王云龙担任副主编，河北工业职业技术大学梁慧敏参与本书部分章节编写。具体编写分工为：项目1～项目3、项目6～项目8、项目10由郝永池编写，项目4、项目5由谷军明编写，项目9由王云龙编写，项目11、项目12由梁慧敏编写。全书由郝永池统稿、修改并定稿。本书在编写过程中得到了有关单位和个人的大力支持，在此表示感谢。

限于编者水平，加之时间仓促，书中难免存在缺陷和不足之处，敬请读者提出宝贵意见，以便不断修订完善。

编　者

# 目 录

## 上篇　建筑工程质量管理

**项目1　建筑工程质量管理基本知识** ········································· 1
　1.1　建筑工程质量管理的相关概念 ············································ 1
　1.2　质量管理发展的三个阶段 ················································ 2
　1.3　建筑工程质量的形成过程和影响因素分析 ···································· 4
　1.4　建筑工程质量管理的责任和义务 ·········································· 7
　项目小结 ····························································· 11
　复习思考题 ··························································· 11
　专项实训 ····························································· 12

**项目2　建筑工程项目质量控制体系** ········································ 13
　2.1　全面质量管理思想和方法的应用 ·········································· 13
　2.2　项目质量控制体系的建立和运行 ·········································· 15
　2.3　建筑施工企业质量管理体系的建立与认证 ···································· 18
　项目小结 ····························································· 22
　复习思考题 ··························································· 23
　专项实训 ····························································· 23

**项目3　建筑工程项目质量控制** ············································ 24
　3.1　施工质量控制的依据与基本环节 ·········································· 24
　3.2　施工质量计划的内容与编制方法 ·········································· 26
　3.3　施工生产要素的质量控制 ·············································· 30
　3.4　施工准备的质量控制 ·················································· 32
　3.5　施工过程的质量控制 ·················································· 36
　3.6　施工质量与设计质量的协调 ············································ 42
　项目小结 ····························································· 43
　复习思考题 ··························································· 44

专项实训 ································································································· 44

## 项目4　各分部工程质量控制要点　46
### 4.1　地基与基础工程施工质量控制要点　46
### 4.2　主体工程施工质量控制要点　53
### 4.3　屋面工程施工质量控制要点　61
### 4.4　装饰工程施工质量控制要点　66
### 4.5　建筑节能工程施工质量控制要点　76
　　项目小结 ································································································· 82
　　复习思考题 ····························································································· 83
　　专项实训 ································································································· 83

## 项目5　建筑工程项目质量验收　85
### 5.1　建筑工程施工过程的质量验收　85
### 5.2　建筑工程竣工质量验收　87
### 5.3　建筑工程竣工资料　90
### 5.4　建筑工程竣工验收管理　94
### 5.5　建筑工程项目产品回访与保修　98
　　项目小结 ······························································································· 104
　　复习思考题 ··························································································· 104
　　专项实训 ······························································································· 105

## 项目6　建筑工程质量改进和质量事故的处理　106
### 6.1　工程质量问题和质量事故的分类　106
### 6.2　施工质量事故的预防　107
### 6.3　施工质量问题和质量事故的处理　109
　　项目小结 ······························································································· 112
　　复习思考题 ··························································································· 112
　　专项实训 ······························································································· 113

## 项目7　质量控制的统计分析方法　114
### 7.1　质量统计基本知识　114
### 7.2　质量分析方法　116
　　项目小结 ······························································································· 126
　　复习思考题 ··························································································· 126
　　专项实训 ······························································································· 127

## 项目8 建设行政管理部门对施工质量的监督管理 …… **128**
- 8.1 建筑工程施工质量监督管理制度 …… 128
- 8.2 建筑工程施工质量监督管理的实施 …… 129
- 项目小结 …… 130
- 复习思考题 …… 131
- 专项实训 …… 131

# 下篇　建筑工程安全管理

## 项目9 建筑工程职业健康安全管理基本知识 …… **132**
- 9.1 职业健康安全管理体系 …… 132
- 9.2 建筑工程职业健康安全管理的目的、特点和要求 …… 136
- 9.3 安全生产管理制度 …… 137
- 9.4 安全生产管理预警体系的建立和运行 …… 144
- 项目小结 …… 147
- 复习思考题 …… 147
- 专项实训 …… 148

## 项目10 建筑工程施工安全措施 …… **149**
- 10.1 建筑工程施工安全技术措施 …… 149
- 10.2 安全技术交底 …… 152
- 10.3 安全生产检查监督 …… 152
- 10.4 基坑作业安全技术 …… 157
- 10.5 脚手架工程施工安全技术 …… 164
- 10.6 高处作业施工安全技术 …… 171
- 10.7 施工机械与临时用电安全技术 …… 178
- 10.8 施工现场防火安全管理 …… 181
- 项目小结 …… 188
- 复习思考题 …… 189
- 专项实训 …… 189

## 项目11 建筑工程职业健康安全事故的分类和处理 …… **190**
- 11.1 建筑工程生产安全事故应急预案 …… 190
- 11.2 职业健康安全事故的分类和处理 …… 196
- 11.3 各工种安全技术操作规程 …… 200
- 项目小结 …… 206
- 复习思考题 …… 207

  专项实训 ················································································· 207

## 项目12　建筑工程项目环境与绿色施工管理············································ 208
  12.1　建筑工程文明施工管理 ······················································ 208
  12.2　建筑工程施工现场环境管理 ·············································· 211
  12.3　建筑工程绿色施工管理 ······················································ 216
  项目小结 ··················································································· 244
  复习思考题 ··············································································· 244
  专项实训 ··················································································· 245

## 参考文献 ································································································ 246

# 上篇　建筑工程质量管理

# 项目1　建筑工程质量管理基本知识

**项目描述**

本项目主要介绍了建筑工程质量管理的相关概念、质量管理的发展阶段、建筑工程质量的形成过程和影响因素分析、建筑工程质量管理的责任和义务等内容。

建筑工程质量管理
基本知识

**学习目标**

通过本项目的学习,学生能够了解建筑工程质量管理的相关概念和质量管理的发展阶段,掌握建筑工程质量的形成过程和影响因素,熟悉建筑工程质量管理的责任和义务。

**素质目标**

党的二十大报告提出,"加快建设制造强国、质量强国"。质量事关人民群众生命财产安全,直接影响到工程的适用性、可靠性和建设工程的投资效益。通过本项目的学习,培养学生认真负责的质量意识和科学严谨的工作态度。

**项目导入**

质量是建筑工程项目管理的主要控制目标之一。建筑工程项目的质量控制,需要系统、有效地应用质量管理和质量控制的基本原理和方法,建立和运行工程项目质量控制体系,落实项目各参与方的质量责任,通过项目实施过程中各个环节质量控制的职能活动,有效预防和正确处理可能发生的工程质量事故,在政府的监督下实现建筑工程项目的质量目标。

## 1.1　建筑工程质量管理的相关概念

**1. 质量和工程项目质量**

我国标准《质量管理体系　基础和术语》(GB/T 19000—2016/ISO 9000:2015)关于质量的定义是:客体的一组固有特性满足要求的程度。该定义可理解为:质量不仅是指产品的质量,也包括产品生产活动或过程的工作质量,还包括质量管理体系运行的质量;质量由一组固有的特性来表征(所谓"固有的特性",就是指本来就有的、永久的特性),这些固有的特性是指满足顾客和其他相关方要求的特性,以其满足要求的程度来衡量;而质量要求是指明示的、隐含的或必须履行的需要和期望,这些要求又是动态的、

建筑工程质量管理的相关概念

发展的和相对的。也就是说，质量"好"或"差"，以其固有特性满足质量要求的程度来衡量。

建筑工程项目质量是指通过项目实施形成的工程实体的质量，是反映建筑工程满足相关标准规定或合同约定的要求，包括其在安全、使用功能及其在耐久性能、环境保护等方面所有明显和隐含能力的特性总和。其质量特性主要体现在适用性、安全性、耐久性、可靠性、经济性及其与环境的协调性等六个方面。

**2. 质量管理和工程项目质量管理**

我国标准《质量管理体系　基础和术语》(GB/T 19000—2016/ISO 9000：2015)关于质量管理的定义是：关于质量的管理。而管理就是指挥和控制组织的协调的活动。与质量有关的活动，通常包括质量方针和质量目标的建立、质量策划、质量控制、质量保证和质量改进等。所以，质量管理就是建立和确定质量方针、质量目标及职责，并在质量管理体系中通过质量策划、质量控制、质量保证和质量改进等手段来实施和实现全部质量管理职能的所有活动。

工程项目质量管理是指在工程项目实施过程中，指挥和控制项目参与各方关于质量的相互协调的活动，是围绕着使工程项目满足质量要求而开展的策划、组织、计划、实施、检查、监督和审核等所有管理活动的总和。它是工程项目的建设、勘察、设计、施工、监理等单位的共同职责，参与各方的项目经理必须调动与项目质量有关的所有人员的积极性，共同做好本职工作，才能完成项目质量管理的任务。

**3. 质量控制与工程项目质量控制**

根据国家标准《质量管理体系　基础和术语》(GB/T 19000—2016/ISO 9000：2015)的定义，质量控制是质量管理的一部分，是致力于满足质量要求的一系列相关活动。这些活动主要包括：

(1)设定目标，即设定要求，确定需要控制的标准、区间、范围和区域。

(2)测量结果。测量满足所设定目标的程度。

(3)评价，即评价控制的能力和效果。

(4)纠偏。对不满足设定目标的偏差，及时纠正，保持控制能力的稳定性。

也就是说，质量控制是在明确的质量目标和具体的条件下，通过行动方案和资源配置的计划、实施、检查和监督，进行质量目标的事前预控、事中控制和事后纠偏控制，实现预期质量目标的系统过程。

工程项目的质量要求是由业主方提出的，即项目的质量目标，是业主的建设意图通过项目策划，包括项目的定义及建设规模、系统构成、使用功能和价值、规格、档次、标准等的定位策划和目标决策来确定的。工程项目质量控制，就是在项目实施的整个过程中，包括项目的勘察设计、招标采购、施工安装、竣工验收等各个阶段，项目参与各方致力于实现业主要求的项目质量总目标的一系列活动。

工程项目质量控制包括项目的建设、勘察、设计、施工、监理各方的质量控制活动。

# 1.2　质量管理发展的三个阶段

质量管理的发展，按照其所依据的手段和方式来划分，大致经过三个阶段。

**1. 质量检验阶段**

在质量检验阶段，人们对质量管理的理解还仅限于质量的检验。就是说通过严格检验来控制和保证转入下道工序和出厂的产品质量。

(1)操作者的质量管理。20世纪以前，产品的质量检验，主要依靠手工操作者的手艺和经验，对产品的质量进行鉴别、把关。

(2)工长的质量管理。1918年，美国出现了以泰勒为代表的"科学管理运动"，强调工长在保证质量方面的作用。于是，执行质量管理的责任就由操作者转移到工长。

(3)检验员的质量管理。1940年，由于企业生产规模的不断扩大，这一职能由工长转移到专职检验员。大多数企业都设置了专职的检验部门，配备有专职的检验人员。其用一定的检测手段负责全厂的产品检验工作。

专职检验的特点是"三权分立"，即有人专职制定标准，有人负责制造，有人专职检验产品质量。这种做法的实质是在产品中挑废品、划等级。这样做虽然在保证出厂产品质量方面有一定的成效，但也有不可克服的缺点：

1)出现质量问题容易扯皮、推诿，缺乏系统的观念。

2)只能事后把关，不能在生产过程中起到预防、控制作用，待发现废品时已经成为事实，无法补救。

3)对产品的全数检验，有时在技术上是不可能做到的(如破坏性检验)，有时在经济上是不合理、不合算的(如检验工时太长、检验费用太高等)。随着生产规模的不断扩大和生产效率的不断提高，这些缺点也就显得越来越突出。

**2. 统计质量控制阶段**

由于第二次世界大战对军需品的特殊需要，单纯的质量检验已不能适应战争的需要。因此，美国组织了数理统计专家在国防工业中去解决实际问题。这些数理统计专家在军工生产中广泛应用数理统计方法进行生产过程的工序控制，并产生了非常显著的效果，保证和改善了军工产品的质量。后来人们又把它推广到民用产品中，给各个公司带来了巨额利润。

这一阶段的特点是利用数理统计原理在生产工序间进行质量控制，预防产生不合格品并检验产品的质量。在方式上，责任者也由专职的检验员转为专业的质量控制工程师和技术人员。这标志着事后检验的观念改变为预测质量事故的发生并事先加以预防的观念。

由于这个阶段过于强调质量控制的统计方法，人们误认为"质量管理就是统计方法，是统计学家的事情"，这在一定程度上也限制了质量管理统计方法的普及和推广。

**3. 全面质量管理阶段**

全面质量管理最先起源于美国，后来一些工业发达国家开始推行。20世纪60年代后期，日本又有了新的发展。

所谓全面质量管理，就是企业全体人员及有关部门同心协力，把专业技术、经营管理、数理统计和思想教育结合起来，建立起产品的研究设计、生产制造、售后服务等活动全过程的质量保证体系，从而用最经济的手段，生产出用户满意的产品。

(1)全面质量管理阶段的基本核心是强调提高人的工作质量，保证和提高产品的质量，达到全面提高企业和社会经济效益的目的。

(2)全面质量管理阶段的基本特点是从过去的事后检验和把关为主转变为预防和改进为主；从管结果变为管因素，把影响质量的诸因素查出来，抓住主要矛盾，动员全体部门参加，依靠科学管理的理论、程序和方法，使生产的全过程都处于受控状态。

(3)全面质量管理阶段的基本要求是全员参加质量管理；其范围是产品质量产生、形成和实现的全过程;是全企业的质量管理;其所采用的管理方法应是多种多样的。

全面质量管理是在统计质量控制的基础上进一步发展起来的。它重视人的因素,强调企业全员参加,对全过程的各项工作都要进行质量管理。它运用系统的观点,综合而全面地分析研究质量问题。它的方法、手段更加丰富、完善,从而能把产品质量真正地管理起来,产生更高的经济效益。

当前世界各国的大部分企业都在结合各自的特点运用着全面质量管理,各有所长、各有特点。

## 1.3 建筑工程质量的形成过程和影响因素分析

建筑产品的多样性和单件性的生产方式,决定了各个具体建设工程项目质量特性的差异,但它们的质量形成过程和影响因素却有着共同的规律。

**1. 建设工程项目质量的基本特性**

建设工程项目从本质上说是一项拟建或在建的建筑产品,它和一般产品具有同样的质量内涵,即一组固有特性满足需要的程度。这些特性是指产品的适用性、可靠性、安全性、耐久性、经济性及其与环境的协调性等。由于建筑产品一般采用单件性筹划、设计和施工的生产组织方式,因此,其具体的质量特性指标是在各建设工程项目的策划、决策和设计过程中进行定义的。建设工程项目质量的基本特性可以概括如下:

(1)反映使用功能的质量特性。工程项目的功能性质量,主要表现为反映项目使用功能需求的一系列特性指标,如房屋建筑工程的平面空间布局、通风采光性能;工业建筑工程的生产能力和工艺流程;道路交通工程的路面等级、通行能力等。按照现代质量管理理念,功能性质量必须以顾客关注为焦点,来满足顾客的需求或期望。

(2)反映安全可靠的质量特性。建筑产品不仅要满足使用功能和用途的要求,而且在正常的使用条件下应能达到安全可靠的标准,如建筑结构自身安全可靠、使用过程防腐蚀、防坠、防火、防盗、防辐射,以及设备系统运行与使用安全等。可靠性质量必须在满足功能性质量需求的基础上,结合技术标准、规范(特别是强制性条文)的要求进行确定与实施。

(3)反映文化艺术的质量特性。建筑产品具有深刻的社会文化背景,历来人们都把建筑产品视同艺术品。其个性的艺术效果,包括建筑造型、立面外观、文化内涵、时代表征以及装饰装修、色彩视觉等,不仅为使用者所关注,而且也为社会所关注;不仅为现在的关注,而且也受到未来的人们的关注和评价。工程项目文化艺术特性的质量来自设计者的设计理念、创意和创新,以及施工者对设计意图的领会与精益施工。

(4)反映建筑环境的质量特性。作为项目管理对象(或管理单元)的工程项目,可能是独立的单项工程或单位工程,甚至某一主要分部工程,也可能是一个由群体建筑或线型工程组成的建设项目,如新、改、扩建的工业厂区、大学城或校区、交通枢纽、航运港区、高速公路、油气管线等。建筑环境质量包括项目用地范围内的规划布局、交通组织、绿化景观、节能环保,还要追求其与周边环境的协调性或适宜性。

**2. 项目质量的形成过程**

建设工程项目质量的形成过程贯穿于整个建设项目的决策过程和各个子项目的设计与施工过程,体现在建设项目质量的目标决策、目标细化到目标实现的系统过程中。

(1)质量需求的识别过程。在建设项目决策阶段，主要工作包括建设项目发展策划、可行性研究、建设方案论证和投资决策。这一过程的质量管理职能在于识别建设意图和需求，对建设项目的性质、规模、使用功能、系统构成和建设标准要求等进行策划、分析和论证，对整个建设项目的质量总目标以及项目内各个子项目的质量目标提出明确要求。

必须指出，由于建筑产品采取定制式的发承包生产，因此，其质量目标的决策是建设单位(业主)或项目法人的质量管理职能。尽管建设项目的前期工作，业主可以采用社会化、专业化的方式，委托咨询机构、设计单位或建设工程总承包企业进行，但这一切并不改变业主或项目法人决策的性质。业主的需求和法律法规的要求，是决定建设项目质量目标的主要依据。

(2)质量目标的定义过程。建筑工程项目质量目标的具体定义过程，主要是在工程设计阶段。工程项目的设计任务，因其产品对象的单件性，总体上符合目标设计与标准设计相结合的特征。总体规划设计与单体方案设计阶段，相当于目标产品的开发设计阶段；总体规划和方案设计经过可行性研究和技术经济论证后，进入工程的标准设计，在这整个过程中实现对工程项目质量目标的明确定义。由此可见，工程项目设计的任务就是按照业主的建设意图、决策要点、相关法规和标准、规范的强制性条文要求，将工程项目的质量目标具体化。通过方案设计、扩大初步设计、技术设计和施工图设计等环节，对工程项目各细部的质量特性指标进行明确定义，即确定各项质量目标值，为工程项目的施工安装作业活动及质量控制提供依据。另外，承包方有时也会为了创品牌工程或根据业主的创优要求及具体情况来制定更高的项目质量目标，创造精品工程。

(3)质量目标的实现过程。建筑工程项目质量目标实现的最重要和最关键的过程是在施工阶段，包括施工准备过程和施工作业技术活动过程。其任务是按照质量策划的要求，制定企业或工程项目内控标准，实施目标管理、过程监控、阶段考核、持续改进的方法，严格按设计图纸和施工技术标准施工，把特定的劳动对象转化成符合质量标准的建设工程产品。

综上所述，建筑工程项目质量的形成过程，贯穿于项目的决策过程和实施过程，这些过程的各个重要环节构成了工程建设的基本程序，它是工程建设客观规律的体现。无论哪个国家和地区，也无论其发达程度如何，只要讲求科学，都必须遵循这样的客观规律。尽管在信息技术高速发展的今天，流程可以再造、优化，但其不能改变流程所反映的事物本身的内在规律。建筑工程项目质量的形成过程，从某种意义上说，也就是在执行建设程序的实施过程中，对建筑工程项目实体注入一组固有的质量特性，以满足业主的预期需求。在这个过程中，业主方的项目管理，担负着对整个工程项目质量总目标的策划、决策和实施监控的任务；而工程项目各参与方，则直接承担着相关项目质量目标的控制职能和相应的质量责任。

**3. 项目质量的影响因素**

建筑工程项目质量的影响因素，主要是指在项目质量目标策划、决策和实现过程中影响质量形成的各种客观因素和主观因素，包括人、材料、机械、方法和环境等因素(简称人、材、机、法、环)等。

(1)人的因素。在工程项目质量管理中，人的因素起决定性的作用。项目质量控制应以控制人的因素为基本出发点。影响项目质量的人的因素，包括两个方面：一是指直接履行项目质量职能的决策者、管理者和作业者个人的质量意识及质量活动能力；二是指承担项目策划、决策或实施的建设单位、勘察设计单位、咨询服务机构、工程承包企业等实体组织的质量管理体系及其管理能力。前者是个体的人，后者是群体的人。我国实行建筑业企业经营资质管理制度、市场准入制度、执业资格注册制度、作业及管理人员持证上岗制度等，从本质上说，这些都是对从事建设工程活动的人的素质和能力进行必要的控制。作为控制对象，人的工作应避免失误；作为控制动力，应充分调动人的积极性，发挥人的主导作用。因此，必须有效控制项目参与各方的人员素质，不断提高人的质量活动能力，才能保证项目质量。

(2) 材料的因素。材料包括工程材料和施工用料，又包括原材料、半成品、成品、构配件和周转材料等。各类材料是工程施工的基本物质条件，材料质量是工程质量的基础，材料质量不符合要求，工程质量就不可能达到标准。所以，加强对材料的质量控制，是保证工程质量的基础。

(3) 机械的因素。机械包括工程设备、施工机械和各类施工工器具。工程设备是指组成工程实体的工艺设备和各类机具，如各类生产设备、装置和辅助配套的电梯、泵机，以及通风空调、消防、环保设备等，它们是工程项目的重要组成部分，其质量的优劣，直接影响工程使用功能的发挥。施工机械和各类工器具是指施工过程中使用的各类机具设备，包括运输设备、吊装设备、操作工具、测量仪器、计量器具以及施工安全设施等。施工机械设备是所有施工方案和工法得以实施的重要物质基础，合理选择和正确使用施工机械设备是保证项目施工质量和安全的重要条件。

(4) 方法的因素。方法的因素也可以称为技术因素，包括勘察、设计、施工所采用的技术和方法，以及工程检测、试验的技术和方法等。从某种程度上说，技术方案和工艺水平的高低，决定了项目质量的优劣。依据科学的理论，采用先进合理的技术方案和措施，按照规范进行勘察、设计、施工，必将对保证项目的结构安全和满足使用功能，对组成质量因素的产品精度、强度、平整度、清洁度、耐久性等物理、化学特性等方面起到良好的推进作用。如建设主管部门近年在建筑业中推广应用的10项新的应用技术，包括地基基础和地下空间工程技术、高性能混凝土技术、高效钢筋和预应力技术、新型模板及脚手架应用技术、钢结构技术、建筑防水技术等，对消除质量通病、保证建设工程质量起到了积极作用，收到了明显效果。

(5) 环境的因素。影响项目质量的环境因素，又包括项目的自然环境、社会环境、管理环境和作业环境等因素。

1) 自然环境因素。主要是指工程地质、水文、气象条件和地下障碍物以及其他不可抗力等影响项目质量的因素。例如，复杂的地质条件必然对地基处理和房屋基础设计提出更高的要求，处理不当就会对结构安全造成不利影响；在地下水位高的地区，若在雨期进行基坑开挖，遇到连续降雨或排水困难，就会引起基坑塌方或地基受水浸泡影响承载力等；在寒冷地区若冬期施工措施不当，工程会因受到冻融而影响质量；基层未干燥或在大风天进行卷材屋面防水层的施工，就会导致粘贴不牢及空鼓等质量问题等。

2) 社会环境因素。主要是指会对项目质量造成影响的各种社会环境因素，包括国家建设法律法规的健全程度及其执法力度；建设工程项目法人决策的理性化程度以及建筑业经营者的经营管理理念；建筑市场包括建设工程交易市场和建筑生产要素市场的发育程度及交易行为的规范程度；政府的工程质量监督及行业管理成熟程度；建设咨询服务业的发展程度及其服务水准的高低；廉政管理及行风建设的状况等。

3)管理环境因素。主要是指项目参建单位的质量管理体系、质量管理制度和各参建单位之间的协调等因素。例如,参建单位的质量管理体系是否健全,运行是否有效,决定了该单位的质量管理能力;在项目施工中根据发承包的合同结构,理顺管理关系,建立统一的现场施工组织系统和质量管理的综合运行机制,确保工程项目质量保证体系处于良好的状态,创造良好的质量管理环境和氛围,则是施工顺利进行,提高施工质量的保证。

4)作业环境因素。主要是指项目实施现场平面和空间环境条件,各种能源介质供应,施工照明、通风、安全防护设施、施工场地给水排水,以及交通运输和道路条件等因素。这些条件是否良好,都直接影响到施工能否顺利进行,以及施工质量能否得到保证。

上述因素对项目质量的影响,具有复杂多变和不确定的特点。对这些因素进行控制,是建筑工程质量控制的主要内容。

## 1.4 建筑工程质量管理的责任和义务

《中华人民共和国建筑法》和《建设工程质量管理条例》(国务院令第 279 号)规定,建筑工程项目的建设单位、勘察单位、设计单位、施工单位、工程监理单位都要依法对建筑工程质量负责。

**1. 建设单位的质量责任和义务**

(1)建设单位应当将工程发包给具有相应资质等级的单位,并不得将建设工程肢解发包。

(2)建设单位应当依法对工程建设项目的勘察、设计、施工、监理以及与工程建设有关的重要设备、材料等的采购进行招标。

(3)建设单位必须向有关的勘察、设计、施工、工程监理等单位提供与建设工程有关的原始资料。原始资料必须真实、准确、齐全。

(4)建设工程发包单位不得迫使承包方以低于成本的价格竞标;不得任意压缩合理工期;不得明示或者暗示设计单位或者施工单位违反工程建设强制性标准,降低建设工程质量。

(5)建设单位应当将施工图设计文件报县级以上人民政府建设行政主管部门或者其他有关部门审查。施工图设计文件未经审查批准的,不得使用。

(6)实行监理的建设工程,建设单位应当委托具有相应资质等级的工程监理单位进行监理。

(7)建设单位在领取施工许可证或者开工报告前,应当按照国家有关规定办理工程质量监督手续。

(8)按照合同约定,由建设单位采购建筑材料、建筑构配件和设备的,建设单位应当保证建筑材料、建筑构配件和设备符合设计文件和合同要求。建设单位不得明示或者暗示施工单位使用不合格的建筑材料、建筑构配件和设备。

(9)涉及建筑主体和承重结构变动的装修工程,建设单位应当在施工前委托原设计单位或者具有相应资质等级的设计单位提出设计方案;没有设计方案的,不得施工。房屋建筑使用者在装修过程中,不得擅自变动房屋建筑主体和承重结构。

(10)建设单位收到建设工程竣工报告后,应当组织设计、施工、工程监理等有关单位进行竣工验收。建设工程经验收合格后,方可交付使用。

(11)建设单位应当严格按照国家有关档案管理的规定,及时收集、整理建设项目各环节的文件资料,建立健全建设项目档案,并在建设工程竣工验收后,及时向建设行政主管部门或者其他有关部门移交建设项目档案。

**2. 勘察、设计单位的质量责任和义务**

(1)从事建设工程勘察、设计的单位应当依法取得相应等级的资质证书,在其资质等级许可的范围内承揽工程,并不得转包或者违法分包所承揽的工程。

(2)勘察、设计单位必须按照工程建设强制性标准进行勘察、设计,并对其勘察、设计的质量负责。注册建筑师、注册结构工程师等注册执业人员应当在设计文件上签字,对设计文件负责。

(3)勘察单位提供的地质、测量、水文等勘察成果必须真实、准确。

(4)设计单位应当根据勘察成果文件进行建设工程设计。设计文件应当符合国家规定的设计深度要求,注明工程合理使用年限。

(5)设计单位在设计文件中选用的建筑材料、建筑构配件和设备,应当注明规格、型号、性能等技术指标,其质量要求必须符合国家规定的标准。除有特殊要求的建筑材料、专用设备、工艺生产线等外,设计单位不得指定生产厂、供应商。

(6)设计单位应当就审查合格的施工图设计文件向施工单位作出详细说明。

(7)设计单位应当参与建设工程质量事故分析,并对由设计造成的质量事故,提出相应的技术处理方案。

**3. 施工单位的质量责任和义务**

(1)施工单位应当依法取得相应等级的资质证书,在其资质等级许可的范围内承揽工程,并不得转包或者违法分包工程。

(2)施工单位对建设工程的施工质量负责。施工单位应当建立质量责任制,确定工程项目的项目经理、技术负责人和施工管理负责人。建设工程实行总承包的,总承包单位应当对全部建设工程质量负责;建设工程勘察、设计、施工、设备采购的一项或者多项实行总承包的,总承包单位应当对其承包的建设工程或者采购设备的质量负责。

(3)总承包单位依法将建设工程分包给其他单位的,分包单位应当按照分包合同的约定对其分包工程的质量向总承包单位负责,总承包单位与分包单位对分包工程的质量承担连带责任。

(4)施工单位必须按照工程设计图纸和施工技术标准施工,不得擅自修改工程设计,不得偷工减料。施工单位在施工过程中发现设计文件和图纸有差错的,应当及时提出意见和建议。

(5)施工单位必须按照工程设计要求、施工技术标准和合同约定,对建筑材料、建筑构配件、设备和商品混凝土进行检验,检验应当有书面记录和专人签字;未经检验或者检验不合格的,不得使用。

(6)施工单位必须建立健全施工质量的检验制度,严格工序管理,做好隐蔽工程的质量检查和记录。隐蔽工程在隐蔽前,施工单位应当通知建设单位和建设工程质量监督机构。

(7)施工人员对涉及结构安全的试块、试件以及有关材料,应当在建设单位或者工程监理单位的监督下现场取样,并送具有相应资质等级的质量检测单位进行检测。

(8)施工单位对施工中出现质量问题的建设工程或者竣工验收不合格的建设工程,应当负责返修。

(9)施工单位应当建立健全教育培训制度,加强对职工的教育培训;未经教育培训或者考核不合格的人员,不得上岗作业。

《国务院办公厅转发住房城乡建设部关于完善质量保障体系提升建筑工程品质指导意见的通知》(国办函〔2019〕92号)提出,落实施工单位主体责任。施工单位应完善质量管理体系,建立岗位责任制度,设置质量管理机构,配备专职质量负责人,加强全面质量管理。推行工程质量安全手册制度,推进工程质量管理标准化,将质量管理要求落实到每个项目和员工。建立质量责任标识制度,对关键工序、关键部位隐蔽工程实施举牌验收,加强施工记录和验收资料管理,实现质量责任可追溯。施工单位对建筑工程的施工质量负责,不得转包、违法分包工程。

**4. 工程监理单位的质量责任和义务**

(1)工程监理单位应当依法取得相应等级的资质证书,在其资质等级许可的范围内承担工程监理业务,并不得转让工程监理业务。

(2)工程监理单位与被监理工程的施工承包单位以及建筑材料、建筑构配件和设备供应单位有隶属关系或者其他利害关系的,不得承担该项建设工程的监理业务。

(3)工程监理单位应当依照法律、法规以及有关技术标准、设计文件和建设工程承包合同,代表建设单位对施工质量实施监理,并对施工质量承担监理责任。

(4)工程监理单位应当选派具备相应资格的总监理工程师和监理工程师进驻施工现场。未经监理工程师签字,建筑材料、建筑构配件和设备不得在工程上使用或者安装,施工单位不得进行下一道工序的施工。未经总监理工程师签字,建设单位不得拨付工程款,不得进行竣工验收。

(5)监理工程师应当按照工程监理规范的要求,采取旁站、巡视和平行检验等形式,对建设工程实施监理。

**5. 建筑施工项目经理质量安全责任十项规定**

住房和城乡建设部发布的《建筑施工项目经理质量安全责任十项规定(试行)》(建质〔2014〕123号)的相关规定:

(1)建筑施工项目经理(以下简称项目经理)必须按规定取得相应执业资格和安全生产考核合格证书;合同约定的项目经理必须在岗履职,不得违反规定同时在两个及两个以上的工程项目担任项目经理。

(2)项目经理必须对工程项目施工质量安全负全责,负责建立质量安全管理体系,负责配备专职质量、安全等施工现场管理人员,负责落实质量安全责任制、质量安全管理规章制度和操作规程。

(3)项目经理必须按照工程设计图纸和技术标准组织施工,不得偷工减料;负责组织编制施工组织设计,负责组织制定质量安全技术措施,负责组织编制、论证和实施危险性较大分部分项工程专项施工方案;负责组织质量安全技术交底。

(4)项目经理必须组织对进入现场的建筑材料、构配件、设备、预拌混凝土等进行检验,未经检验或检验不合格,不得使用;必须组织对涉及结构安全的试块、试件以及有关材料进行取样检测,送检试样不得弄虚作假,不得篡改或者伪造检测报告,不得明示或暗示检测机构出具虚假检测报告。

(5)项目经理必须组织做好隐蔽工程的验收工作,参加地基基础、主体结构等分部工程的验收,参加单位工程和工程竣工验收;必须在验收文件上签字,不得签署虚假文件。

(6)项目经理必须在起重机械安装、拆卸,模板支架搭设等危险性较大分部分项工程施工期间现场带班;必须组织起重机械、模板支架等使用前验收,未经验收或验收不合格,不得使用;必须组织起重机械使用过程日常检查,不得使用安全保护装置失效的起重机械。

(7)项目经理必须将安全生产费用足额用于安全防护和安全措施,不得挪作他用;作业人员未配备安全防护用具,不得上岗;严禁使用国家明令淘汰、禁止使用的危及施工质量安全的工艺、设备、材料。

(8)项目经理必须定期组织质量安全隐患排查,及时消除质量安全隐患;必须落实住房城乡建设主管部门和工程建设相关单位提出的质量安全隐患整改要求,在隐患整改报告上签字。

(9)项目经理必须组织对施工现场作业人员进行岗前质量安全教育,组织审核建筑施工特种作业人员操作资格证书,未经质量安全教育和无证人员不得上岗。

(10)项目经理必须按规定报告质量安全事故,立即启动应急预案,保护事故现场,开展应急救援。

建筑施工企业应当定期或不定期对项目经理履职情况进行检查,发现项目经理履职不到位的,及时予以纠正;必要时,按照规定程序更换符合条件的项目经理。

住房城乡建设主管部门应当加强对项目经理履职情况的动态监管,在检查中发现项目经理违反上述规定的,依照相关法律法规和规章实施行政处罚,同时对相应违法违规行为实行记分管理,行政处罚及记分情况应当在建筑市场监管与诚信信息发布平台上公布。

### 6. 建筑工程五方责任主体

住房和城乡建设部发布的《建筑工程五方责任主体项目负责人质量终身责任追究暂行办法》(建质〔2014〕124号)的相关规定:

(1)建筑工程五方责任主体项目负责人是指承担建筑工程项目建设的建设单位项目负责人、勘察单位项目负责人、设计单位项目负责人、施工单位项目经理、监理单位总监理工程师。

(2)建筑工程五方责任主体项目负责人质量终身责任,是指参与新建、扩建、改建的建筑工程项目负责人按照国家法律法规和有关规定,在工程设计使用年限内对工程质量承担相应责任。

(3)建设单位项目负责人对工程质量承担全面责任,不得违法发包、肢解发包,不得以任何理由要求勘察、设计、施工、监理单位违反法律法规和工程建设标准,降低工程质量,其违法违规或不当行为造成工程质量事故或质量问题应当承担责任。

勘察、设计单位项目负责人应当保证勘察设计文件符合法律法规和工程建设强制性标准的要求,对因勘察、设计导致的工程质量事故或质量问题承担责任。

施工单位项目经理应当按照经审查合格的施工图设计文件和施工技术标准进行施工,对因施工导致的工程质量事故或质量问题承担责任。

监理单位总监理工程师应当按照法律法规、有关技术标准、设计文件和工程承包合同进行监理,对施工质量承担监理责任。

(4)符合下列情形之一的,县级以上地方人民政府住房城乡建设主管部门应当依法追究项目负责人的质量终身责任:

1)发生工程质量事故;

2)发生投诉、举报、群体性事件、媒体报道并造成恶劣社会影响的严重工程质量问题;

3）由于勘察、设计或施工原因造成尚在设计使用年限内的建筑工程不能正常使用；
4）存在其他需追究责任的违法违规行为。

## 项目小结

　　质量是客体的一组固有特性满足要求的程度。质量不仅是指产品的质量，也包括产品生产活动或过程的工作质量，还包括质量管理体系运行的质量。建筑工程项目质量是指通过项目实施形成的工程实体的质量，是反映建筑工程满足相关标准规定或合同约定的要求，包括其在安全、使用功能及其耐久性能、环境保护等方面所有明显和隐含能力的特性总和。

　　工程项目质量管理是指在工程项目实施过程中，指挥和控制项目参与各方关于质量的相互协调的活动，是围绕使工程项目满足质量要求而开展的策划、组织、计划、实施、检查、监督和审核等所有管理活动的总和。质量控制是质量管理的一部分，是致力于满足质量要求的一系列相关活动。

　　质量管理的发展，按照其所依据的手段和方式来划分，大致可分为质量检验阶段、统计质量控制阶段、全面质量管理阶段三个阶段。

　　建筑工程项目质量的影响因素，主要是指在项目质量目标策划、决策和实现过程中影响质量形成的各种客观因素和主观因素，包括人、材料、机械、方法和环境（简称人、材、机、法、环）等因素。

　　建筑工程项目的建设单位、勘察单位、设计单位、施工单位、工程监理单位都要依法对建筑工程质量负责。

　　学生在了解建筑工程质量管理基本知识的基础上，应实际参与（或模拟参与）建设市场运行程序，掌握市场运作规律，为以后参加工作打下基础。

## 复习思考题

1—1　什么是质量？什么是建筑工程质量？
1—2　什么是质量管理？什么是质量控制？
1—3　质量管理的发展大致分几个阶段？
1—4　何谓全面质量管理？
1—5　建设工程项目质量的基本特性有哪些？
1—6　建筑工程项目质量的影响因素有哪些？
1—7　建设单位的质量责任和义务有哪些？
1—8　勘察、设计单位的质量责任和义务有哪些？
1—9　施工单位的质量责任和义务有哪些？
1—10　工程监理单位的质量责任和义务有哪些？
1—11　建筑施工项目经理质量安全责任十项规定中有关质量的责任有哪些？
1—12　何谓建筑工程五方责任主体？

> 专项实训

## 认识建筑工程质量监控体系

实训目的：到施工现场体验建筑工程质量管理氛围，熟悉建筑工程质量监控体系各方主要职责。

材料准备：①采访本。

②交通工具。

③录音笔。

④联系当地建筑工程施工现场负责人。

⑤设计采访参观过程。

实训步骤：划分小组→分配走访任务→走访建筑工程施工现场→进行资料整理→完成走访报告。

实训结果：①熟悉建筑工程施工现场活动氛围。

②掌握建筑工程质量监控各方主要职责。

③编制走访报告。

注意事项：①学生角色扮演真实。

②走访程序设计合理。

③充分发挥学生的积极性、主动性与创造性。

# 项目 2　建筑工程项目质量控制体系

**项目描述**

本项目主要介绍了全面质量管理思想和方法的应用、项目质量控制体系的建立和运行、施工企业质量管理体系的建立与认证等内容。

建筑工程项目
质量控制体系

**学习目标**

通过本项目的学习，学生能够掌握全面质量管理思想和方法的应用、质量管理七项原则等内容，了解项目质量控制体系的建立和运行、施工企业质量管理体系的建立与认证等知识。

**素质目标**

建筑工程项目的实施，涉及建设方、勘查方、设计方、施工方、监理方等多方质量责任主体的活动，各方主体各自承担不同的质量责任和义务。通过本项目的学习，培养学生质量管理的思想和体系化、制度化的意识。

**项目导入**

建筑工程项目质量控制系统服务于建筑工程项目管理的目标控制，因此，其质量控制的系统职能应贯穿于项目的勘察、设计、采购、施工和竣工验收等各个实施环节，即建筑工程项目全过程质量控制的任务或若干阶段承包的质量控制任务。建筑工程项目质量控制系统所涉及的质量责任自控主体和监控主体，通常情况下包括建设单位、设计单位、工程总承包企业、施工企业、建设工程监理机构、材料设备供应厂商等。这些质量责任和控制主体，在质量控制系统中的地位与作用不同。承担建设工程项目设计、施工或材料设备供货的单位，负有直接的产品质量责任，属质量控制系统中的自控主体；在建设工程项目实施过程中，对各质量责任主体的质量活动行为和活动结果实施监督控制的组织，称为质量监控主体，如业主、项目监理机构等。

## 2.1　全面质量管理思想和方法的应用

**1. 全面质量管理（TQC）思想**

TQC（Total Quality Control）即全面质量管理，是 20 世纪中期开始在欧美和日本广泛应用的质量管理理念和方法。我国从 20 世纪 80 年代开始引进并推广全面质量管理，其基本原理就是强调在企业或组织最高管理者的质量方针指引下，实行全面、全过程和全员参与的质量管理。

TQC的主要特点是：以顾客满意为宗旨；领导参与质量方针和目标的制定；提倡以预防为主、科学管理、用数据说话等。在当今世界标准化组织颁布的ISO 9000：2015质量管理体系标准中，处处都体现了这些重要特点和思想。建设工程项目的质量管理，同样应贯彻"三全"管理的思想和方法。

(1) 全面质量管理。建筑工程项目的全面质量管理，是指项目参与各方所进行的工程项目质量管理的总称，其中包括工程（产品）质量和工作质量的全面管理。工作质量是产品质量的保证，工作质量直接影响产品质量的形成。建设单位、监理单位、勘察单位、设计单位、施工总承包单位、施工分包单位、材料设备供应商等，任何一方、任何环节的怠慢疏忽或质量责任不落实都会造成对建设工程质量的不利影响。

(2) 全过程质量管理。全过程质量管理，是指根据工程质量的形成规律，从源头抓起，全过程推进。《质量管理体系　基础和术语》(GB/T 19000—2016/ISO 9000：2015)强调质量管理的"过程方法"管理原则，要求应用"过程方法"进行全过程质量控制。要控制的主要过程有：项目策划与决策过程、勘察设计过程、设备材料采购过程、施工组织与实施过程、检测设施控制与计量过程、施工生产的检验试验过程、工程质量的评定过程、工程竣工验收与交付过程、工程回访维修服务过程等。

(3) 全员参与质量管理。按照全面质量管理的思想，组织内部的每个部门和工作岗位都承担着相应的质量职能，组织的最高管理者确定了质量方针和目标，就应组织和动员全体员工参与到实施质量方针的系统活动中去，发挥自己的角色作用。开展全员参与质量管理的重要手段就是运用目标管理方法，将组织的质量总目标逐级进行分解，使之形成自上而下的质量目标分解体系和自下而上的质量目标保证体系，发挥组织系统内部每个工作岗位、部门或团队在实现质量总目标过程中的作用。

### 2. 质量管理的PDCA循环

在长期的生产实践和理论研究中形成的PDCA循环，是建立质量管理体系和进行质量管理的基本方法。PDCA循环如图2-1所示。

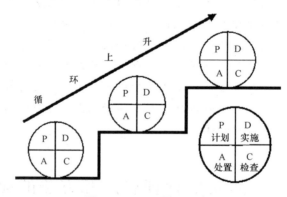

图2-1　PDCA循环示意

从某种意义上说，管理就是确定任务目标，并通过PDCA循环来实现预期目标。每一循环都围绕着实现预期的目标，进行计划、实施、检查和处置活动，随着对存在问题的解决与改进，在一次一次的滚动循环中不断上升，不断增强质量管理能力，不断增强质量水平。每一个循环的四大职能活动相互联系，共同构成了质量管理的系统过程。

(1)计划 P(Plan)。计划由目标和实现目标的手段组成，所以说计划是一条"目标-手段链"。质量管理的计划职能，包括确定质量目标和制定实现质量目标的行动方案两方面。实践表明，质量计划的严谨周密、经济合理和切实可行，是保证工作质量、产品质量和服务质量的前提条件。

建设工程项目的质量计划，是由项目参与各方根据其在项目实施中所承担的任务、责任范围和质量目标，分别制订质量计划而形成的质量计划体系。其中，建设单位的工程项目质量计划，包括确定和论证项目总体的质量目标，制订项目质量管理的组织、制度、工作程序、方法和要求。项目其他各参与方，则根据国家法律法规和工程合同规定的质量责任和义务，在明确各自质量目标的基础上，制订实施相应范围质量管理的行动方案，包括技术方法、业务流程、资源配置、检验试验要求、质量记录方式、不合格处理及相应管理措施等具体内容和做法的质量管理文件，同时也需对其实现预期目标的可行性、有效性、经济合理性进行分析论证，并按照规定的程序与权限，经过审批后执行。

(2)实施 D(Do)。实施职能在于将质量的目标值，通过生产要素的投入、作业技术活动和产出过程，转换为质量的实际值。为保证工程质量的产出或形成过程能够达到预期的结果，在各项质量活动实施前，要根据质量管理计划进行行动方案的部署和交底；交底的目的在于使具体的作业者和管理者明确计划的意图和要求，掌握质量标准及其实现的程序与方法。在质量活动的实施过程中，则要求严格执行计划的行动方案，规范行为，把质量管理计划的各项规定和安排落实到具体的资源配置和作业技术活动中去。

(3)检查 C(Check)。其是指对计划实施过程进行各种检查，包括作业者的自检、互检和专职管理者专检。各类检查也都包含两大方面：一是检查是否严格执行了计划的行动方案、实际条件是否发生了变化、不执行计划的原因；二是检查计划执行的结果，即产出的质量是否达到标准的要求，对此进行确认和评价。

(4)处置 A(Action)。对于质量检查中所发现的质量问题或质量不合格产品，应及时进行原因分析，采取必要的措施，予以纠正，保持工程质量形成过程的受控状态。处置分纠偏和预防改进两个方面。前者是采取有效措施，解决当前的质量偏差、问题或事故；后者是将目前的质量状况信息反馈到管理部门，反思问题症结或计划时的不周，确定改进目标和措施，为今后类似质量问题的预防提供借鉴。

## 2.2 项目质量控制体系的建立和运行

建筑工程项目的实施，涉及业主方、设计方、施工方、监理方、供应方等多方质量责任主体的活动，各方主体各自承担不同的质量责任和义务。为了有效地进行系统、全面的质量控制，必须由项目实施的总负责单位，负责建筑工程项目质量控制体系的建立和运行，实施质量目标的控制。

**1. 项目质量控制体系的性质、特点和构成**

(1)项目质量控制体系的性质。建筑工程项目质量控制体系既不是业主方也不是施工方的质量管理体系或质量保证体系，而是由整个建筑工程项目目标控制的一个工作系统，其性质如下：

1)项目质量控制体系是以项目为对象,由项目实施的总组织者负责建立的面向项目对象开展质量控制的工作体系。

　　2)项目质量控制体系是项目管理组织的一个目标控制体系,它与项目投资控制、进度控制、职业健康安全与环境管理等目标控制体系,共同依托于同一项目管理的组织机构。

　　3)项目质量控制体系根据项目管理的实际需要而建立,随着项目的完成和项目管理组织的解体而消失,因此,它是一个一次性的质量控制工作体系,不同于企业的质量管理体系。

　　(2)项目质量控制体系的特点。如上所述,建筑工程项目质量控制系统是面向项目对象而建立的质量控制工作体系,它与建筑企业或其他组织机构按照《质量管理体系基础和术语》(GB/T 19000—2016)质量管理体系族标准建立的质量管理体系相比较,有以下不同:

　　1)建立的目的不同。项目质量控制体系只用于特定的项目质量控制,而不是用于建筑企业或组织的质量管理,其建立的目的不同。

　　2)服务的范围不同。项目质量控制体系涉及项目实施过程中的所有质量责任主体,而不只是针对某一个承包企业或组织机构,其服务的范围不同。

　　3)控制的目标不同。项目质量控制体系的控制目标是项目的质量目标,并非某一具体建筑企业或组织的质量管理目标,其控制的目标不同。

　　4)作用的时效不同。项目质量控制体系与项目管理组织系统相融合,是一次性的质量工作体系,并非永久性的质量管理体系,其作用的时效不同。

　　5)评价的方式不同。项目质量控制体系的有效性一般由项目管理的总组织者进行自我评价与诊断,不需进行第三方认证,其评价的方式不同。

　　(3)项目质量控制体系的构成。建筑工程项目质量控制体系,一般形成多层次、多单元的结构形态,这是由其实施任务的委托方式和合同结构所决定的。

　　1)多层次结构。多层次结构是对应于项目工程系统纵向垂直分解的单项、单位工程项目的质量控制体系。在大、中型工程项目,尤其是群体工程项目中,第一层次的质量控制体系应由建设单位的工程项目管理机构负责建立;在委托代建、项目管理或实行交钥匙式工程总承包的情况下,应由相应的代建方项目管理机构、受托项目管理机构或工程总承包企业项目管理机构负责建立。第二层次的质量控制体系,通常是指分别由项目的设计总负责单位、施工总承包单位等建立的相应管理范围内的质量控制体系。第三层次及其以下,是承担工程设计、施工安装、材料设备供应等各承包单位的现场质量自控体系,或称各自的施工质量保证体系。系统纵向层次机构的合理性是项目质量目标、控制责任和措施分解落实的重要保证。

　　2)多单元结构。多单元结构是指在项目质量控制总体系下,第二层次的质量控制体系及其以下的质量自控或保证体系可能有多个。这是项目质量目标、责任和措施分解的必然结果。

**2. 项目质量控制体系的建立**

　　项目质量控制体系的建立过程,实际上就是项目质量总目标的确定和分解过程,也是项目各参与方之间质量管理关系和控制责任的确立过程。为了保证质量控制体系的科学性和有效性,必须明确体系建立的原则、内容、程序和主体。

　　(1)建立的原则。实践经验表明,对于项目质量控制体系的建立,遵循以下原则对质量目标的规划、分解和有效实施控制是非常重要的。

1)分层次规划原则。项目质量控制体系的分层次规划,是指项目管理的总组织者(建设单位或代建制项目管理企业)和承担项目实施任务的各参与单位,分别进行不同层次和范围的建设工程项目质量控制体系规划。

2)目标分解原则。项目质量控制系统总目标的分解,是根据控制系统内工程项目的分解结构,将工程项目的建设标准和质量总体目标分解到各个责任主体,明示于合同条件,由各责任主体制订出相应的质量计划,确定其具体的控制方式和控制措施。

3)质量责任制原则。项目质量控制体系的建立,应按照《建筑法》和《建设工程质量管理条例》有关工程质量责任的规定,界定各方的质量责任范围和控制要求。

4)系统有效性原则。项目质量控制体系,应从实际出发,结合项目特点、合同结构和项目管理组织系统的构成情况,建立项目各参与方共同遵循的质量管理制度和控制措施,并形成有效的运行机制。

(2)建立的程序。项目质量控制体系的建立过程,一般可按以下环节依次展开工作:

1)确立系统质量控制网络。首先明确系统各层面的工程质量控制负责人。一般应包括承担项目实施任务的项目经理(或工程负责人)、总工程师、项目监理机构的总监理工程师、专业监理工程师等,以形成明确的项目质量控制责任者的关系网络架构。

2)制定质量控制制度。其包括质量控制例会制度、协调制度、报告审批制度、质量验收制度和质量信息管理制度等,形成建设工程项目质量控制体系的管理文件或手册,作为承担建设工程项目实施任务各方主体共同遵循的管理依据。

3)分析质量控制界面。项目质量控制体系的质量责任界面,包括静态界面和动态界面。一般来说静态界面根据法律法规、合同条件、组织内部职能分工来确定。动态界面主要是指项目实施过程中设计单位之间、施工单位之间、设计与施工单位之间的衔接配合关系及其责任划分,必须通过分析研究,确定管理原则与协调方式。

4)编制质量控制计划。项目管理总组织者负责主持编制建设工程项目总质量计划,并根据质量控制体系的要求,部署各质量责任主体编制与其承担任务范围相符合的质量计划,并按规定程序完成质量计划的审批,作为其实施自身工程质量控制的依据。

(3)建立质量控制体系的责任主体。根据建筑工程项目质量控制体系的性质、特点和结构,一般情况下,项目质量控制体系应由建设单位或工程项目总承包企业的工程项目管理机构负责建立;在分阶段依次对勘察、设计、施工、安装等任务进行分别招标发包的情况下,该体系通常应由建设单位或其委托的工程项目管理企业负责建立,并由各承包企业根据项目质量控制体系的要求,建立隶属于总的项目质量控制体系的设计项目、施工项目、采购供应项目等分质量保证体系(可称相应的质量控制子系统),以具体实施其质量责任范围内的质量管理和目标控制。

**3. 项目质量控制体系的运行**

项目质量控制体系的建立,为项目的质量控制提供了组织制度方面的保证。项目质量控制体系的运行,实质上就是系统功能的发挥过程,也是质量活动职能和效果的控制过程。质量控制体系要有效地运行,还有赖于系统内部的运行环境和运行机制的完善。

(1)运行环境。项目质量控制体系的运行环境,主要是指以下几方面为系统运行提供支持的管理关系、组织制度和资源配置的条件:

1)项目的合同结构。建设工程合同是联系建设工程项目各参与方的纽带,只有在项目合同结构合理,质量标准和责任条款明确,并严格进行履约管理的条件下,质量控制体系的运行才能成为各方的自觉行动。

2)质量管理的资源配置。质量管理的资源配置,包括专职的工程技术人员和质量管理人员的配置;实施技术管理和质量管理所必需的设备、设施、器具、软件等物质资源的配置。人员和资源的合理配置是质量控制体系得以运行的基础条件。

3)质量管理的组织制度。项目质量控制体系内部的各项管理制度和程序性文件的建立,为质量控制系统各个环节的运行提供必要的行动指南、行为准则和评价基准的依据,是系统有序运行的基本保证。

(2)运行机制。项目质量控制体系的运行机制,是由一系列质量管理制度安排所形成的内在动力。运行机制是质量控制体系的生命,机制缺陷是造成系统运行无序、失效和失控的重要原因。

因此,对系统内部的管理制度设计,必须予以高度的重视,防止重要管理制度的缺失、制度本身的缺陷、制度之间的矛盾等现象出现,这样才能为系统的运行注入动力机制、约束机制、反馈机制和持续改进机制。

1)动力机制。动力机制是项目质量控制体系运行的核心机制,其来源于公正、公开、公平的竞争机制和利益机制的制度设计或安排。这是因为项目的实施过程是由多主体参与的价值增值链,只有保持合理的供方及分供方等各方关系,才能形成合力。它是项目管理成功的重要保证。

2)约束机制。没有约束机制的控制体系是无法使工程质量处于受控状态的。约束机制取决于各质量责任主体内部的自我约束能力和外部的监控效力。约束能力表现为组织及个人的经营理念、质量意识、职业道德及技术能力的发挥;监控效力取决于项目实施主体外部对质量工作的推动和检查监督。两者相辅相成,构成了质量控制过程的制衡关系。

3)反馈机制。运行状态和结果的信息反馈,是对质量控制系统的能力和运行效果进行评价,并为及时作出处置提供决策依据。因此,必须有相关的制度安排,保证质量信息反馈的及时和准确;坚持质量管理者深入生产第一线,掌握第一手资料,才能形成有效的质量信息反馈机制。

4)持续改进机制。在项目实施的各个阶段,不同的层面、不同的范围和不同的质量责任主体之间,应用 PDCA 循环原理,即以计划、实施、检查和处置不断循环的方式展开质量控制,同时注重抓好控制点的设置,加强重点控制和例外控制,并不断寻求改进机会、研究改进措施,才能保证建设工程项目质量控制体系的不断完善和持续改进,不断提高质量控制能力和控制水平。

## 2.3 建筑施工企业质量管理体系的建立与认证

建筑施工企业质量管理体系是企业为实施质量管理而建立的管理体系,其通过第三方质量认证机构的认证,为该企业的工程承包经营和质量管理奠定基础。企业质量管理体系应按照我国《质量管理体系 基础和术语》(GB/T 19000—2016)质量管理体系族标准进行建立和认证。该标准是我国按照等同原则,采用国际标准化组织颁布的 ISO 9000:2015 质量管理体系族标准制定的。其内容主要包括 ISO 9000:2015 质量管理体系族标准提出的质量管理七项原则,企业质量管理体系文件的构成,以

建筑施工企业质量管理体系的建立与认证

及企业质量管理体系的建立与运行、认证与监督等相关知识。

**1. 质量管理七项原则**

质量管理七项原则是 ISO 9000：2015 质量管理体系族标准的编制基础，是世界各国质量管理成功经验的科学总结，其中，不少内容与我国全面质量管理的经验吻合。它的贯彻执行能促进企业管理水平的提高，提高顾客对其产品或服务的满意程度，帮助企业达到持续成功的目的。质量管理七项原则的具体内容如下：

(1)以顾客为关注焦点。满足顾客的需求相当重要，因为组织的持续成功主要取决于顾客。首先，要全面识别和了解组织现在和未来顾客的需求；其次，要为超越顾客期望作一切努力。同时，还要考虑组织利益相关方的需要和期望。

(2)领导作用。领导作用是通过设定愿景、展开方针，确立统一的组织宗旨和方向，指导员工，引导组织按正确的方向前进来实现的。领导的主要作用是率先发扬道德行为，维护好内部环境，鼓励员工在活动中承担义务以实现组织的目标。

(3)全员参与。能够全面担责并有胜任能力的员工在为提升组织的全面绩效方面作出了贡献，他们构成了组织管理的基础。组织的绩效最终是由员工决定的。员工是一种特殊的资源，因为他们不仅不会被损耗掉，而且具有提升胜任能力的潜力。组织应懂得员工的这种重要性和独特性。为了有效率地管理组织，使每个员工都担责，提高员工的知识和技能、激励员工、尊重员工是至关重要的。

(4)过程方法。把组织的活动作为过程加以管理，以加强其提供过程结果的能力。将相互作用的过程和相应资源作为系统加以管理，以提高实现目标的能力。为了建立一个好的质量管理体系，质量管理系统是相当重要的，这个体系有一个统一的目标，并且由一系列过程所组成。要考虑整个体系与各组成部分，以及各个组成部分之间的关系。要用焦点导向的方法，设计、实施和改进质量管理体系，以便实现全面优化。

组织通过规定输入、输出、活动、资源、测量指标和组成体系的过程控制点，识别影响过程输出的因素，对一系列活动和资源进行管理，就能有效地发挥质量管理体系的作用。

建立质量管理体系的工作内容一般包括：①确定顾客期望；②建立质量目标和方针；③确定实现目标的过程和职责；④确定必须提供的资源；⑤规定测量过程有效性的方法；⑥实施测量确定过程的有效性；⑦确定防止不合格现象并清除其产生原因的措施；⑧建立和应用改进质量管理体系的过程。

(5)改进。任何类型的改进都为组织提供了宝贵的机会。基于对持续提高组织能力的理解，组织提倡为更好而作改变。面临经营环境的变化，若组织要在为顾客提供价值上取得持续成功，就必须维护好企业文化和价值观。这些文化和价值观注重组织的成长，积极倡导基于学习能力、自主和敏捷性的改进和创新。

(6)基于证据的决策。根据证据对组织的活动进行管理。以证据为依据的管理是通过识别关键指标、测量和监视、分析测量和监视数据，以及根据结果分析进行决策来实现的。

(7)关系管理。在价值网络里开展合作，提升组织为顾客提供价值的能力。没有一个组织能靠单打独斗向顾客提供价值并使他们满意。

**2. 企业质量管理体系文件的构成**

组织的质量管理体系应包括标准所要求的形成文件的信息以及组织确定的确保质量管理体系有效运行所需的形成文件的信息。质量管理标准所要求的质量管理体系文件一般由下列内容构成，这些文件的详略程度无统一规定，以适合企业使用，使过程受控为准则：

(1)质量方针和质量目标。质量方针和质量目标一般都以简明的文字来表述,是企业质量管理的方向目标,其反映用户及社会对工程质量的要求及企业相应的质量水平和服务承诺,也是企业质量经营理念的反映。

(2)质量手册。质量手册是规定企业组织质量管理体系的文件,质量手册对企业质量体系进行了系统、完整的描述。其内容一般包括:企业的质量方针、质量目标;组织机构及质量职责;体系要素或基本控制程序;质量手册的评审、修改和控制的管理办法。

质量手册作为企业质量管理系统的纲领性文件应具备指令性、系统性、协调性、先进性、可行性和可检查性。

(3)程序性文件。各种生产、工作和管理的程序文件是质量手册的支持性文件,是企业各职能部门为落实质量手册的要求而规定的细则,企业为落实质量管理工作而建立的各项管理标准、规章制度都属于程序文件范畴。各企业程序文件的内容及详略可视企业情况而定。一般来说,以下六个方面的程序为通用性管理程序,各类企业都应在程序文件中制定:

1)文件控制程序。

2)质量记录管理程序。

3)内部审核程序。

4)不合格品控制程序。

5)纠正措施控制程序。

6)预防措施控制程序。

除上述六个程序外,涉及产品质量形成过程各环节控制的程序文件,如生产过程、服务过程、管理过程、监督过程等管理程序文件,可视企业质量控制的需要来制定,不作统一规定。

为确保过程的有效运行和控制,在程序文件的指导下,还可按管理需要编制相关文件,如作业指导书、具体工程的质量计划等。

(4)质量记录。质量记录是产品质量水平和质量体系中各项质量活动及其结果的客观反映,其对质量体系程序文件所规定的运行过程及控制测量检查的内容如实加以记录,用以证明产品质量达到合同要求及质量保证的满足程度。如在控制体系中出现偏差,则质量记录不仅需反映偏差情况,而且应反映出针对不足之处所采取的纠正措施及纠正效果。

质量记录应完整地反映质量活动实施、验证和评审的情况,并记载关键活动的过程参数,具有可追溯性的特点。质量记录以规定的形式和程序进行,并包含实施、验证、审核等意见。

不同组织的质量管理体系文件的多少与详略程度各有不同,其取决于:①组织的规模、活动类型、过程、产品和服务;②过程及其相互作用的复杂程度;③人员的能力。

**3. 企业质量管理体系的建立和运行**

(1)企业质量管理体系的建立。

1)企业质量管理体系的建立,是在确定市场及顾客需求的前提下,按照七项质量管理原则制定企业的质量方针、质量目标、质量手册、程序文件及质量记录等体系文件,并将质量目标分解落实到相关层次、相关岗位的职能和职责中,形成企业质量管理体系的执行系统。

2)企业质量管理体系的建立还包含组织企业不同层次的员工进行培训,使体系的工作内容和执行要求为员工所了解,为形成全员参与的企业质量管理体系的运行创造条件。

3)企业质量管理体系的建立需识别并提供实现质量目标和持续改进所需的资源,包括人员、基础设施、环境、信息等。

(2)企业质量管理体系的运行。

1)企业质量管理体系的运行是在生产及服务的全过程中,按质量管理体系文件所制定的程序、标准、工作要求及目标分解的岗位职责进行运作。

2)在企业质量管理体系运行的过程中,按各类体系文件的要求,监视、测量和分析过程的有效性和效率,做好文件规定的质量记录,持续收集、记录并分析过程的数据和信息。

3)按文件规定的办法进行质量管理评审和考核。对过程运行的评审考核工作,应针对发现的主要问题,采取必要的改进措施,使这些过程达到所策划的结果并实现对过程的持续改进。

4)落实质量体系的内部审核程序,有组织、有计划地开展内部质量审核活动,其主要目的是:

①评价质量管理程序的执行情况及适用性;

②揭露过程中存在的问题,为质量改进提供依据;

③检查质量体系运行的信息;

④向外部审核单位提供体系有效的证据。

为确保系统内部审核的效果,企业领导应发挥决策领导作用,制定审核政策和计划,组织内审人员队伍,落实内审条件,并对审核发现的问题采取纠正措施和提供人、财、物等方面的支持。

**4. 企业质量管理体系的认证与监督**

《建筑法》规定,国家对从事建筑活动的单位推行质量体系认证制度。

(1)企业质量管理体系认证的意义。质量认证制度是由公正的第三方认证机构对企业的产品及质量体系作出正确、可靠的评价,从而使社会对企业的产品建立信心。第三方质量认证制度自20世纪80年代以来已得到世界各国的普遍重视,它对供方、需方、社会和国家的利益具有以下重要意义:

1)提高供方企业的质量信誉。

2)促进企业完善质量体系。

3)增强企业的国际市场竞争能力。

4)减少社会重复检验和检查费用。

5)有利于保护消费者利益。

6)有利于法规的实施。

(2)企业质量管理体系认证的程序。

1)申请和受理。具有法人资格,并已按《质量管理体系 基础和术语》(GB/T 19000—2016)质量管理体系族标准或其他国际公认的质量体系规范建立了文件化的质量管理体系,并在生产经营全过程贯彻执行的企业可提出申请。申请单位须按要求填写申请书。认证机构经审查符合要求后接受申请,如不符合要求则不接受申请,接受或不接受均发出书面通知书。

2)审核。认证机构派出审核组对申请方的质量管理体系进行检查和评定,包括文件审查、现场审核,并提出审核报告。

3)审批与注册发证。认证机构对审核组提出的审核报告进行全面审查,对符合标准者予以批准并注册,发给认证证书(内容包括证书号、注册企业名称地址、认证和质量管理体系覆盖产品的范围、评价依据及质量保证模式标准及说明、发证机构、签发人和签发日期)。

(3)获准认证后的维持与监督管理。企业质量管理体系获准认证的有效期为3年。获准认证后,企业应通过经常性的内部审核,维持质量管理体系的有效性,并接受认证机构对企业质量管理体系实施监督管理。

获准认证后的质量管理体系,其维持与监督管理内容如下:

1)企业通报。认证合格的企业质量管理体系在运行中出现较大变化时,需向认证机构通报。认证机构接到通报后,视情况采取必要的监督检查措施。

2)监督检查。认证机构对认证合格单位的质量管理体系的维持情况进行监督性现场检查,包括定期和不定期的监督检查。定期检查通常是每年一次,不定期检查视需要临时安排。

3)认证注销。注销是企业的自愿行为。在企业质量管理体系发生变化或证书有效期届满未提出重新申请等情况下,认证持证者提出注销的,认证机构应予以注销,收回该体系认证证书。

4)认证暂停。认证暂停是认证机构在获证企业质量管理体系发生不符合认证要求的情况下所采取的警告措施。认证暂停期间,企业不得使用质量管理体系认证证书作宣传。企业在规定期间采取纠正措施满足规定条件后,认证机构撤销认证暂停,否则将撤销认证注册,收回合格证书。

5)认证撤销。当获证企业的质量管理体系严重不符合规定,或在认证暂停的规定期限未予整改,或出现其他构成撤销体系认证资格情况时,认证机构应作出撤销认证的决定。企业若不服可提出申诉。撤销认证的企业一年后可重新提出认证申请。

6)复评。认证合格有效期满前,如企业愿继续延长,可向认证机构提出复评申请。

7)重新换证。在认证证书有效期内,出现体系认证标准变更、体系认证范围变更、体系认证证书持有者变更等情况时,可按规定重新换证。

# 项目小结

建筑工程项目的全面质量管理,是指项目参与各方所进行的工程项目质量管理的总称,其中包括工程(产品)质量和工作质量的全面管理。在长期的生产实践和理论研究中形成的PDCA循环,是建立质量管理体系和进行质量管理的基本方法。

建筑工程项目的实施,涉及业主方、设计方、施工方、监理方、供应方等多方质量责任主体的活动,各方主体各自承担不同的质量责任和义务。为了有效地进行系统、全面的质量控制,必须由项目实施的总负责单位,负责建设工程项目质量控制体系的建立和运行,实施质量目标的控制。

建筑施工企业质量管理体系是企业为实施质量管理而建立的管理体系,通过第三方质量认证机构的认证,为该企业的工程承包经营和质量管理奠定基础。企业质量管理体系应按照我国《质量管理体系 基础和术语》(GB/T 19000—2016)质量管理体系族标准进行建立和认证。其内容主要包括ISO 9000:2015质量管理体系族标准提出的质量管理七项原则,企业质量管理体系文件的构成，以及企业质量管理体系的建立与运行、认证与监督等相关知识。

## 复习思考题

2—1 什么是全面质量管理？何谓"三全"？
2—2 何谓 PDCA 循环？
2—3 项目质量控制体系的结构有哪些？
2—4 项目质量控制体系建立的原则有哪些？
2—5 建立质量控制体系的责任主体有哪些？
2—6 项目质量控制体系的运行机制有哪些？
2—7 何谓质量管理七项原则？
2—8 企业质量管理体系认证有何意义？
2—9 对于获准认证后的质量管理体系，其维持与监督管理内容有哪些？

## 专项实训

### 认识企业质量管理体系认证

实训目的：体验企业质量管理体系认证方式，熟悉企业质量管理体系认证程序。
材料准备：①采访本。
②交通工具。
③录音笔。
④联系通过质量管理体系认证的企业的负责人。
⑤设计采访参观过程。
实训步骤：划分小组→分配走访任务→走访认证企业→进行资料整理→完成走访报告。
实训结果：①熟悉企业质量管理体系认证程序。
②掌握企业质量管理体系认证方式。
③编制走访报告。
注意事项：①学生角色扮演真实。
②走访程序设计合理。
③充分发挥学生的积极性、主动性与创造性。

# 项目 3　建筑工程项目质量控制

建筑工程
项目质量控制

**项目描述**

本项目主要介绍了建筑工程施工质量控制的依据与基本环节、施工质量计划的内容与编制方法、施工生产要素的质量控制、施工准备的质量控制、施工过程的质量控制、施工质量与设计质量的协调等内容。

**学习目标**

通过本项目的学习，学生能够了解建筑工程施工质量的基本要求、质量控制的基本环节、施工质量与设计质量的协调等知识，掌握施工质量计划的内容与编制方法，熟悉施工生产要素、施工准备和施工过程的质量控制。

**素质目标**

"百年大计，质量第一"，工程建设质量容不得粗心马虎。通过本项目的学习，培养学生热情、专心、严谨的工作习惯，从而在工程建设过程中，对工程质量认真负责，确保工程质量不出现问题。

**项目导入**

建筑工程项目的施工质量控制有两个方面的含义：一是指项目施工单位的施工质量控制，包括施工总承包、分包单位，综合的和专业的施工质量控制；二是指广义的施工阶段项目质量控制，即除施工单位的施工质量控制外，还包括建设单位、设计单位、监理单位以及政府质量监督机构在施工阶段对项目施工质量所实施的监督管理和控制职能。

因此，项目管理者应全面理解施工质量控制的内涵，掌握项目施工阶段质量控制的目标、依据与基本环节，以及施工质量计划的编制和施工生产要素、施工准备工作和施工作业过程的质量控制方法。

## 3.1　施工质量控制的依据与基本环节

**1. 施工质量的基本要求**

工程项目施工是实现项目设计意图，形成工程实体的阶段，是最终形成项目质量和实现项目使用价值的阶段。项目施工质量控制是整个工程项目质量控制的关键和重点。

施工质量要达到的最基本要求是：通过施工形成的项目工程实体质量经检查验收合格。

项目施工质量验收合格应符合下列要求：

(1)符合《建筑工程施工质量验收统一标准》(GB 50300—2013)和相关专业验收规范的规定。

(2)符合工程勘察、设计文件的要求。

(3)符合施工承包合同的约定。

上述要求(1)是国家法律、法规的要求。国家建设行政主管部门为了加强建筑工程质量管理，规范建筑工程施工质量的验收，保证工程质量，制定了相应的标准和规范。这些标准、规范是主要从技术的角度，为保证房屋建筑各专业工程的安全性、可靠性、耐久性而提出的一般性要求。

上述要求(2)是勘察、设计对施工提出的要求。工程勘察、设计单位针对本工程的水文地质条件，根据建设单位的要求，从技术和经济结合的角度，为满足工程的使用功能和安全性、经济性、与环境的协调性等要求，以图纸、文件的形式对施工提出要求，是针对每个工程项目的个性化要求。

上述要求(3)是施工承包合同约定的要求。施工承包合同的约定具体体现了建设单位的要求和施工单位的承诺，合同的约定全面体现了对施工形成的工程实体的适用性、安全性、耐久性、可靠性、经济性以及与环境的协调性等六个方面质量特性的要求。

为了达到上述要求，项目的建设单位、勘察单位、设计单位、施工单位、工程监理单位应切实履行法定的质量责任和义务，在整个施工阶段对影响项目质量的各项因素实行有效的控制，以保证项目实施过程的工作质量来保证项目工程实体的质量。

"合格"是对项目质量的最基本的要求，国家鼓励采用先进的科学技术和管理方法，提高建设工程质量。全国和地方(部门)的建设主管部门或行业协会所设立的"中国建筑工程鲁班奖(国家优质工程)""长城杯奖""白玉兰奖"以及以"某某杯"命名的各种优质工程奖等，都是为了鼓励项目参建单位创造更好的工程质量。

**2. 施工质量控制的依据**

(1)共同性依据。其是指和施工质量管理有关的、通用的、具有普遍指导意义和必须遵守的基本法规，主要包括国家和政府有关部门颁布的与工程质量管理有关的法律法规性文件，如《中华人民共和国建筑法》《中华人民共和国招标投标法》和《建设工程质量管理条例》等。

(2)专业技术性依据。其是指针对不同的行业、不同质量控制对象所制定的专业技术规范文件，包括规范、规程、标准、规定等，如工程建设项目质量检验评定标准，有关建筑材料、半成品和构配件质量方面的专门技术法规性文件，有关材料验收、包装和标志等方面的技术标准和规定，施工工艺质量等方面的技术法规性文件，有关新工艺、新技术、新材料、新设备的质量规定和鉴定意见等。

(3)项目专用性依据。其是指本项目的工程建设合同、勘察设计文件、设计交底及图纸会审记录、设计修改和技术变更通知，以及相关会议记录和工程联系单等。

**3. 施工质量控制的基本环节**

施工质量控制应贯彻全面、全员、全过程质量管理的思想，运用动态控制原理，进行质量的事前控制、事中控制和事后控制。

(1)事前质量控制，即在正式施工前进行的事前主动质量控制，通过编制施工质量计划，明确质量目标，制定施工方案，设置质量管理点，落实质量责任，分析可能导致质量目标偏离的各种影响因素，针对这些影响因素制定有效的预防措施，防患于未然。

事前质量控制必须充分发挥组织的技术和管理面的整体优势，把长期形成的先进技术、管理方法和经验智慧，创造性地应用于工程项目。

事前质量控制要求针对质量控制对象的控制目标、活动条件、影响因素进行周密分析，找出薄弱环节，制定有效的控制措施和对策。

(2)事中质量控制，是指在施工质量形成过程中，对影响施工质量的各种因素进行全面的动态控制。事中质量控制也称为作业活动过程质量控制，包括质量活动主体的自我控制和他人监控的控制方式。自我控制是第一位的，即作业者在作业过程中对自己的质量活动行为的约束和技术能力的发挥，以完成符合预定质量目标的作业任务；他人监控是对作业者的质量活动过程和结果，由来自企业内部的管理者和企业外部有关方面进行监督检查，如工程监理机构、政府质量监督部门等的监控。

施工质量的自控和监控是相辅相成的系统过程。自控主体的质量意识和能力是关键，是施工质量的决定因素；各监控主体所进行的施工质量监控是对自控行为的推动和约束。

因此，自控主体必须正确处理自控和监控的关系，在致力于施工质量自控的同时，还必须接受来自业主、监理等方面对其质量行为和结果所进行的监督管理，包括质量检查、评价和验收。自控主体不能因为监控主体的存在和监控职能的实施而减轻或免除其质量责任。

事中质量控制的目标是确保工序质量合格，杜绝质量事故的发生；控制的关键是坚持质量标准；控制的重点是对工序质量、工作质量和质量控制点的控制。

(3)事后质量控制。事后质量控制也称为事后质量把关，是使不合格的工序或最终产品(包括单位工程或整个工程项目)不流入下道工序、不进入市场。事后质量控制包括对质量活动结果的评价、认定；对工序质量偏差的纠正；对不合格产品进行整改和处理。控制的重点是发现施工质量方面的缺陷，并通过分析提出施工质量改进的措施，保持质量处于受控状态。

以上三大环节不是互相孤立和截然分开的，它们共同构成有机的系统过程，实质上也就是质量管理PDCA循环的具体化，在每一次滚动循环中不断提高，从而达到质量管理和质量控制的持续改进。

## 3.2 施工质量计划的内容与编制方法

按照《质量管理体系 基础和术语》(GB/T 19000—2016/ISO 9000：2015)，质量计划是质量管理体系文件的组成内容。在合同环境下，质量计划是企业向顾客表明质量管理方针、目标及其具体实现的方法、手段和措施的文件，是体现企业对质量责任的承诺和实施的具体步骤。

**1. 施工质量计划的形式和内容**

在建筑施工企业的质量管理体系中，以施工项目为对象的质量计划称为施工质量计划。

(1)施工质量计划的形式。目前，我国除已经建立质量管理体系的施工企业直接采用施工质量计划的形式外，通常还采用在工程项目施工组织设计或施工项目管理实施规划中包含质量计划内容的形式，因此，现行的施工质量计划有三种形式：

1)工程项目施工质量计划。

2)工程项目施工组织设计(含施工质量计划)。

3）施工项目管理实施规划（含施工质量计划）。

施工组织设计或施工项目管理实施规划之所以能发挥施工质量计划的作用，是因为根据建筑生产的技术经济特点，每个工程项目都需要进行施工生产过程的组织与计划，包括施工质量、进度、成本、安全等目标的设定，实现目标的计划和控制措施的安排等。因此，施工质量计划所要求的内容，理所当然地被包含于施工组织设计或项目管理实施规划中，而且能够充分体现施工项目管理目标（质量、工期、成本、安全）的关联性、制约性和整体性，这也和全面质量管理的思想方法一致。

（2）施工质量计划的基本内容。在已经建立质量管理体系的情况下，质量计划的内容必须全面体现和落实企业质量管理体系文件的要求（也可引用质量体系文件中的相关条文），同时，结合本工程的特点，在质量计划中编写专项管理要求。施工质量计划的基本内容一般应包括：

1）工程特点及施工条件（合同条件、法规条件和现场条件等）分析。
2）质量总目标及其分解目标。
3）质量管理组织机构和职责，人员及资源配置计划。
4）确定施工工艺与操作方法的技术方案和施工组织方案。
5）施工材料、设备等物资的质量管理及控制措施。
6）施工质量检验、检测、试验工作的计划安排及其实施方法与检测标准。
7）施工质量控制点及其跟踪控制的方式与要求。
8）质量记录的要求等。

**2. 施工质量计划的编制与审批**

建设工程项目施工任务的组织，无论业主方采用平行发包还是总分包方式，都将涉及多方参与主体的质量责任。也就是说，建筑产品的直接生产过程是在协同方式下进行的，因此，在工程项目质量控制系统中，要按照"谁实施，谁负责"的原则，明确施工质量控制的主体构成及其各自的控制范围。

（1）施工质量计划的编制主体。施工质量计划应由自控主体，即施工承包企业进行编制。在平行发包方式下，各承包单位应分别编制施工质量计划；在总分包模式下，施工总承包单位应编制总承包工程范围的施工质量计划，各分包单位编制相应分包范围的施工质量计划，作为施工总承包方质量计划的深化和组成部分。施工总承包方有责任对各分包方施工质量计划的编制进行指导和审核，并承担相应施工质量的连带责任。

（2）施工质量计划涵盖的范围。施工质量计划涵盖的范围，按整个工程项目质量控制的要求，应与建筑安装工程施工任务的实施范围一致，以此保证整个项目建筑安装工程的施工质量总体受控；对具体施工任务承包单位而言，施工质量计划涵盖的范围应能满足其履行工程承包合同质量责任的要求。项目的施工质量计划，应在施工程序、控制组织、控制措施、控制方式等方面，形成一个有机的质量计划系统，确保实现项目质量总目标和各分解目标的控制能力。

（3）施工质量计划的审批。施工单位的项目施工质量计划或施工组织设计文件编成后，应按照工程施工管理程序进行审批，包括施工企业内部的审批和项目监理机构的审查。

1）企业内部的审批。施工单位的项目施工质量计划或施工组织设计的编制与内部审批，应根据企业质量管理程序性文件规定的权限和流程进行。其通常是由项目经理部主持编制，报企业组织管理层批准。

施工质量计划或施工组织设计文件的内部审批过程,是施工企业自主技术决策和管理决策的过程,也是发挥企业职能部门与施工项目管理团队的智慧和经验的过程。

2)项目监理机构的审查。实施工程监理的施工项目,按照我国建设工程监理规范的规定,施工承包单位必须填写《施工组织设计(方案)报审表》并附施工组织设计(方案),报送项目监理机构审查。规范规定项目监理机构"在工程开工前,总监理工程师应组织专业监理工程师审查承包单位报送的施工组织设计(方案)报审表,提出意见,并经总监理工程师审核、签认后报建设单位"。

3)审批关系的处理原则。正确执行施工质量计划的审批程序,是正确理解工程质量目标和要求,保证施工部署、技术工艺方案和组织管理措施的合理性、先进性和经济性的重要环节,也是进行事前质量控制的重要方法。因此,在执行审批程序时,必须正确处理施工企业内部审批和监理机构审批的关系,其基本原则如下:①充分发挥质量自控主体和监控主体的共同作用,在坚持项目质量标准和质量控制能力的前提下,正确处理承包人利益和项目利益的关系,施工企业内部的审批首先应从履行工程承包合同的角度,审查实现合同质量目标的合理性和可行性,以项目质量计划向发包方提供可信任的依据;②施工质量计划在审批过程中,对监理机构审查所提出的建议、希望、要求等意见是否采纳以及采纳的程度,应由负责质量计划编制的施工单位自主决策,在满足合同和相关法规要求的情况下,确定质量计划的调整、修改和优化,并对相应执行结果承担责任;③按规定程序审查批准的施工质量计划,在实施过程中如因条件变化需要对某些重要决定进行修改,其修改内容仍应按照相应程序经过审批后执行。

**3. 施工质量控制点的设置与管理**

施工质量控制点的设置是施工质量计划的重要组成内容。施工质量控制点是施工质量控制的重点对象。

(1)质量控制点的设置。质量控制点应选择那些技术要求高、施工难度大、对工程质量影响大或发生质量问题时危害大的对象进行设置。一般选择下列部位或环节作为质量控制点:

1)对施工质量有重要影响的关键质量特性、关键部位或重要影响因素。

2)工艺上有严格要求,对下道工序的活动有重要影响的关键质量特性、部位。

3)严重影响项目质量的材料质量和性能。

4)影响下道工序质量的技术间歇时间。

5)与施工质量密切相关的技术参数。

6)容易出现质量通病的部位。

7)紧缺工程材料、构配件和工程设备或可能对生产安排有严重影响的关键项目。

8)隐蔽工程验收。

一般建筑工程质量控制点的设置可参考表3-1。

表3-1 质量控制点的设置

| 分项工程 | 质量控制点 |
| --- | --- |
| 工程测量定位 | 标准轴线桩、水平桩、龙门板、定位轴线、标高 |
| 地基、基础<br>(含设备基础) | 基坑(槽)尺寸、标高、土质、地基承载力,基础垫层标高,基础位置、尺寸、标高,预埋件、预留洞孔的位置、标高、规格、数量,基础杯口弹线 |
| 砌体 | 砌体轴线,皮数杆,砂浆配合比,预留洞孔、预埋件的位置、数量,砌块排列 |

续表

| 分项工程 | 质量控制点 |
|---|---|
| 模板 | 位置、标高、尺寸，预留洞孔的位置、尺寸，预埋件的位置，模板的承载力、刚度和稳定性，模板内部清理及润湿情况 |
| 钢筋混凝土 | 水泥品种、强度等级，砂石质量，混凝土配合比，外加剂比例，混凝土振捣，钢筋品种、规格、尺寸、搭接长度，钢筋焊接、机械连接，预留洞孔及预埋件的规格、位置、尺寸、数量，预制构件吊装或出厂（脱模）强度，吊装位置、标高、支承长度、焊缝长度 |
| 吊装 | 吊装设备的起重能力、吊具、索具、地锚 |
| 钢结构 | 翻样图、放大样 |
| 焊接 | 焊接条件、焊接工艺 |
| 装修 | 视具体情况而定 |

(2) 质量控制点的重点控制对象。质量控制点的选择要准确，还要根据对重要质量特性进行重点控制的要求，选择质量控制点的重点部位、重点工序和重点的质量因素作为质量控制点的重点控制对象，进行重点预控和监控，从而有效地控制和保证施工质量。质量控制点的重点控制对象主要包括以下几个方面：

1) 人的行为。某些操作或工序，应以人为重点控制对象，如高空、高温、水下、易燃易爆、重型构件吊装作业以及操作要求高的工序和技术难度大的工序等，都应从人的生理、心理、技术能力等方面进行控制。

2) 材料的质量与性能。这是直接影响工程质量的重要因素，在某些工程中应作为控制的重点，如钢结构工程中使用的高强度螺栓、某些特殊焊接作业中使用的焊条，都应重点控制其材质与性能；又如水泥的质量是直接影响混凝土工程质量的关键因素，在施工中就应对进场的水泥质量进行重点控制，必须检查核对其出厂合格证，并按要求进行强度和安定性的复验等。

3) 施工方法与关键操作。某些直接影响工程质量的关键操作应作为控制的重点，如预应力钢筋的张拉工艺操作过程及张拉力的控制，是可靠地建立预应力值和保证预应力构件质量的关键过程。同时，那些易对工程质量产生重大影响的施工方法，也应被列为控制的重点，如大模板施工中模板的稳定和组装问题、液压滑模施工时支撑杆稳定问题、升板法施工中提升量的控制问题等。

4) 施工技术参数。如混凝土的外加剂掺量、水胶比，回填土的含水量，砌体的砂浆饱满度，防水混凝土的抗渗等级，建筑物沉降与基坑边坡稳定监测数据，大体积混凝土内外温差及混凝土冬期施工受冻临界强度等技术参数都是应重点控制的质量参数与指标。

5) 技术间歇。有些工序之间必须留有必要的技术间歇时间，如砌筑与抹灰之间，应在墙体砌筑后留 6~10 d 时间，让墙体充分沉陷、稳定、干燥，然后再抹灰，抹灰层干燥后，才能喷白、刷浆；混凝土浇筑与模板拆除之间，应保证混凝土有一定的硬化时间，达到规定拆模强度后方可拆除等。

6) 施工顺序。某些工序之间必须严格控制先后的施工顺序，如对冷拉的钢筋应当先焊接后冷拉，否则会失去冷强；屋架的安装固定，应采取对角同时施焊的方法，否则会由于焊接应力导致校正好的屋架发生倾斜。

7) 易发生或常见的质量通病。如混凝土工程的蜂窝、麻面、空洞，墙、地面、屋面工程渗水、漏水、空鼓、起砂、裂缝等，都与工序操作有关，均应事先研究对策，提出预防措施。

8）新技术、新材料及新工艺的应用。由于缺乏经验，施工时应将其作为重点进行控制。

9）产品质量不稳定和不合格率较高的工序应被列为重点，并应认真分析，严格控制。

10）特殊地基或特种结构。对于湿陷性黄土、膨胀土、红黏土等特殊土地基的处理，以及大跨度结构、高耸结构等技术难度较大的施工环节和重要部位，均应予以特别的重视。

（3）质量控制点的管理。设定了质量控制点，质量控制的目标及工作重点就更加明确。

1）要做好施工质量控制点的事前质量控制工作，包括明确质量控制的目标与控制参数、编制作业指导书和确定质量控制措施、确定质量检查检验方式及抽样的数量与方法、明确检查结果的判断标准及质量记录与信息反馈要求等。

2）要向施工作业班组进行认真交底，使每一个控制点上的作业人员明白施工作业规程及质量检验评定标准，掌握施工操作要领；在施工过程中，相关技术管理和质量控制人员要在现场进行重点指导和检查验收。

3）还要做好施工质量控制点的动态设置和动态跟踪管理。所谓动态设置，是指在工程开工前、设计交底和图纸会审时，可确定项目的一批质量控制点，随着工程的展开、施工条件的变化，随时或定期进行控制点的调整和更新。动态跟踪是应用动态控制原理，落实专人负责跟踪和记录控制点质量控制的状态和效果，并及时向项目管理组织的高层管理者反馈质量控制信息，保持施工质量控制点的受控状态。

对于危险性较大的分部分项工程或特殊施工过程，除按一般过程质量控制的规定执行外，还应由专业技术人员编制专项施工方案或作业指导书，经施工单位技术负责人、项目总监理工程师、建设单位项目负责人签字后执行。超过一定规模的危险性较大的分部分项工程，还要组织专家对专项方案进行论证。作业前施工员、技术员做好交底和记录，使操作人员在明确工艺标准、质量要求的基础上进行作业。为保证质量控制点的目标实现，应严格按照三级检查制度进行检查控制。在施工中发现质量控制点有异常时，应立即停止施工，召开分析会，查找原因，采取对策予以解决。

施工单位应积极主动地支持、配合监理工程师的工作，应根据现场工程监理机构的要求，将施工作业质量控制点，按照不同的性质和管理要求，细分为"见证点"和"待检点"以进行施工质量的监督和检查。凡属"见证点"的施工作业，如重要部位、特种作业、专门工艺等，施工方必须在该项作业开始前 24 h，书面通知现场监理机构到位旁站，见证施工作业过程；凡属"待检点"的施工作业，如隐蔽工程等，施工方必须在完成施工质量自检的基础上，提前通知项目监理机构进行检查验收，然后才能进行工程隐蔽或下道工序的施工。未经过项目监理机构检查验收合格，不得进行工程隐蔽或下道工序的施工。

## 3.3 施工生产要素的质量控制

施工生产要素是施工质量形成的物质基础，其质量的含义包括以下内容：作为劳动主体的施工人员，即直接参与施工的管理者、作业者的素质及其组织效果；作为劳动对象的建筑材料、半成品、工程用品、设备等的质量；作为劳动方法的施工工艺及技术措施的水平；作为劳动手段的施工机械、设备、工具、模具等的技术性能；以及施工环境——现场水文、地质、气象等自然环境，通风、照明、安全等作业环境以及协调配合的管理环境。

**1. 施工人员的质量控制**

施工人员的质量包括参与工程施工的各类人员的施工技能、文化素养、生理体能、心理行为等方面的个体素质，以及经过合理组织和激励发挥个体潜能综合形成的群体素质。因此，企业应通过择优录用、加强思想教育及技能方面的培训，合理组织、严格考核，并辅以必要的激励机制，使企业员工的潜在能力得到充分的发挥和最好的组合，使施工人员在质量控制系统中发挥主体自控作用。

施工企业必须坚持执业资格注册制度和作业人员持证上岗制度；对所选派的施工项目领导者、组织者进行教育和培训，使其质量意识和组织管理能力能满足施工质量控制的要求；对所属施工队伍进行全员培训，加强质量意识的教育和技术训练，提高每个作业者的质量活动能力和自控能力；对分包单位进行严格的资质考核和施工人员的资格考核，其资质、资格必须符合相关法规的规定，与其分包的工程相适应。

**2. 材料设备的质量控制**

原材料、半成品及工程设备是工程实体的构成部分，其质量是项目工程实体质量的基础。加强原材料、半成品及工程设备的质量控制，不仅是提高工程质量的必要条件，也是实现工程项目投资目标和进度目标的前提。

对原材料、半成品及工程设备进行质量控制的主要内容为：控制材料设备的性能、标准、技术参数与设计文件的相符性；控制材料、设备各项技术性能指标、检验测试指标与标准规范要求的相符性；控制材料、设备进场验收程序的正确性及质量文件资料的完备性；控制优先采用节能低碳的新型建筑材料和设备，禁止使用国家明令禁用或淘汰的建筑材料和设备等。

施工单位应在施工过程中贯彻执行企业质量程序文件中关于材料和设备封样、采购、进场检验、抽样检测及质保资料提交等方面明确规定的一系列控制标准。

**3. 工艺方案的质量控制**

施工工艺的先进合理是直接影响工程质量、工程进度及工程造价的关键因素，施工工艺的合理可靠也直接影响到工程施工安全。因此，在工程项目质量控制系统中，制定和采用技术先进、经济合理、安全可靠的施工技术工艺方案，是工程质量控制的重要环节。对施工工艺方案的质量控制主要包括以下内容：

(1)深入正确地分析工程特征、技术关键及环境条件等资料，明确质量目标、验收标准、控制的重点和难点。

(2)制定合理有效的、有针对性的施工技术方案和组织方案，前者包括施工工艺、施工方法，后者包括施工区段划分、施工流向及劳动组织等。

(3)合理选用施工机械设备和设置施工临时设施，合理布置施工总平面图和各阶段施工平面图。

(4)选用和设计保证质量和安全的模具、脚手架等施工设备。

(5)编制工程所采用的新材料、新技术、新工艺的专项技术方案和质量管理方案。

(6)针对工程具体情况，分析气象、地质等环境因素对施工的影响，制定应对措施。

**4. 施工机械的质量控制**

施工机械是指施工过程中使用的各类机械设备，包括起重运输设备、人货两用电梯、加工机械、操作工具、测量仪器、计量器具以及专用工具和施工安全设施等。施工机械设备是所有施工方案和工法得以实施的重要物质基础，合理选择和正确使用施工机械设备是保证施工质量的重要措施。

(1)对施工所用的机械设备,应根据工程需要从设备选型、主要性能参数及使用操作要求等方面加以控制,使其符合安全、适用、经济、可靠和节能、环保等方面的要求。

(2)对施工中使用的模具、脚手架等施工设备,除可按适用的标准定塑选用之外,一般需按设计及施工要求进行专项设计,将其设计方案及制作质量的控制及验收作为重点并进行控制。

(3)按现行施工管理制度的要求,工程所用的施工机械、模板、脚手架,特别是危险性较大的现场安装的起重机械设备,不仅要对其设计安装方案进行审批,而且安装完毕交付使用前必须经专业管理部门的验收,合格后方可使用。同时,在使用过程中还需落实相应的管理制度,以确保其安全正常使用。

**5. 施工环境因素的控制**

环境的因素主要包括施工现场自然环境因素、施工质量管理环境因素和施工作业环境因素。环境因素对工程质量的影响,具有复杂多变的特点和不确定性,以及明显的风险特性。要减少其对施工质量的不利影响,主要是采取预测预防的风险控制方法。

(1)对施工现场自然环境因素的控制。对地质、水文等方面的影响因素,应根据设计要求,分析工程岩土地质资料,预测不利因素,并会同设计等方面制定相应的措施,采取如基坑降水、排水、加固围护等技术控制方案。

对天气气象方面的影响因素,应在施工方案中制定专项紧急预案,明确在不利条件下的施工措施,落实人员、器材等方面的准备,加强施工过程中的监控与预警。

(2)对施工质量管理环境因素的控制。施工质量管理环境因素主要是指施工单位质量保证体系、质量管理制度和各参建施工单位之间的协调等因素。要根据工程发承包的合同结构,理顺管理关系,建立统一的现场施工组织系统和质量管理的综合运行机制,确保质量保证体系处于良好的状态,创造良好的质量管理环境和氛围,使施工顺利进行,保证施工质量。

(3)对施工作业环境因素的控制。施工作业环境因素主要是指施工现场的给水排水条件,各种能源介质供应,施工照明、通风、安全防护设施,施工场地空间条件和通道,以及交通运输和道路条件等因素。

要认真实施经过审批的施工组织设计和施工方案,落实保证措施,严格执行相关管理制度和施工纪律,保证上述环境条件良好,使施工顺利进行以及使施工质量得到保证。

# 3.4 施工准备的质量控制

**1. 施工技术准备工作的质量控制**

施工技术准备是指在正式开展施工作业活动前进行的技术准备工作。这类工作内容繁多,主要在室内进行,例如,熟悉施工图纸,组织设计交底和图纸审查;进行工程项目检查验收的项目划分和编号;审核相关质量文件,细化施工技术方案和施工人员、机具的配置方案,编制施工作业技术指导书,绘制各种施工详图(如测量放线图、大样图及配筋、配板、配线图表等),进行必要的技术交底和技术培训。施工准备工作出错,必然影响施工进度和作业质量,甚至直接导致质量事故的发生。

技术准备工作的质量控制，包括对上述技术准备工作成果的复核审查，检查这些成果是否符合设计图纸和施工技术标准的要求；依据经过审批的质量计划审查、完善施工质量控制措施；针对质量控制点，明确质量控制的重点对象和控制方法；尽可能地提高上述工作成果对施工质量的保证程度等。

**2. 现场施工准备工作的质量控制**

(1)计量控制。这是施工质量控制的一项重要基础工作。施工过程中的计量，包括施工生产时的投料计量，施工测量，监测计量以及对项目、产品或过程的测试、检验、分析计量等。开工前要建立和完善施工现场计量管理的规章制度；明确计量控制责任者和配置必要的计量人员；严格按规定对计量器具进行维修和校验；统一计量单位，组织量值传递，保证量值统一，从而保证施工过程中计量的准确。

(2)测量控制。工程测量放线是建设工程产品由设计转化为实物的第一步。施工测量质量的好坏，直接影响工程的定位和标高是否正确，并且制约施工过程有关工序的质量。因此，施工单位在开工前应编制测量控制方案，经项目技术负责人批准后实施。要对建设单位提供的原始坐标点、基准线和水准点等测量控制点进行复核，并将复测结果上报监理工程师审核，批准后施工单位才能建立施工测量控制网，进行工程定位和标高基准的控制。

(3)施工平面图控制。建设单位应按照合同约定并充分考虑施工的实际需要，事先划定并提供施工用地和现场临时设施用地的范围，协调平衡和审查批准各施工单位的施工平面设计。施工单位要严格按照批准的施工平面布置图，科学合理地使用施工场地，正确安装设置施工机械设备和其他临时设施，维护现场施工道路畅通无阻和通信设施完好，合理控制材料的进场与堆放，保持良好的防洪排水能力，保证充分的给水和供电。建设（监理）单位应会同施工单位制定严格的施工场地管理制度、施工纪律和相应的奖惩措施，严禁乱占场地和擅自断水、断电、断路，及时制止和处理各种违纪行为，并做好施工现场的质量检查记录。

**3. 工程质量检查验收的项目划分**

一个建设工程项目从施工准备开始到竣工交付使用，要经过若干工序、工种的配合施工。施工质量的优劣，取决于各个施工工序、工种的管理水平和操作质量。因此，为了便于控制、检查、评定和监督每个工序和工种的工作质量，要把整个项目逐级划分为若干个子项目，并分级进行编号，在施工过程中据此来进行质量控制和检查验收。这是进行施工质量控制的一项重要准备工作，应在项目施工开始之前进行。项目划分越合理、明细，越有利于分清质量责任，便于施工人员进行质量自控和检查监督人员检查验收，也有利于质量记录等资料的填写、整理和归档。

根据《建筑工程施工质量验收统一标准》(GB 50300—2013)的规定，建筑工程质量验收应逐级：

(1)建筑工程施工质量验收应划分为单位工程、分部工程、分项工程和检验批。

(2)单位工程应按下列原则划分：

1)具备独立施工条件并能形成独立使用功能的建筑物或构筑物为一个单位工程；

2)对于规模较大的单位工程，可将其能形成独立使用功能的部分划分为一个子单位工程。

(3)分部工程应按下列原则划分：

1)可按专业性质、工程部位确定；

2)当分部工程较大或较复杂时，可按材料种类、施工特点、施工程序、专业系统及类别将分部工程划分为若干子分部工程。

(4)分项工程可按主要工种、材料、施工工艺、设备类别进行划分。

(5)检验批可根据施工、质量控制和专业验收的需要,按工程量、楼层、施工段、变形缝进行划分。

(6)建筑工程的分部、分项工程划分宜按表3-2采用。

(7)施工前,应由施工单位制定分项工程和检验批的划分方案,并由监理单位审核。对于表3-2及相关专业验收规范未涵盖的分项工程和检验批,可由建设单位组织监理、施工等单位协商确定。

表3-2 建筑工程的分部工程、分项工程划分

| 序号 | 分部工程 | 子分部工程 | 分项工程 |
|---|---|---|---|
| 1 | 地基与基础 | 地基 | 素土、灰土地基,砂和砂石地基,土工合成材料地基,粉煤灰地基,强夯地基,注浆地基,预压地基,砂石桩复合地基,高压旋喷注浆地基,水泥土搅拌桩地基,土和灰土挤密桩复合地基,水泥粉煤灰碎石桩复合地基,夯实水泥土桩复合地基 |
| | | 基础 | 无筋扩展基础,钢筋混凝土扩展基础,筏形与箱形基础,钢结构基础,钢管混凝土结构基础,型钢混凝土结构基础,钢筋混凝土预制桩基础,泥浆护壁成孔灌注桩基础,干作业成孔桩基础,长螺旋钻孔压灌桩基础,沉管灌注桩基础,钢桩基础,锚杆静压桩基础,岩石锚杆基础,沉井与沉箱基础 |
| | | 基坑支护 | 灌注桩排桩围护墙、板桩围护墙、咬合桩围护墙、型钢水泥土搅拌墙、土钉墙、地下连续墙、水泥土重力式挡墙、内支撑、锚杆、与主体结构相结合的基坑支护 |
| | | 地下水控制 | 降水与排水,回灌 |
| | | 土方 | 土方开挖,土方回填,场地平整 |
| | | 边坡 | 喷锚支护,挡土墙,边坡开挖 |
| 2 | 主体结构 | 混凝土结构 | 模板,钢筋,混凝土,预应力,现浇结构,装配式结构 |
| | | 砌体结构 | 砖砌体,混凝土小型空心砌块砌体,石砌体,配筋砌体,填充墙砌体 |
| | | 钢结构 | 钢结构焊接,紧固件连接,钢零部件加工,钢构件组装及预拼装,单层钢结构安装,多层及高层钢结构安装,钢管结构安装,预应力钢索和膜结构,压型金属板,防腐涂料涂装,防火涂料涂装 |
| | | 钢管混凝土结构 | 构件现场拼装,构件安装,柱与混凝土梁连接,钢管内钢筋骨架,钢管内混凝土浇筑 |
| | | 型钢混凝土结构 | 型钢焊接,紧固件连接,型钢与钢筋连接,型钢构件组装及预拼装,型钢安装,模板,混凝土 |
| | | 铝合金结构 | 铝合金焊接,紧固件连接,铝合金零部件加工,铝合金构件组装,铝合金构件预拼装,铝合金框架结构安装,铝合金空间网格结构安装,铝合金面板,铝合金幕墙结构安装,防腐处理 |
| | | 木结构 | 方木和原木结构,胶合木结构,轻型木结构,木结构防护 |

续表

| 序号 | 分部工程 | 子分部工程 | 分项工程 |
| --- | --- | --- | --- |
| 3 | 建筑装饰装修 | 建筑地面 | 基层铺设,整体面层铺设,板块面层铺设,木、竹面层铺设 |
| | | 抹灰 | 一般抹灰,保温层薄抹灰,装饰抹灰,清水砌体勾缝 |
| | | 外墙防水 | 外墙砂浆防水,涂膜防水,透气膜防水 |
| | | 门窗 | 木门窗安装,金属门窗安装,塑料门窗安装,特种门安装,门窗玻璃安装 |
| | | 吊顶 | 整体面层吊顶,板块面层吊顶,格栅吊顶 |
| | | 轻质隔墙 | 板材隔墙,骨架隔墙,活动隔墙,玻璃隔墙 |
| | | 饰面板 | 石板安装,陶瓷板安装,木板安装,金属板安装,塑料板安装 |
| | | 饰面砖 | 外墙饰面砖粘贴,内墙饰面砖粘贴 |
| | | 幕墙 | 玻璃幕墙安装,金属幕墙安装,石材幕墙安装,陶板幕墙安装 |
| | | 涂饰 | 水性涂料涂饰,溶剂型涂料涂饰,美术涂饰 |
| | | 裱糊与软包 | 裱糊,软包 |
| | | 细部 | 橱柜制作与安装,窗帘盒和窗台板制作与安装,门窗套制作与安装,护栏和扶手制作与安装,花饰制作与安装 |
| 4 | 屋面 | 基层与保护 | 找坡层和找平层,隔汽层,隔离层,保护层 |
| | | 保温与隔热 | 板状材料保温层,纤维材料保温层,喷涂硬泡聚氨酯保温层,现浇泡沫混凝土保温层,种植隔热层,架空隔热层,蓄水隔热层 |
| | | 防水与密封 | 卷材防水层,涂膜防水层,复合防水层,接缝密封防水 |
| | | 瓦面与板面 | 烧结瓦和混凝土瓦铺装,沥青瓦铺装,金属板铺装,玻璃采光顶铺装 |
| | | 细部构造 | 檐口,檐沟和天沟,女儿墙和山墙,水落口,变形缝,伸出屋面管道,屋面出入口,反梁过水孔,设施基座,屋脊,屋顶窗 |
| 5 | 建筑节能 | 围护系统节能 | 墙体节能,幕墙节能,门窗节能,屋面节能,地面节能 |
| | | 供暖空调设备及管网节能 | 供暖节能,通风与空调设备节能,空调与供暖系统冷热源节能,空调与供暖系统管网节能 |
| | | 电气动力节能 | 配电节能,照明节能 |
| | | 监控系统节能 | 监测系统节能,控制系统节能 |
| | | 可再生能源 | 地源热泵系统节能,太阳能光热系统节能,太阳能光伏节能 |

注:另外还有建筑给水排水及供暖、通风与空调、建筑电气、智能建筑、电梯等分部工程。

(8)室外工程可根据专业类别和工程规模按表3-3的规定划分子单位工程、分部工程、分项工程。

表3-3 室外工程的划分

| 子单位工程 | 分部工程 | 分项工程 |
| --- | --- | --- |
| 室外设施 | 道路 | 路基,基层,面层,广场与停车场,人行道,人行地道,挡土墙,附属构筑物 |
| | 边坡 | 土石方,挡土墙,支护 |
| 附属建筑及室外环境 | 附属建筑 | 车棚,围墙,大门,挡土墙 |
| | 室外环境 | 建筑小品,亭台,水景,连廊,花坛,场坪绿化,景观桥 |

## 3.5 施工过程的质量控制

施工过程的质量控制

施工过程的质量控制是在工程项目质量实际形成过程中的事中质量控制。

建筑工程项目施工是由一系列相互关联、相互制约的作业过程(工序)构成的,因此施工质量控制必须对全部作业过程,即各道工序的作业质量持续进行控制。从项目管理的立场考虑,工序作业质量的控制首先是质量生产者,即作业者的自控,在施工生产要素合格的条件下,作业者的能力及其发挥的状况是决定作业质量的关键。其次,来自作业者外部的各种作业质量检查、验收和对质量行为的监督,也是不可缺少的设防和把关的管理措施。

**1. 技术交底**

做好技术交底是保证施工质量的重要措施之一。项目开工前应由项目技术负责人向承担施工的负责人或分包人进行书面技术交底,技术交底资料应办理签字手续并归档保存。每一分部工程开工前均应进行作业技术交底。技术交底书应由施工项目技术人员编制,并经项目技术负责人批准实施。技术交底的内容主要包括:任务范围、施工方法、质量标准和验收标准,施工中应注意的问题,可能出现意外的预防措施及应急方案,文明施工和安全防护措施以及成品保护要求等。技术交底应围绕施工材料、机具、工艺、工法、施工环境和具体的管理措施等方面进行,应明确具体的步骤、方法、要求和完成的时间等。技术交底的形式有书面、口头、会议、挂牌、样板、示范操作等。

**2. 测量控制**

项目开工前应编制测量控制方案,经项目技术负责人批准后实施。对相关部门提供的测量控制点应在施工准备阶段做好复核工作,经审批后进行施工测量放线,并保存测量记录。在施工过程中,应对设置的测量控制点、线妥善保护,不准擅自移动。施工过程中必须认真进行施工测量复核工作,这是施工单位应履行的技术工作职责,其复核结果应报送监理工程师复验确认后,方能进行后续相关工序的施工。常见的施工测量复核如下:

(1)工业建筑测量复核:厂房控制网测量、桩基施工测量、柱模轴线与高程检测、厂房结构安装定位检测、设备基础与预埋螺栓定位检测等。

(2)民用建筑测量复核:建筑物定位测量、基础施工测量、墙体皮数杆检测、楼层轴线检测、楼层间高程传递检测等。

(3)高层建筑测量复核:建筑场地控制测量、基础以上的平面与高程控制、建筑物中垂准检测和施工过程中沉降变形观测等。

(4)管线工程测量复核:管网或输配电线路定位测量、地下管线施工检测、架空管线施工检测、多管线交汇点高程检测等。

**3. 工序施工质量控制**

工序是人、材料、机械设备、施工方法和环境因素对工程质量综合起作用的过程,所以对施工过程的质量控制,必须以工序作业质量控制为基础和核心。工序的质量控制是施工阶段质量控制的重点。只有严格控制工序质量,才能确保施工项目的实体质量。《建筑工程施工质量验收统一标准》(GB 50300—2013)规定：各施工工序应按施工技术标准进行质量控制，每道施工工序完成后，经施工单位自检符合规定后，才能进行下道工序的施工。各专业工种之间的相关工序应进行交接检验，并应记录。对于监理单位提出检查要求的重要工序，应经监理工程师检查认可，才能进行下道工序施工。

工序施工质量控制主要包括工序施工条件质量控制和工序施工效果质量控制。

(1)工序施工条件质量控制。工序施工条件是指从事工序活动的各生产要素质量及生产环境条件。工序施工条件质量控制就是控制工序活动的各种投入要素质量和环境条件质量。控制的手段主要包括检查、测试、试验、跟踪监督等。控制的依据主要是：设计质量标准、材料质量标准、机械设备技术性能标准、施工工艺标准以及操作规程等。

(2)工序施工效果质量控制。工序施工效果主要反映工序产品的质量特征和特性指标。对工序施工效果的控制就是控制工序产品的质量特征和特性指标，使其达到设计质量标准以及施工质量验收标准的要求。工序施工效果质量控制属于事后质量控制，其控制的主要途径是：实测获取数据、统计分析所获取的数据、判断认定质量等级和纠正质量偏差。

施工过程质量检测试验的内容应依据国家现行相关标准、设计文件、合同要求和施工质量控制的需要确定，主要内容见表3-4。

表3-4 施工过程质量检测试验主要内容

| 序号 | 类别 | 检测试验项目 | 主要检测试验参数 | 备注 |
|---|---|---|---|---|
| 1 | 土方回填 | 土工击实 | 最大干密度 | |
| | | | 最优含水量 | |
| | | 压实程度 | 压实系数 | |
| 2 | 地基与基础 | 换填地基 | 压实系数/承载力 | |
| | | 加固地基、复合地基 | 承载力 | |
| | | 桩基 | 承载力 | |
| | | | 桩身完整性 | 钢桩除外 |
| 3 | 基坑支护 | 土钉墙 | 土钉抗拔力 | |
| | | 水泥土墙 | 墙身完整性 | |
| | | | 墙体强度 | 设计有要求时 |
| | | 锚杆、锚索 | 锁定力 | |
| 4 | 钢筋连接 | 机械连接现场检验 | 抗拉强度 | |
| | | 钢筋焊接工艺检验、闪光对焊、气压焊 | 抗拉强度 | |
| | | | 弯曲 | 适用于闪光对焊、气压焊接头，适用于气压焊水平连接筋 |
| | | 电弧焊、电渣压力焊、预埋件钢筋T形接头 | 抗拉强度 | |
| | | 网片焊接 | 抗剪力 | 热轧带肋钢筋 |
| | | | 抗拉强度 | 冷轧带肋钢筋 |
| | | | 抗剪力 | |

续表

| 序号 | 类别 | 检测试验项目 | 主要检测试验参数 | 备注 |
|---|---|---|---|---|
| 5 | 混凝土 | 配合比设计 | 工作性、强度等级 | 指工作度、坍落度等 |
| | | 混凝土性能 | 标准养护试件强度 | |
| | | | 同条件养护试件强度 | 冬期施工或根据施工需要留置 |
| | | | 同条件养护转标准养护28天试件强度 | |
| | | | 抗渗性能 | 有抗渗要求时 |
| 6 | 砌筑砂浆 | 配合比设计 | 强度等级、稠度 | |
| | | 砂浆力学性能 | 标准养护试件强度 | |
| | | | 同条件养护试件强度 | 冬期施工时增设 |
| 7 | 钢结构 | 网架结构焊接球节点、螺栓球节点 | 承载力 | 安全等级一级、$L \geq 40$ m 且设计有要求时 |
| | | 焊缝质量 | 焊缝探伤 | |
| | | 后锚固（植筋、锚栓） | 抗拔承载力 | |
| 8 | 装饰装修 | 饰面砖粘贴 | 粘结强度 | |

**4. 施工作业质量自控**

(1)施工作业质量自控的意义。施工作业质量自控，从经营的层面上说，强调的是作为建筑产品生产者和经营者的施工企业，应全面履行企业的质量责任，并应向顾客提供质量合格的工程产品；从生产的过程来说，其强调的是施工作业者的岗位质量责任，并向后道工序提供合格的作业成果(中间产品)。因此，施工方是施工阶段质量的自控主体。施工方不能因为监控主体的存在和监控责任的实施而减轻或免除其质量责任。《中华人民共和国建筑法》和《建设工程质量管理条例》规定：

建筑施工企业对工程的施工质量负责；建筑施工企业必须按照工程设计要求、施工技术标准和合同的约定，对建筑材料、建筑构配件和设备进行检验，不合格的不得使用。

施工方作为工程施工质量的自控主体，既要遵循本企业质量管理体系的要求，也要根据其在所承建的工程项目质量控制系统中的地位和责任，通过具体项目质量计划的编制与实施，有效地实现施工质量的自控目标。

(2)施工作业质量自控的程序。施工作业质量自控过程是由施工作业组织成员进行的，其基本的控制程序包括：作业技术交底，作业活动的实施和作业质量的自检自查、互检互查以及专职管理人员的质量检查等。

1)施工作业技术的交底。技术交底是施工组织设计和施工方案的具体化，施工作业技术交底的内容必须具有可行性和可操作性。

从项目的施工组织设计到分部分项工程的作业计划，在实施之前都必须逐级进行交底，其目的是使管理者的计划和决策意图为实施人员所理解。施工作业交底是最基层的技术和管理交底活动，施工总承包方和工程监理机构都要对施工作业交底进行监督。作业交底的内容包括作业范围，施工依据，作业程序，技术标准和要领，质量目标以及其他与安全、进度、成本、环境等目标管理有关的要求和注意事项。

2)施工作业活动的实施。施工作业活动是由一系列工序所组成的。为了保证工序质量受控，首先要对作业条件进行再确认，即按照作业计划检查作业准备状态是否落实到位，其中包括对施工程序和作业工艺顺序的检查确认，在此基础上，严格按作业计划的程序、步骤和质量要求展开工序作业活动。

3）施工作业质量的检验。施工作业的质量检查，是贯穿整个施工过程的最基本的质量控制活动，包括施工单位内部的工序作业质量自检、互检、专检和交接检查，以及现场监理机构的旁站检查、平行检验等。施工作业质量检查是施工质量验收的基础，已完检验批及分部分项工程的施工质量，必须在施工单位完成质量自检并确认合格之后，才能报请现场监理机构进行检查验收。

前道工序作业质量经验收合格后，才可进入下道工序施工。未经验收合格的工序，不得进入下道工序施工。

(3) 施工作业质量自控的要求。工序作业质量是直接形成工程质量的基础，为达到对工序作业质量控制的效果，在加强工序管理和质量目标控制方面应坚持以下要求：

1）预防为主。严格按照施工质量计划的要求，进行各分部分项施工作业的部署。同时，根据施工作业的内容、范围和特点，制订施工作业计划，明确作业质量目标和作业技术要领，认真进行作业技术交底，落实各项作业技术组织措施。

2）重点控制。在施工作业计划中，一方面要认真贯彻实施施工质量计划中的质量控制点的控制措施，另一方面要根据作业活动的实际需要，进一步建立工序作业控制点，深化工序作业的重点控制。

3）坚持标准。工序作业人员在工序作业过程中应严格进行质量自检，通过自检不断改善作业，并创造条件开展作业质量互检，通过互检加强技术与经验的交流。对已完工序作业产品，即检验批或分部分项工程，应严格坚持质量标准。对不合格的施工作业质量，不得进行验收签证，必须按照规定的程序进行处理。

《建筑工程施工质量验收统一标准》(GB 50300—2013)及配套使用的专业质量验收规范，是施工作业质量自控的合格标准。有条件的施工企业或项目经理部应结合自己的条件编制高于国家标准的企业内控标准或工程项目内控标准，或采用施工承包合同明确规定更高的标准，列入质量计划中，努力提升工程质量水平。

4）记录完整。施工图纸、质量计划、作业指导书、材料质保书、检验试验及检测报告、质量验收记录等，是形成可追溯的质量保证的依据，也是工程竣工验收所不可缺少的质量控制资料。

因此，对工序作业质量，应有计划、有步骤地按照施工管理规范的要求进行填写记载，做到及时、准确、完整、有效，并具有可追溯性。

(4) 施工作业质量自控的制度。根据实践经验的总结，施工作业质量自控的有效制度有：

1）质量自检制度。

2）质量例会制度。

3）质量会诊制度。

4）质量样板制度。

5）质量挂牌制度。

6）每月质量讲评制度等。

**5. 施工作业质量的监控**

(1)施工作业质量的监控主体。为了保证项目质量,建设单位、监理单位、设计单位及政府的工程质量监督部门,在施工阶段依据法律法规和工程施工承包合同,对施工单位的质量行为和项目实体质量实施监督控制。

设计单位应当就审查合格的施工图设计文件向施工单位作出详细说明,应当参与建设工程质量事故分析,并对因设计造成的质量事故,提出相应的技术处理方案。

建设单位在领取施工许可证或者开工报告前,应当按照国家有关规定办理工程质量监督手续。

作为监控主体之一的项目监理机构,在施工作业实施过程中,根据其监理规划与实施细则,采取现场旁站、巡视、平行检验等形式,对施工作业质量进行监督检查,如发现工程施工不符合工程设计要求、施工技术标准和合同约定,有权要求建筑施工企业改正。

监理机构应进行检查而没有检查或没有按规定进行检查的,给建设单位造成损失时应承担赔偿责任。

必须强调,施工质量的自控主体和监控主体,在施工全过程中相互依存、各尽其责,共同推动着施工质量控制过程的展开并最终实现工程项目的质量总目标。

(2)现场质量检查。现场质量检查是施工作业质量监控的主要手段。

1)现场质量检查的内容。

①开工前的检查。主要检查是否具备开工条件,开工后是否能够保持连续正常施工,能否保证工程质量。

②工序交接检查。对于重要的工序或对工程质量有重大影响的工序,应严格执行"三检"制度(即自检、互检、专检),未经监理工程师(或建设单位技术负责人)检查认可,不得进行下道工序的施工。

③隐蔽工程的检查。施工中凡是隐蔽工程必须经检查认证后方可进行隐蔽掩盖。

④停工后复工的检查。因客观因素停工或处理质量事故等停工复工时,经检查认可后方能复工。

⑤分项、分部工程完工后的检查。应经检查认可,并签署验收记录后,才能进行下一工程项目的施工。

⑥成品保护的检查。检查成品有无保护措施以及保护措施是否有效可靠。

(3)现场质量检查的方法。

1)目测法。目测法即凭借感官进行检查,也称观感质量检验,其手段可概括为"看、摸、敲、照"四个字。

①看,就是根据质量标准要求进行外观检查,例如,清水墙面是否洁净,喷涂的密实度和颜色是否良好、均匀,工人的操作是否正常,内墙抹灰的大面及口角是否平直,混凝土外观是否符合要求等。

②摸,就是通过触摸手感进行检查、鉴别,如油漆的光滑度,浆活是否牢固、不掉粉等。

③敲,就是运用敲击工具进行音感检查,例如,对地面工程、装饰工程中的水磨石、面砖、石材饰面等,均应进行敲击检查。

④照,就是通过人工光源或反射光照射,检查难以看到或光线较暗的部位,例如,管

道井、电梯井等内部管线、设备安装质量，装饰吊顶内连接及设备安装质量等。

2）实测法。实测法就是通过实测数据与施工规范、质量标准的要求及允许偏差值进行对照，以此判断质量是否符合要求，其手段可概括为"靠、量、吊、套"四个字。

①靠，就是用直尺、塞尺检查墙面、地面、路面等的平整度。

②量，就是用测量工具和计量仪表等检查断面尺寸、轴线、标高、湿度、温度等的偏差，例如，大理石板拼缝尺寸、摊铺沥青拌和料的温度、混凝土坍落度的检测等。

③吊，就是利用托线板以及线坠吊线检查垂直度，例如，砌体垂直度检查、门窗的安装等。

④套，就是以方尺套方，辅以塞尺检查，例如，对阴阳角的方正、踢脚线的垂直度、预制构件的方正、门窗口及构件的对角线的检查等。

3）试验法。试验法是指通过必要的试验手段对质量进行判断的检查方法，主要包括以下内容：

①理化试验。工程中常用的理化试验包括物理力学性能方面的检验和化学成分及化学性能的测定两个方面。物理力学性能的检验，包括各种力学指标的测定，如抗拉强度、抗压强度、抗弯强度、抗折强度、冲击韧性、硬度、承载力等，以及各种物理性能方面的测定，如密度，含水量，凝结时间，安定性及抗渗、耐磨、耐热性能等。化学成分及化学性质的测定，如钢筋中的磷、硫含量，混凝土中粗集料中的活性氧化硅成分，以及耐酸、耐碱、抗腐蚀性等。此外，根据规定有时还需进行现场试验，例如，对桩或地基的静载试验、下水管道的通水试验、压力管道的耐压试验、防水层的蓄水或淋水试验等。

②无损检测。利用专门的仪器仪表从表面探测结构物、材料、设备的内部组织结构或损伤情况。常用的无损检测方法有超声波探伤、X射线探伤、γ射线探伤等。

（4）技术核定与见证取样送检。

1）技术核定。在建设工程项目施工过程中，因施工方对施工图纸的某些要求不甚明白，或图纸内部存在某些矛盾，或工程材料调整与代用，改变建筑节点构造、管线位置或走向等，需要通过设计单位明确或确认的，施工方必须以技术核定单的方式向监理工程师提出，报送设计单位核准确认。

2）见证取样送检。为了保证建设工程质量，我国规定对工程所使用的主要材料、半成品、构配件以及施工过程留置的试块、试件等应实行现场见证取样送检。见证人员由建设单位及工程监理机构中有相关专业知识的人员担任；送检的试验室应具备经国家或地方工程检验检测主管部门核准的相关资质；见证取样送检必须严格按执行规定的程序进行，包括取样见证并记录、为样本编号、填单、封箱、送试验室、核对、交接、试验检测、报告等。

检测机构应当建立档案管理制度。检测合同、委托单、原始记录、检测报告应当按年度统一编号，编号应当连续，不得随意抽撤、涂改。

**6. 隐蔽工程验收与施工成品质量保护**

（1）隐蔽工程验收。凡被后续施工所覆盖的施工内容，如地基基础工程、钢筋工程、预埋管线等均属隐蔽工程。加强隐蔽工程质量验收，是施工质量控制的重要环节。其程序要求施工方首先应完成自检并合格，然后填写专用的《隐蔽工程验收单》。验收单所列的验收内容应与已完的隐蔽工程实物一致，并事先通知监理机构及有关部门，按约定时间进行验收。验收合格的隐蔽工程由各方共同签署验收记录；验收不合格的隐蔽工程，应按验收整改意见进行整改后重新验收。严格填写隐蔽工程验收的程序和记录，对于预防工程质量隐患及提供可追溯质量记录具有重要作用。

(2)施工成品质量保护。建设工程项目已完施工的成品保护，其目的是避免已完施工成品受到来自后续施工以及其他方面的污染或损坏。已完施工的成品保护问题和相应措施，在工程施工组织设计与计划阶段就应该从施工顺序上进行考虑，防止施工顺序不当或交叉作业造成相互干扰、污染和损坏；成品形成后可采取防护、覆盖、封闭、包裹等相应措施进行保护。

## 3.6 施工质量与设计质量的协调

建设工程项目施工是按照工程设计图纸（施工图）进行的，施工质量离不开设计质量，优良的施工质量要靠优良的设计质量和周到的设计现场服务来保证。

**1. 项目设计质量的控制**

要保证施工质量，首先要控制设计质量。项目设计质量的控制，主要是从满足项目建设需求入手，包括国家相关法律法规、强制性标准和合同规定的明确需求以及潜在需求，以使用功能和安全可靠性为核心，进行下列设计质量的综合控制：

(1)项目功能性质量控制。功能性质量控制的目的，是保证建设工程项目使用功能的符合性，其内容包括项目内部的平面空间组织、生产工艺流程组织。如满足使用功能的建筑面积分配以及宽度、高度、净空、通风、保暖、日照等物理指标和节能、环保、低碳等方面的符合性要求。

(2)项目可靠性质量控制。其主要是指建设工程项目建成后，在规定的使用年限和正常的使用条件下，保证使用安全和建筑物、构筑物及其设备系统性能稳定、可靠。

(3)项目观感性质量控制。对于建筑工程项目，其主要是指建筑物的总体格调、外部形体及内部空间观感效果，整体环境的适宜性、协调性、文化内涵的韵味及其魅力等的体现；道路、桥梁等基础设施工程同样也有其独特的构型格调、观感效果及其环境适宜性的要求。

(4)项目经济性质量控制。建设工程项目设计经济性质量，是指不同设计方案的选择对建设投资的影响。设计经济性质量控制的目的，在于强调设计过程的多方案比较，通过价值工程、优化设计，不断提高建设工程项目的性价比。在满足项目投资目标要求的条件下，做到经济高效、无浪费。

(5)项目施工可行性质量控制。任何设计意图都要通过施工来实现，设计意图不能脱离现实的施工技术和装备水平，否则再好的设计意图也无法实现。设计一定要充分考虑施工的可行性，并尽量做到方便施工，使施工顺利进行，从而保证项目施工质量。

**2. 施工与设计的协调**

从项目施工质量控制的角度来说，项目建设单位、施工单位和监理单位，都要注重施工与设计的相互协调。这个协调工作主要包括以下几个方面：

(1)设计联络。项目建设单位、施工单位和监理单位应组织施工单位到设计单位进行设计联络，其任务主要是：

1)了解设计意图、设计内容和特殊技术要求，分析其中的施工重点和难点，以便有针对性地编制施工组织设计，及时做好施工准备；对于以现有的施工技术和装备水平实施有困难的设计，要及时提出意见，协商修改设计，或者探讨通过技术攻关提高技术装备水平来实施的可能性，同时向设计单位介绍和推荐先进的施工新技术、新工艺和工法，争取通过适当的设计，使这些新技术、新工艺和工法在施工中得到应用。

2）了解设计进度，根据项目进度控制总目标、施工工艺顺序和施工进度安排，提出设计的时间和顺序要求，对设计和施工进度进行协调，使施工得以连续顺利地进行。

3）从施工质量控制的角度，提出合理化建议，优化设计，为保证和提高施工质量创造更好的条件。

(2) 设计交底和图纸会审。建设单位和监理单位应组织设计单位向所有的施工实施单位进行详细的设计交底，使实施单位充分理解设计意图，了解设计内容和技术要求，明确质量控制的重点和难点；同时认真地进行图纸会审，深入发现和解决各专业设计之间可能存在的矛盾，消除施工图的差错。

(3) 设计现场服务和技术核定。建设单位和监理单位应要求设计单位派出得力的设计人员到施工现场进行设计服务，解决施工中发现和提出的与设计有关的问题，及时做好相关设计核定工作。

(4) 设计变更。在施工期间无论是建设单位、设计单位或施工单位提出需要进行局部设计变更的内容，都必须按照规定的程序，先将变更意图或请求报送监理工程师审查，经设计单位审核认可并签发《设计变更通知书》后，再由监理工程师下达《变更指令》。

## 项目小结

工程项目施工是实现项目设计意图，形成工程实体的阶段，是最终形成项目质量和实现项目使用价值的阶段。项目施工质量控制是整个工程项目质量控制的关键和重点。

施工质量控制应贯彻全面、全员、全过程质量管理的思想，运用动态控制原理，进行质量的事前控制、事中控制和事后控制。

质量计划是质量管理体系文件的组成内容。在合同环境下，质量计划是企业向顾客表明质量管理方针、目标及其具体实现的方法、手段和措施的文件，是体现企业对质量责任的承诺和实施的具体步骤。

施工质量控制点的设置是施工质量计划的重要组成内容。施工质量控制点是施工质量控制的重点对象。设定了质量控制点，质量控制的目标及工作重点就更加明确。

施工生产要素是施工质量形成的物质基础，其质量的含义包括以下内容：作为劳动主体的施工人员，即直接参与施工的管理者、作业者的素质及其组织效果；作为劳动对象的建筑材料、半成品、工程用品、设备等的质量；作为劳动方法的施工工艺及技术措施的水平；作为劳动手段的施工机械、设备、工具、模具等的技术性能；施工环境——现场水文、地质、气象等自然环境，通风、照明、安全等作业环境以及协调配合的管理环境。

建筑工程项目施工是由一系列相互关联、相互制约的作业过程（工序）构成的，因此，施工质量控制必须对全部作业过程，即各道工序的作业质量持续进行控制。

建设工程项目施工是按照工程设计图纸（施工图）进行的，施工质量离不开设计质量，优良的施工质量要靠优良的设计质量和周到的设计现场服务来保证。

## 复习思考题

3—1 建筑工程施工质量要达到的最基本的要求是什么?
3—2 施工质量控制的依据是什么?
3—3 施工质量控制的基本环节有哪些?
3—4 施工质量计划有哪几种形式?
3—5 施工质量计划的基本内容有哪些?
3—6 何谓施工质量控制点?施工质量控制点应如何设置?
3—7 质量控制点的重点控制对象有哪些?
3—8 施工生产要素质量的含义有哪些?
3—9 施工环境因素的控制有哪些?
3—10 施工技术准备工作的质量控制有哪些?
3—11 现场施工准备工作的质量控制有哪些?
3—12 工程质量检查验收的项目如何划分?
3—13 工序施工质量控制主要包括哪些内容?
3—14 施工作业质量自控的意义有哪些?
3—15 施工作业质量自控的有效制度有哪些?
3—16 施工作业质量的监控主体有哪些?
3—17 现场质量检查的内容有哪些?
3—18 现场质量检查的方法有哪些?
3—19 何谓见证取样送检?
3—20 何谓隐蔽工程验收?
3—21 何谓施工成品质量保护?
3—22 项目设计质量的控制有哪些?

## 专项实训

### 编制建筑工程项目质量计划

实训目的:了解建筑工程项目质量计划的内容,熟悉建筑工程项目质量计划的编制方法。

材料准备:①施工图纸。
②图集、规范等辅助资料。
③施工组织设计。
④项目质量目标。
⑤设计编制分工。

实训步骤:划分小组→制定编制任务→进行调研→进行质量计划的编写→资料整理→

完成项目质量计划。

实训结果：①熟悉建筑工程项目质量计划的内容。
②掌握建筑工程项目质量计划的编制方法。
③编制质量计划。

注意事项：①学生角色扮演真实。
②编制程序分工合理。
③充分发挥学生的积极性、主动性与创造性。

# 项目 4　各分部工程质量控制要点

**项目描述**

本项目主要介绍了地基与基础工程施工质量控制要点、主体工程施工质量控制要点、屋面工程施工质量控制要点、装饰工程施工质量控制要点和建筑节能工程施工质量控制要点等内容。

各分部工程
质量控制要点

**学习目标**

通过本项目的学习，学生能够了解建筑工程各分部质量控制要点，熟悉建筑工程各分部质量要求和强制性条文，了解各分部工程易发生的质量问题。

**素质目标**

各分部分项工程是建筑工程的组成部分，其质量水平决定建筑工程的质量。通过本项目学习，培养学生对各分部分项工程质量要求的把握，以及在工程建设管理活动中，对工程质量认真负责的工作态度和科学严谨的工作作风。

**项目导入**

任何形式的建筑工程都是由地基与基础、主体结构、屋面工程、装饰装修工程、建筑节能工程和设备安装工程等分部工程组成的，各分部工程施工质量的总和就是建筑工程整体的施工质量。因此，建筑施工企业应严格按照设计文件和相关施工质量验收规范的要求，控制好各分部分项工程的施工质量。

## 4.1　地基与基础工程施工质量控制要点

**1. 基坑支护质量控制要点**

(1) 根据基坑深度、气候条件、土质情况和周边位置建筑情况，合理选用基坑支护形式。

(2) 砂浆护坡、锚杆护坡、预应力锚杆护坡和排桩护坡等护坡的施工质量要符合相应规范和规定。

(3) 合理排放坡顶和基坑的水，坡面和坡顶的水得到有效排放，能较好地维护土质结构。

**2. 地基降排水质量控制要点**

(1) 施工前应做好施工区域内临时排水系统的总体规划，并注意与原排水系统相适应。

作好统筹规划，阻止场外水流入施工场地。

(2)在地形、地质条件复杂，有可能发生滑坡、坍塌的地段挖方时，应根据设计单位确定的方案进行排水。

(3)进行低于地下水位挖方时，应根据当地工程地质资料、挖方尺寸等，选用集水坑降水、井点降水或两者相结合等措施降低地下水位，应使地下水位经常低于开挖底面不少于 0.5 m。

(4)采用井点降水时，应根据含水层土的类别及其渗透系数、要求降水深度、工程特点、施工设备条件和施工工期等因素进行技术经济比较，选用适当的井点装置。

(5)井点降水的施工方案应包括以下主要内容：

1)基坑(槽)或管沟的平、剖面图和降水深度要求。

2)井点的平面布置、井的结构(包括孔径、井深、过滤器类型及其安设位置等)和地面排水管路(或沟渠)布置图。

3)井点降水干扰计算书。

4)井点降水的施工要求。

5)水泵的型号、数量及备用的井点、水泵和电源等。

### 3. 土方开挖

(1)土方开挖时，应防止附近已有建筑物或构筑物、道路、管线等发生下沉或变形，在施工中要对以上部位进行沉降和位移观测。

(2)土方施工中，应经常测量和校核其平面位置、水平标高和边坡坡度等是否符合设计要求，并严禁扰动，对平面控制桩和水准点也应定期复测和检查其是否正确。

(3)开挖基坑(槽)，不得挖至设计标高以下，如不能准确地挖至设计地基标高时，可在设计标高以上暂留一层土不挖，找平后由人工挖出。暂留土厚度：一般铲运机、推土机挖土时，厚度为 20 cm 左右；挖土机用反铲、正铲、拉铲挖土时，厚度为 30 cm 左右。

(4)土方开挖允许偏差见表 4-1。

表 4-1 土方开挖允许偏差

| 项次 | 项目 | 允许偏差/mm | 检验方法 |
| --- | --- | --- | --- |
| 1 | 表面标高 | 0～—50 | 用水准仪检查 |
| 2 | 长度、宽度<br>(结构永久占用) | 0 | 由设计中心线向两边量，用经纬仪、拉线和尺量检查 |
| 3 | 边坡偏陡 | 不允许 | 坡度尺检查 |

(5)土方开挖顺序应遵循"开槽支撑，先撑后挖，分层开挖，严禁超挖"的原则，开挖前应做好防止土体回弹变形过大、防止边坡失稳、防止桩位移和倾斜及配合基坑支护结构施工的预防措施。

(6)冬雨期施工。

1)土方开挖一般不宜在雨期进行，开挖工作面不宜过大，应逐段、逐片分期完成。

2)雨期施工中开挖的基坑(槽)或管沟，应注意边坡稳定，必要时可适当放缓边坡坡度或设置支撑，同时，应在坑(槽)外侧设堤埂和截水排水沟，防止地面水流入。经常对边坡、支撑、堤埂进行检查，发现问题要及时处理。

3）土方开挖如必须在冬期施工，其施工方法应按冬期施工方案进行。

4）采用防止冻结法开挖土方时，可在冻结以前，用保温材料覆盖或将表层土翻耕耙松，其翻耕深度应根据当时的气候条件决定，一般不小于30 cm。

#### 4. 土方回填

（1）前期准备。

1）从经济角度出发，合理安排挖土的施工顺序和时间，减少运土工程量。

2）回填土优先选用基槽中挖出的原土，但不得含有垃圾及有机杂质。

3）回填土使用前含水量应符合规定，简单测试方法：手攥成团，落地开花。

4）回填土施工前，必须对基础墙或地下室防水层、保护层等进行检查验收，并办好隐检手续，而且混凝土强度达到规定强度、回填坑垃圾清理干净时，方可进行回填。

5）管沟的回填应在完成上下水、煤气管道安装、检查、分段打压无渗漏，以及管沟墙间加固后再进行。

6）施工前，必须看清图纸，做好水平标志，以控制回填土的高度和厚度，如在基坑（槽）或管沟边坡上，每隔3 m钉上水平橛，在室内和散水的边墙上弹上水平线或在地坪上钉上水平控制木桩。

（2）过程中控制。

1）回填土必须分层铺摊，每层虚土厚度应根据密实度的要求和机具性能确定。柴油打夯机每层铺土厚度为200~250 mm，人工打夯不大于200 mm，平碾每层铺土厚度为250~300 mm，振动压实机每层铺土厚度为250~350 mm，虚土铺摊时，随铺随找平。

2）回填土每层至少夯打三遍，打夯应一夯压半夯，夯夯相连，行行相接。深浅不一致的基础相连时，应先填夯深基础，填至浅基础标高时再与浅基础一起填夯，依次类推。如必须分段夯实，交接处应填成踏步槎，上、下层错缝距离不小于1 m。

（3）事后控制。

1）验收方法按规范要求，夯实系数满足规范要求。

2）部分室外回填土在雨后可查看有无沉陷，若有较大量的沉降，必须重新补填夯实。

（4）冬施注意。

1）冬施回填土每层铺土厚度比常温施工时减少20%~25%，其中冻土块体积不超过填土总体积的15%，其粒径不得大于100 mm，铺填时冻土块应均匀分布，逐层压实。其虚土厚度不得超过150 mm。

2）填土前，应清除基底上的冰雪，室内土基坑（槽）或管沟不得用含冻土块的土回填，冬施回填土应连续进行，防止基底或已填土层受冻，应及时采取防冻措施。

（5）对于填土工程质量，重点检查标高、分层压实系数、回填土料、分层厚度及含水量、表面平整度。

#### 5. 桩基工程的一般规定

（1）施工单位必须按照审定的资质等级承接相应的桩基施工任务，进行钻孔灌注桩施工必须具有专项资格。

（2）各项桩基工程必须按设计要求、现行规范、标准、规程，委托有资质证书的检测单位进行承载力和桩身质量的检测。

(3)现场预制桩和一次浇灌量大于 15 m³ 的钻孔灌注桩必须使用预拌(商品)混凝土浇捣。

(4)根据桩基损坏造成建筑物的破坏后果的严重性,桩基分为3个安全等级,其中,一般工业与民用建筑为二级桩基。

(5)桩基工程施工前应进行试桩或试成孔,以便施工单位检验施工设备、施工工艺及技术参数。对需要通过试桩检测确定桩基承载力的工程,试桩数量不宜少于总桩数的1%,且不应少于3根,总桩数在50根以内时,不应少于2根;试成孔数量不少于2个。

(6)桩基轴线测量定位须经总包、建设或监理单位复核签认。施工过程中应对其作系统检查,每10天不少于1次,对控制桩应妥善保护,若发现移动,应及时纠正,并做好记录。

(7)沉桩结束后,应根据土质、沉桩密度及速率的不同,休止一段时间后再进行基坑土方开挖;土方开挖时应制定合理的施工顺序和技术措施,为防止土方开挖不当,造成桩位偏移和倾斜,土方开挖应分层实施,分层厚度视土质不同而定。

(8)破桩后,桩顶锚入承台的长度应符合设计要求。若设计无规定,桩径(边长)大于或等于400 mm时,取100 mm;桩径小于400 mm时,可取50 mm;桩顶应凿成平面,桩顶上的浮泥、破裂的混凝土块要清除干净。

(9)成桩结束后应按设计的要求进行成桩质量检测,检测数量和方法由设计单位以书面方式确定。若设计无要求,则应符合以下要求:

1)下列情况之一的桩基工程,应采用静荷载检测工程桩承载力,检测桩数不宜少于总桩数的1%,且不应少于3根,总桩数在50根内检测时不应少于2根。

①工程桩施工前未进行单桩静载试验的一级建筑桩基。

②工程桩施工前未进行单桩静载试验,且有下列情况之一者:地质条件复杂、桩的施工质量可靠性低、确定单桩竖向承载力可靠性低、桩数多的二级建筑桩基。

2)有下列情况之一的桩基工程,可采用可靠的动测法对工程桩承载力进行检测:

①工程桩施工前已进行单桩静载试验的一级建筑桩基。

②属于上述条款规定范围外的二级建筑桩基。

③三级建筑桩基。

3)采用高应变动测法检测桩身质量时,检测数量不宜少于总桩数的5%,并不少于5根。

4)采用低应变动测法检测桩的质量时,检测数量应符合以下要求:对于多节打(压)入桩,不应少于总桩数的20%~30%,且不得少于10根,对灌注桩必须大于50%;对于采用独立承台形式的桩基工程、一柱一桩形式的工程以及重要建筑的桩基工程,必须增加检测比例。

5)成桩检测中发现有Ⅲ、Ⅳ类桩及单桩静荷载试验结果达不到设计要求时,应由设计单位提出书面处理意见。

6)当桩基工程的一些重要技术指标(如桩位轴线偏差、桩长、桩顶标高、灌注桩充盈系数、泥浆比重等)超过了设计和规范规定的限值要求时,必须取得设计单位认定的处理意见。

**6. 预制桩施工控制要点**

(1)混凝土预制方桩(管桩)的混凝土强度等级不应低于C30,待混凝土强度达到设计强度的70%时方可起吊，达到100%时才可运输，采用锤击法沉桩时，混凝土预制方桩还需满足令期不得小于28 d的要求。

（2）沉桩过程中若发现以下异常现象，要及时研究，由设计单位认定处理意见：

1）锤击沉桩、贯入度突变。
2）桩身出现明显的倾斜移位。
3）静力压桩阻力骤减或骤增。
4）多接桩接头破坏和错断。
5）桩顶发生破碎，桩身裂缝扩大。

（3）当桩顶设计标高低于现场地面标高，需送桩时，在每根桩沉至地面时，应按规范要求进行中间验收，办理签证手续。

（4）混凝土预制桩和钢桩的停打（沉）控制原则应符合以下要求：

1）设计桩尖位于坚硬、硬塑的黏土、碎石土、中密以上的砂土或风化岩等土层时，以贯入度控制为主，桩尖进入持力层的深度或桩尖标高可以作参考。

2）贯入度已达到而桩尖标高未达到时，应继续锤击3阵，其每阵10击的平均贯入度不应大于设计规定值，控制贯入度应通过试验确认。

3）桩尖位于其他软土层时，以桩尖设计标高控制为主，贯入度可作参考。压桩应以桩端设计标高控制为主，压桩力可作为参考。

4）桩基施工图要求实行双控时，若发现桩顶标高已符合设计要求，但贯入度仍未达到要求或贯入度已达到停锤标准而桩顶标高达不到要求需截桩，都应取得设计单位的认定手续后方可实施停锤和截桩。地基变化不是太大时，可以了解周边类似建筑桩基数据作为参考依据。

5）采用液压压桩机沉桩时，若桩顶标高已达到设计要求，而其压力值小于单桩极限荷载较多或压力值远大于单桩极限荷载值，但桩顶标高仍未达到设计要求需截桩，都应取得设计单位的认定手续后，方可停压或实施截桩。

（5）焊接接桩时，上、下节桩的中心线偏差不得大于10 mm，节点弯曲矢高不得大于桩长的1‰，焊接质量应符合钢结构焊接规程的要求。

（6）混凝土预制管桩和钢管桩，在沉桩前除检查强度报告和出厂合格证外，还应按有关标准抽样检验。

（7）钢管桩焊接应符合国家钢结构施工的验收规范和建筑钢结构焊接规程，其每个接头除按要求作好外观检查外，还应按接头总数的5%作超声波或2%作X光射线拍片检查，在同一工程内探伤检查不少于3个接头。气温低于0 ℃，遇雨、雪天气和桩身潮湿而无可靠措施确保质量时，不得进行焊接操作。

（8）预制桩（钢桩）桩位的允许偏差应符合表4-2的要求。

表4-2　预制桩（钢桩）桩位的允许偏差

| 序号 | 项目 | 允许偏差/mm |
|---|---|---|
| 1 | 条形基础下桩基：垂直于条形基础纵轴方向 | 100 |
|  | 平行于条形基础纵轴方向 | 150 |
| 2 | 桩数为1~3根承台桩基中的桩 | 100 |

续表

| 序号 | 项目 | 允许偏差/mm |
|---|---|---|
| 3 | 桩数为 4~16 根承台桩基中的桩 | 1/3 桩径（或边长） |
| 4 | 桩数大于 16 根群桩基础中的边桩 | 1/3 桩径（或边长） |
| | 桩数大于 16 根群桩基础中的中间桩 | 1/2 桩径（或边长） |

(9)钢管桩接头质量的允许偏差应符合表 4-3 的要求。

表 4-3 钢管桩接头质量的允许偏差

| 序号 | 检查项目 | 允许偏差/mm |
|---|---|---|
| 1 | 上、下节桩错口<br>(1)钢管桩外径≥70 mm<br>(2)钢管桩外径＜700 mm | 3<br>2 |
| 2 | 焊缝咬边深度 | 0.5 |
| 3 | 焊缝加强层高度<br>焊缝加强层宽度 | 0~+2<br>0~+3 |

(10)钢桩接头焊接完成后，需经 1 min 以上冷却后，才能继续锤击沉桩。

(11)沉桩记录应完整，其内容包括锤型、落距、每米锤击数、最后贯入度、总垂击数、入土深度和平面偏差，钢管桩应增加土芯高度和回弹量。

**7. 灌注桩施工控制要点**

(1)成孔用钻头直径应等于桩的设计直径，桩身实际灌注混凝土体积和按设计桩身计算的体积加预留长度体积之和的比，即充盈系数不得小于 1，也不宜大于 1.3。

(2)成孔施工应一次不间断地完成，不得无故停钻，成孔过程中的泥浆密度一般可控制在 $1.1\sim1.3$ $g/cm^3$，若遇特殊地质，不易成孔，应采用特制泥浆，确保成孔质量。

(3)清孔应分两次进行，第一次清孔在成孔完毕后立即进行，第二次清孔在下放钢筋笼和浇捣混凝土导管安装完毕后进行。

(4)第二次清孔后，泥浆密度应小于 $1.15$ $g/cm^3$。若土质较差，泥浆的密度不易达到 $1.15$ $g/cm^3$，可通过试桩得出一个实测泥浆密度，并经设计签证将泥浆密度适当放宽。

(5)第二次清孔结束后，校孔内仍应保持足够的水头高度，并在 30 min 内灌注混凝土。若遇特殊情况超过 30 min，则应该在灌注混凝土前，重新测定沉淤厚度，若沉淤厚度超过下列标准：承重桩 100 mm、支护桩 300 mm，应重新清孔至符合要求。

(6)钢筋笼经中间验收合格后方可安装入孔，在起吊、运输和安装中应采取措施防止变形。安装时，钢筋笼应保持垂直状态，对准孔位徐徐轻放，避免碰撞孔壁。在下笼过程中，若遇到阻碍，严禁强冲下放，应吊起查明原因处理后，再继续下笼。

(7)钢筋笼安装位置确认符合要求后，应采取措施使钢筋笼定位，防止灌注混凝土时钢筋笼上拱。

(8)混凝土在灌注过程中，导管应始终埋在混凝土中，严禁将导管提出混凝土面。导管埋入混凝土的深度以 3~10 m 为宜，最小埋入深度不得小于 2 m。混凝土灌注用导管隔水塞应采用混凝土浇制，并配有橡胶垫片，若大直径灌注桩采用球胎作导管隔水塞时，必须要有球胎回收记录。

(9)混凝土实际灌注高度应比设计桩顶标高高出一定高度,其最小高度不小于桩长的5%,且不小于2 m,以确保桩顶混凝土质量。

(10)混凝土在灌注过程中,现场应进行坍落度测定,测定次数如下:单桩混凝土量少于25 m³时,每根桩上、下各测一次;单桩混凝土量大于25 m³时,应每根桩上、中、下各测一次。

(11)水下浇筑的钻孔灌注桩混凝土的强度应比设计强度高一等级进行配制,以确保达到设计强度。所以,混凝土试块强度按高一等级验收,设计桩混凝土强度等级不应低于C20。

(12)沉管(套管成孔)灌注桩应根据不同沉管方式如锤击沉管、振动沉管、振动冲击沉管、静压沉管,按有关规范、规程的要求,制定防止缩径、断径等措施,通过试成桩符合要求后,方可采用。

(13)套管沉孔可采用预制钢筋混凝土桩尖或活瓣桩尖。混凝土预制桩尖的强度不得低于C30,钢制桩尖也应具有足够的强度和刚度;套管下端与桩尖接触处应垫置缓冲密封圈。

(14)沉管符合要求后,应立即灌注混凝土,尽量减少间隙时间;灌注混凝土前,必须检查桩管内是否吞桩尖或进泥、进水。

(15)为确保沉管混凝土质量,必须严格控制拔管速度;同时,还应根据不同的沉管方法采取使混凝土密实的措施。

(16)沉管桩混凝土的充盈系数按设计规定执行,但不得小于1。成桩后的实际桩身混凝土顶面标高应大于设计桩顶标高500 mm以上。

(17)施工前应检查进入现场的成品桩、接桩用电焊条等产品的质量。

(18)在施工过程中应检查桩的贯入情况、桩顶完整状况、电焊接桩质量、桩体垂直度、电焊后停息时间。重要工程应对电焊接头作10%的焊缝探伤检查。

(19)施工结束后应做荷载试验,以检查设计承载力,同时,应作桩体质量验收。荷载试验机桩体质量检验数量要求同混凝土预制桩施工。

(20)泥浆护壁成孔灌注桩应提供每根桩的一组试块报告。对于沉管灌注桩,同一配合比的混凝土应提供每一台班一组试块报告。

(21)灌注桩桩位的允许偏差应符合表4-4的要求。

表4-4 灌注桩桩位的允许偏差

| 序号 | 成孔方式及桩径 | | 桩径偏差/mm | 桩允许偏差/mm | | 垂直及允许偏差/% |
|---|---|---|---|---|---|---|
| | | | | 单桩、条基沿垂直向和群桩基中的边桩 | 条基沿轴线方向和群桩基中的中间桩 | |
| 1 | 泥浆护壁钻(冲)孔桩 | $d \leqslant 1\,000$ mm | $-0.1d$ 且 $\leqslant -50$ | $d/6 \leqslant 100$ mm | $d/4 \leqslant 150$ mm | 1 |
| | | $d > 1\,000$ mm | $-50$ | $100+0.01H$ | $150+0.01H$ | 1 |
| 2 | 锤击(振动)冲击沉管成孔 | $d \leqslant 500$ mm | 20 | 70 | 150 | 1 |
| | | $d > 500$ mm | | 100 | 150 | |

注:①d是设计桩径、H是施工地面与桩顶标高的距离。
②桩径允许偏差为负值仅出现于个别断面。

## 4.2 主体工程施工质量控制要点

**1. 钢筋工程质量控制要点**

(1)一般规定。

1)浇筑混凝土之前,应进行钢筋隐蔽工程验收。隐蔽工程验收应包括下列主要内容:

①纵向受力钢筋的牌号、规格、数量、位置;

②钢筋的连接方式、接头位置、接头质量、接头面积百分率、搭接长度、锚固方式及锚固长度;

③箍筋、横向钢筋的牌号、规格、数量、间距、位置,箍筋弯钩的弯折角度及平直段长度;

④预埋件的规格、数量和位置。

2)钢筋、成型钢筋进场检验,当满足下列条件之一时,其检验批容量可扩大一倍:

①获得认证的钢筋、成型钢筋;

②同一厂家、同一牌号、同一规格的钢筋,连续三批均一次检验合格;

③同一厂家、同一类型、同一钢筋来源的成型钢筋,连续三批均一次检验合格。

(2)钢筋原材料质量控制要点。

1)钢筋进场时,应按国家现行标准的规定抽取试件作屈服强度、抗拉强度、伸长率、弯曲性能和重量偏差检验,检验结果应符合相应标准的规定。

2)成型钢筋进场时,应抽取试件作屈服强度、抗拉强度、伸长率和重量偏差检验,检验结果应符合国家现行相关标准的规定。

对由热轧钢筋制成的成型钢筋,当有施工单位或监理单位的代表驻厂监督生产过程,并提供原材钢筋力学性能第三方检验报告时,可仅进行重量偏差检验。

检查数量:同一厂家、同一类型、同一钢筋来源的成型钢筋,不超过30 t为一批,每批中每种钢筋牌号、规格均应至少抽取1个钢筋试件,总数不应少于3个。

3)对按一、二、三级抗震等级设计的框架和斜撑构件(含梯段)中的纵向受力普通钢筋应采用HRB335E、HRB400E、HRB500E、HRBF335E、HRBF400E或HRBF500E钢筋,其强度和最大力下总伸长率的实测值应符合下列规定:

①抗拉强度实测值与屈服强度实测值的比值不应小于1.25;

②屈服强度实测值与屈服强度标准值的比值不应大于1.30;

③最大力下总伸长率不应小于9%。

(3)钢筋加工质量控制要点。

1)钢筋弯折的弯弧内直径应符合下列规定:

①光圆钢筋,不应小于钢筋直径的2.5倍;

②335MPa级、400MPa级带肋钢筋,不应小于钢筋直径的4倍;

③500MPa级带肋钢筋,当直径为28 mm以下时不应小于钢筋直径的6倍,当直径为28 mm及以上时不应小于钢筋直径的7倍;

④箍筋弯折处尚不应小于纵向受力钢筋的直径。

2)纵向受力钢筋的弯折后平直段长度应符合设计要求。光圆钢筋末端做180°弯钩时,弯钩的平直段长度不应小于钢筋直径的3倍。

3)箍筋、拉筋的末端应按设计要求作弯钩,并应符合下列规定:

①对一般结构构件,箍筋弯钩的弯折角度不应小于90°,弯折后平直段长度不应小于箍筋直径的5倍;对有抗震设防要求或设计有专门要求的结构构件,箍筋弯钩的弯折角度不应小于135°,弯折后平直段长度不应小于箍筋直径的10倍;

②圆形箍筋的搭接长度不应小于其受拉锚固长度,且两末端弯钩的弯折角度不应小于135°,弯折后平直段长度对一般结构构件不应小于箍筋直径的5倍,对有抗震设防要求的结构构件不应小于箍筋直径的10倍;

③梁、柱复合箍筋中的单肢箍筋两端弯钩的弯折角度均不应小于135°。

4)盘卷钢筋调直后应进行力学性能和重量偏差检验,其强度应符合国家现行有关标准的规定,其断后伸长率、重量偏差应符合国家现行有关标准的规定。

5)钢筋加工的形状、尺寸应符合设计要求,其偏差应符合国家现行有关标准的规定。

(4)钢筋连接质量控制要点。

1)钢筋的连接方式应符合设计要求。

2)钢筋采用机械连接或焊接连接时,钢筋机械连接接头、焊接接头的力学性能、弯曲性能应符合国家现行有关标准的规定。接头试件应从工程实体中截取。

3)钢筋采用机械连接时,螺纹接头应检验拧紧扭矩值,挤压接头应量测压痕直径,检验结果应符合现行行业标准《钢筋机械连接技术规程》(JGJ 107—2016)的相关规定。

(5)钢筋安装质量控制要点。

1)钢筋安装时,受力钢筋的牌号、规格和数量必须符合设计要求。

2)钢筋应安装牢固。受力钢筋的安装位置、锚固方式应符合设计要求。

**2. 模板工程质量控制要点**

(1)一般规定。

1)模板工程应编制施工方案。爬升式模板工程、工具式模板工程及高大模板支架工程的施工方案,应按有关规定进行技术论证。

2)模板及支架应根据安装、使用和拆除工况进行设计,并应满足承载力、刚度和整体稳固性要求。

3)模板及支架拆除应符合现行国家标准《混凝土结构工程施工规范》(GB 50666—2011)的规定和施工方案的要求。

(2)模板安装质量控制要点。

1)模板及支架用材料的技术指标应符合国家现行有关标准的规定。进场时应抽样检验模板和支架材料的外观、规格和尺寸。

2)现浇混凝土结构模板及支架的安装质量,应符合国家现行有关标准的规定和施工方案的要求。

3)后浇带处的模板及支架应独立设置。

4)支架竖杆和竖向模板安装在土层上时,应符合下列规定:

①土层应坚实、平整,其承载力或密实度应符合施工方案的要求;

②应有防水、排水措施;对冻胀性土,应有预防冻融措施;

③支架竖杆下应有底座或垫板。

**3. 混凝土工程质量控制要点**

(1)一般规定。

1)混凝土强度应按现行国家标准《混凝土强度检验评定标准》(GB/T 50107—2010)的规定分批检验评定。划入同一检验批的混凝土,其施工持续时间不宜超过3个月。

检验评定混凝土强度时,应采用28d或设计规定龄期的标准养护试件。

试件成型方法及标准养护条件应符合现行国家标准《普通混凝土力学性能试验方法标准》(GB/T 50081—2019)的规定。采用蒸汽养护的构件,其试件应先随构件同条件养护,然后再置入标准养护条件下继续养护至 28d 或设计规定龄期。

2)当采用非标准尺寸试件时,应将其抗压强度乘以尺寸折算系数,折算成边长为 150 mm 的标准尺寸试件抗压强度。尺寸折算系数应按现行国家标准《混凝土强度检验评定标准》(GB/T 50107—2010)采用。

3)当混凝土试件强度评定不合格时,应委托具有资质的检测机构按国家现行有关标准的规定对结构构件中的混凝土强度进行推定。

4)混凝土有耐久性指标要求时,应按现行行业标准《混凝土耐久性检验评定标准》JGJ/T 193 的规定检验评定。

5)大批量、连续生产的同一配合比混凝土,混凝土生产单位应提供基本性能试验报告。

6)预拌混凝土的原材料质量、制备等应符合现行国家标准《预拌混凝土》(GB/T 14902—2012)的规定。

7)水泥、外加剂进场检验,当满足下列情况之一时,其检验批容量可扩大一倍:
①获得认证的产品;
②同一厂家、同一品种、同一规格的产品,连续三次进场检验均一次检验合格。

(2)混凝土原材料质量控制要点。

1)水泥进场时,应对其品种、代号、强度等级、包装或散装编号、出厂日期等进行检查,并应对水泥的强度、安定性和凝结时间进行检验,检验结果应符合现行国家标准《通用硅酸盐水泥》(GB 175—2007)的相关规定。

检查数量:按同一厂家、同一品种、同一代号、同一强度等级、同一批号且连续进场的水泥,袋装不超过 200 t 为一批,散装不超过 500 t 为一批,每批抽样数量不应少于一次。

2)混凝土外加剂进场时,应对其品种、性能、出厂日期等进行检查,并应对外加剂的相关性能指标进行检验,检验结果应符合现行国家标准《混凝土外加剂》(GB 8076—2008)和《混凝土外加剂应用技术规范》(GB 50119—2013)等的规定。

检查数量:按同一厂家、同一品种、同一性能、同一批号且连续进场的混凝土外加剂,不超过 50t 为一批,每批抽样数最不应少于一次。

(2)混凝土拌合物质量控制要点。

1)预拌混凝土进场时,其质量应符合现行国家标准《预拌混凝土》(GB/T 14902—2012)的规定。

2)混凝土拌合物不应离析。

3)混凝土中氯离子含量和碱总含量应符合现行国家标准《混凝土结构设计规范(2015 年版)》(GB 50010—2010)的规定和设计要求。

4)首次使用的混凝土配合比应进行开盘鉴定,其原材料、强度、凝结时间、稠度等应满足设计配合比的要求。

(3)混凝土施工质量控制要点。

1)混凝土的强度等级必须符合设计要求。用于检验混凝土强度的试件应在浇筑地点随机抽取。

检查数量:对同一配合比混凝土,取样与试件留置应符合下列规定:
①每拌制 100 盘且不超过 100 m³ 时,取样不得少于一次;
②每工作班拌制不足 100 盘时,取样不得少于一次;
③连续浇筑超过 1000 m³ 时,每 200 m³ 取样不得少于一次;

④每一楼层取样不得少于一次；

⑤每次取样应至少留置一组试件。

2)后浇带的留设位置应符合设计要求。后浇带和施工缝的留设及处理方法应符合施工方案要求。

3)混凝土浇筑完毕后应及时进行养护，养护时间以及养护方法应符合施工方案要求。

**4. 装配式混凝土质量控制要点**

(1)一般规定。

1)装配式结构连接节点及叠合构件浇筑混凝土之前，应进行隐蔽工程验收。隐蔽工程验收应包括下列主要内容：

①混凝土粗糙面的质量，键槽的尺寸、数量、位置；

②钢筋的牌号、规格、数量、位置、间距，箍筋弯钩的弯折角度及平直段长度；

③钢筋的连接方式、接头位置、接头数量、接头面积百分率、搭接长度、锚固方式及锚固长度；

④预埋件、预留管线的规格、数量、位置。

2)装配式结构的接缝施工质量及防水性能应符合设计要求和国家现行相关标准的要求。

(2)预制构件质量控制要点。

1)预制构件的质量应符合国家现行规范、相关标准的规定和设计的要求。

2)专业企业生产的预制构件进场时，预制构件结构性能检验应符合下列规定：

①梁板类简支受弯预制构件进场时应进行结构性能检验，并应符合下列规定：

a. 结构性能检验应符合国家现行相关标准的有关规定及设计的要求，检验要求和试验方法应符合国家现行规范的规定。

b. 钢筋混凝土构件和允许出现裂缝的预应力混凝土构件应进行承载力、挠度和裂缝宽度检验；不允许出现裂缝的预应力混凝土构件应进行承载力、挠度和抗裂检验。

c. 对大型构件及有可靠应用经验的构件，可只进行裂缝宽度、抗裂和挠度检验。

d. 对使用数量较少的构件，当能提供可靠依据时，可不进行结构性能检验。

②对其他预制构件，除设计有专门要求外，进场时可不做结构性能检验。

③对进场时不做结构性能检验的预制构件，应采取下列措施：

a. 施工单位或监理单位代表应驻厂监督制作过程；

b. 当无驻厂监督时，预制构件进场时应对预制构件主要受力钢筋数量、规格、间距及混凝土强度等进行实体检验。

3)预制构件的外观质量不应有严重缺陷，且不应有影响结构性能和安装、使用功能的尺寸偏差。

4)预制构件上的预埋件、预留插筋、预埋管线等的规格和数量以及预留孔、预留洞的数量应符合设计要求。

(3)装配式混凝土结构安装与连接质量控制要点。

1)预制构件临时固定措施应符合施工方案的要求。

2)钢筋采用套筒灌浆连接时，灌浆应饱满、密实，其材料及连接质量应符合国家现行行业标准《钢筋套筒灌浆连接应用技术规程》(JGJ 355—2015)的规定。

3)钢筋采用焊接连接时，其接头质量应符合现行行业标准《钢筋焊接及验收规程》(JGJ 18—2012)的规定。

4)钢筋采用机械连接时，其接头质量应符合现行行业标准《钢筋机械连接技术规程》(JGJ 107—2016)的规定。

5)预制构件采用焊接、螺栓连接等连接方式时,其材料性能及施工质量应符合国家现行标准《钢结构工程施工质量验收标准》(GB 50205—2020)和《钢筋焊接及验收规程》(JGJ 18—2012)的相关规定。

6)装配式结构采用现浇混凝土连接构件时,构件连接处后浇混凝土的强度应符合设计要求。

7)装配式结构施工后,其外观质量不应有严重缺陷,且不应有影响结构性能和安装、使用功能的尺寸偏差。

**5. 砌体工程质量控制要点**

(1)砌体工程施工前的准备工作。

1)建筑砂浆搅拌现场必须悬挂配合比报告,并配置磅秤,工人在操作过程中严格按配合比进行搅拌,水泥砂浆必须在3h(2h)内用完,严禁使用隔夜砂浆进行砌筑。

2)砌块及配砖在砌筑前,提前一天浇水湿润充分,严禁干砖上楼润湿及干砖上墙。

3)不计算模数,会造成灰缝过大不均,增加施工成本,使植筋位置错误。

4)按照砌体施工检验批做好对楼层的放线工作。楼层放线应以结构施工内控点主线为依据,根据建筑施工图弹好楼层标高控制线和墙体边线。

5)砌体放线合格后,与混凝土结构交界处采用植筋方式对墙体拉接筋等进行植筋,其锚固长度必须满足设计要求。植筋位置根据不同梁高组砌排砖按"倒排法"准确定位,钻孔深度必须满足设计要求;孔洞的清理要求用专用电动吹风机,以确保粉尘的清理效果;墙体拉接筋抗拔试验合格后才能进行砌筑。

6)构造柱的设置严格按建筑施工图的要求进行布置,纵筋搭接长度必须满足设计要求,搭接区域箍筋按要求加密设置。构造柱采用预埋钢筋时,应确保钢筋留设长度满足搭接要求。

7)所有卫生间墙根按强规要求采用C20素混凝土(200 mm高、宽同墙厚)进行浇筑,混凝土浇筑前,必须进行凿毛,并用水冲洗湿润,浇筑时必须确保密实。

8)楼层内砌体材料堆码尽量靠墙放置,应均匀分散,不得集中。

9)所有预制过梁必须严格按设计图集及相关规范要求进行制作,制作完成后用墨汁标注上下方向,避免安装过程中钢筋位置反向。过梁要求提前制作,安装时必须确保强度达到设计要求。

(2)砌体工程施工质量控制要点。

1)所有墙体砌筑三线实心配砖(除卫生间素混凝土浇筑200 mm外),砌筑完成后,对照各方确认的固化图对所有墙肢、门洞及门垛、窗洞等尺寸进行复核。门窗洞口的高宽必须含地平和抹灰厚度。

2)排砖至墙底铺底灰厚超过20 mm时,应采取细石混凝土进行铺底砌筑。门洞控制尺寸严格按图纸要求留设。

3)墙体砌筑前根据墙高采用"倒排法"确定砌块匹数,采取由上至下的原则,即先留足后塞口200 mm高度(预留高度允许误差±10 mm),然后根据砖模数进行排砖。后塞口斜砖逐块敲紧挤实,斜砌角度控制为(60±10)°。

4)墙体实心砖砌筑应采用"一顺一丁"的砌法;空心砖采用顺砌法,不应有通缝,搭砌长度不应小于90 mm。

5)墙体砌筑时灰缝不得超过8~12 mm,同时要求同一面墙上砌体灰缝厚度差(最大与最小之差)不得超过2 mm,以保证灰缝观感上均匀一致。砌筑灰缝应横平竖直,砂浆饱满不低于90%,竖缝不得出现挤接密缝。

6)拉结筋间距设置应沿墙、柱 500 mm 高植 2Φ6.5 钢筋,伸入填充墙 700 mm(且大于或等于 1/5 墙长),填充墙转角处应设水平拉结筋。所有伸入填充墙或构造柱中的拉结筋端头需做 180°弯钩。

7)实心砖砌筑部位:卫生间(除墙根 200 mm 高采用 C20 素混凝土)以上 1 800 mm 高度范围内为实心砖砌筑;厨房墙体 1 500 mm 高以上至梁底或板底砌筑实心砖;构造柱边及 L 形、T 形墙转角实心砖;栏杆与后砌墙相交处砌实心砖(底标高为阳台梁以上 1 000 mm 砌筑 300 mm×300 mm);门窗洞口四周。

8)砌体安装留洞宽度超过 300 mm 以上时,洞口上部应设置过梁。消防箱、卫生间墙体洞口宽度小于 600 mm 时应设置钢筋砖带过梁,否则应采用预制过梁或现浇过梁。

9)所有门窗过梁安装必须统一以标高 1 m 线进行控制,门窗洞口高度尺寸按建筑施工图的尺寸要求进行留设,过梁搁置处应采用细石混凝土坐浆,搁置长度不得小于 250 mm。相邻门洞间过梁交叉处要求现浇过梁,预制过梁不能确保搁置长度。

10)墙顶后塞口斜砌需等墙体砌筑完成 7 天后再进行,后塞口采用多孔配砖砌筑,斜砌角度应控制在 60°,两端可采用预制三角混凝土块或切割实心砖进行砌筑,斜砌灰缝厚度应宽窄一致,与墙体平砌要求相同。重点注意砌体砂浆饱满度,特别是外墙后塞口砂浆饱满度的控制,以防止外墙渗漏。

11)砌体构造柱按经确认的构造柱平面布置图进行留设。应先进行构造柱钢筋绑扎,再进行墙体砌筑;构造柱"马牙槎"应先退后进,退进尺寸按 60 mm 留设,位置应准确,端部需吊线砌筑。构造柱纵向钢筋搭接长度要满足设计要求,搭接区域箍筋要进行加密。

12)砌体构造柱模板安装前,需清理干净底脚砂灰,并按要求贴双面胶堵缝,双面胶需弹线粘贴,以保证顺直、界面清晰。

13)构造柱模板必须采用对拉螺杆拉接,构造柱上端制作喇叭口,混凝土浇筑牛腿,模板拆除后将牛腿剔凿。喇叭口模板安装高度略高于梁下口 10~20 mm,确保喇叭口混凝土浇筑密实。

14)管道井应等安装完成后采取后砌,根据平面尺寸在后砌墙位置留设砖插头及甩槎拉接钢筋,待管道安装、楼板吊补及管道口周边防水处理完成后再进行后砌墙体砌筑。

15)落地窗地台或阳台边梁等混凝土二次浇筑部位,其浇筑高度按经甲方确认的平面图示尺寸进行浇筑;阳台边梁二次浇筑时应同时埋设栏杆安装预埋铁件,保证埋设位置准确,建议后置埋件。

16)现浇过梁两端均需植筋时应控制过梁底部钢筋接头位置不得留在梁跨中部,需错头在 1/3 跨边,保证搭接长度。

17)安装砌体线管、线盒时,应根据施工图在砌体上标出线管、线盒的敷设位置、尺寸。使用切割机按标示切出线槽,严禁使用人工剔打。在砌体上严禁开水平槽,应采用 45°斜槽。线管敷设弯曲半径应符合要求,并固定牢靠。

18)后砌墙上安装留洞必须在砌筑过程中进行埋设,不得事后凿洞。竖向线管可在墙上采用切割机切槽埋设,如多管埋设其切槽宽度应保证线管之间净距不小于 20 mm。水平方向线管禁止空心砖切槽。要求用细石混凝土填塞线盒周边及线槽周边,用细石混凝土填塞密实后按要求挂钢丝网防止抹灰裂缝。

19)墙体砌筑完毕、线管线盒安装完成后,在主体结构验收前,混凝土与砌体接缝两侧各 150 mm 表层抹灰应加挂 0.8 mm 厚、9 mm×25 mm 的冷镀锌钢丝网。采用专用镀锌垫片压钉。若不同材质交接处存在高低错台不平整现象,则铺网前应高剔低补后再钉钢丝网,严禁在铺钉钢筋网的过程中使用非镀锌垫片或铁钉直接铺钉。

**6. 钢结构质量控制要点**

(1)质保体系检查。
1)施工单位的资质条件及焊工上岗证。
2)原材料(钢材、连接材料、涂料)及成品的储运条件。
3)构件安装前的检验制度。
(2)设计图纸和施工组织设计。详细查看图纸说明和施工组织设计；明确设计对钢材和连接、涂装材料的要求，钢材连接要求，焊缝无损探伤要求，涂装要求及预拼装和吊装要求。
(3)质保资料。
1)钢材、焊接材料、高强度螺栓连接、防腐涂料、防火涂料等的质量证明书，试验报告，焊条的烘焙记录。
2)钢构件出厂合格证和构件试验报告。
3)高强度螺栓连接面滑移系数的厂家试验报告和安装前的复验报告。
4)螺栓连接预拉力或扭矩系数复试报告(包括制作和安装)。
5)一、二级焊缝探伤报告(包括制作和安装)。
6)首次采用的钢材和材料的焊接工艺评定报告。
7)高强度螺栓连接检查记录(包括制作和安装)。
8)焊缝检查记录(包括制作和安装)。
9)构件预拼装检查记录。
10)涂装检验记录。
(4)现场实物检查。
1)焊接。
①焊接外观质量及焊缝缺陷。
②焊钉的外观质量。
③焊钉焊接后的弯曲检验。
2)高强度螺栓连接。
①连接摩擦面的平整度和清洁度。
②螺栓穿入方式和方向及外露长度。
③螺栓终拧质量。
3)钢结构制作。
①钢结构切割面或剪切面质量。
②钢构件外观质量(变形、涂层、表面缺陷)。
③零部件顶紧组装面。
4)钢结构安装。
①地脚螺栓位置、垫板规格与柱底接触情况。
②钢构件的中心线及标高基准点等标志。
③钢结构外观清洁度。
④安装顶紧面。
5)钢结构涂装。
①钢材表面除锈质量和基层清洁度。
②涂层外观质量(包括防腐和防火涂料)。
(5)施工质量。

1)钢结构的制作、安装单位的资质等级及工艺和安装施工组织设计。

2)钢结构工程所采用的钢材应具有质量证明书,并应符合设计要求和有关规定。

①承重结构的钢材应具有抗拉强度,伸长率,屈服强度和硫、磷含量的合格保证。

②市场结构的钢材强屈比不应小于1.2,伸长率应大于20%。

③采用焊接连接的节点,当板厚大于或等于50 mm,并承受沿板厚方向的拉力时,应进行板厚方向的材料性能试验。

④进口钢材应严格遵守先试验后使用的原则,除具有质量证明和商检报告外,进场后,应对其进行机械性能和化学成分的复试。

⑤当钢材表面有锈蚀、麻点或划痕等缺陷时,其深度不得大于该钢材厚度负允许偏差值的1/2。

3)钢结构所采用的连接材料应具有出厂质量证明书,并符合设计要求和有关规定:

①焊接用的焊条、焊丝和焊剂,应与主体金属强度相适应。

②不得使用药皮脱落或焊芯生锈的焊条和受潮结块的焊剂,焊丝、焊钉在使用前应清除油污、铁锈。

③高强度螺栓应符合现行国家标准《钢结构用高强度大六角头螺栓》(GB/T 1228—2006)或《钢结构用扭剪型高强度螺栓连接副》的规定。

④高强度螺栓(大六角和扭剪型)应按出厂号分别复验扭矩系数和预应力。

4)钢构件的制作质量。

①钢材切割面或剪切面应无裂纹、夹渣、分层和大于1 mm的缺棱。

②采用高强度螺栓连接时,应对构件摩擦面进行加工处理,对已经处理的摩擦面应采取防油污和操作的保护措施。

5)钢结构焊接。

①焊接缝表面不得有裂纹、焊瘤、烧穿、弧坑等缺陷。

②检查焊工合格证及施焊资格,合格证应注明放焊条件、有效期限。

③焊缝的位置、外形尺寸必须符合施工图和《钢结构工程施工质量验收规范》(GB 50205—2001)的要求;常用接头焊缝外形和尺寸的允许偏差应符合规范要求。

6)钢结构高强度螺栓连接。

①安装高强度螺栓时,螺栓应自由穿入孔内,不得敲打,并不得气割扩孔,不得用高强度螺栓作临时安装螺栓。

②由制造厂处理的钢构件摩擦面,安装前应复验所附试件的抗滑系数,合格后方可安装。

③零部件组装顶紧接触面应有75%以上的面积紧贴,安装接触面应有70%的面积紧贴,边缘间隙不应大于0.8 mm。

7)钢结构安装。

①钢结构安装应按施工组织设计进行,安装顺序必须保证结构的稳定性和不导致永久变形。

②钢结构安装前应对建筑物的定位轴线、基础轴线和标高、地脚螺栓位置等进行检查,并应进行基础检测和办理交接验收。

③基础顶面直接作为柱的支撑面和基础顶面预埋钢板或支座作为支撑面前,其支撑面、地脚螺栓(锚栓)的允许偏差应符合规范规定。

④钢结构主要构件安装就位后,应立即进行校正、固定。当天安装的钢构件应形成稳定的空间体系。

⑤安装时必须控制楼面施工荷载，严禁超过梁和板的承载能力。
8)钢结构工程验收。
①钢结构工程验收应在钢结构的全部或空间刚度单元部分的安装完成后进行。
②钢结构工程验收时，应提交下列资料：
a. 钢结构工程竣工资料和设计文件。
b. 安装过程中形成的与工程技术有关的文件。
c. 安装所采用的钢连接材料和涂料等材料质量证明书或试验复试报告。
d. 工厂制作构件的出厂合格证。
e. 焊接工艺评定报告及焊接质量检验报告。
f. 高强度螺栓抗滑移系数试验报告和检查记录。
g. 隐蔽工程验收记录。
h. 工程中间检查交接记录。
i. 结构安装检测记录及安装质量评定记录。
j. 钢结构安装后涂装检测资料和设计要求的钢结构试验报告。

# 4.3 屋面工程施工质量控制要点

**1. 材料要求**

(1)水泥。采用 32.5 MPa 及以上水泥，水泥进场时应具有出厂合格证、性能检验报告。

(2)砂。一般采用 0.35～0.5 mm 的中砂，颗粒要求坚硬洁净，不得含有黏土、草根等杂物，并要求过筛，筛孔直径为 5 mm。

(3)保温材料。保温材料分松散保温材料、板块保温材料和现喷(浇)保温材料，其质量要求见表 4-5、表 4-6。

表 4-5 松散保温材料的质量要求

| 项目 | 膨胀蛭石 | 膨胀珍珠岩 |
| --- | --- | --- |
| 粒径 | 3～15 mm | ≥0.15 mm，<0.15 mm 的含量不大于 8% |
| 堆积密度 | ≤300 kg | ≤120 kg |
| 导热系数 | ≤0.14 W/(m·K) | ≤0.07 W/(m·K) |

表 4-6 板块保温材料的质量要求

| 项目 | 聚苯乙烯泡沫塑料类 | | 硬质聚氨酯泡沫塑料 | 泡沫玻璃 | 微孔混凝土类 | 膨胀蛭石(珍珠岩)制品 |
| --- | --- | --- | --- | --- | --- | --- |
| | 挤压 | 模压 | | | | |
| 表面密度 | ≥32 | 15～30 | ≥30 | ≥150 | 500～700 | 300～800 |
| 导热系数/[W·(m·K)$^{-1}$] | ≤0.03 | ≤0.041 | ≤0.027 | ≤0.062 | ≤0.22 | ≤0.26 |
| 抗压强度/Mpa | — | — | — | ≥0.4 | ≥0.4 | ≥0.3 |
| 在 10%形变下的压缩应力/Mpa | ≥0.15 | ≥0.06 | ≥0.15 | — | — | — |
| 70 ℃，48 h 后尺寸变化率/% | ≤2.0 | ≤5.0 | ≤5.0 | ≤0.5 | — | — |
| 吸水率(V/V,%) | ≤1.5 | ≤6 | ≤3 | ≤0.5 | — | — |
| 外观质量 | 板是外形基本平整，无严重凸凹不平，厚度允许偏差为 5%，且不大于 4 mm | | | | | |

进场时具有产品出厂合格证、性能检测报告，进场后及时取样复试，合格后方可使用。

(4)防水材料。防水材料进场时应具有出厂合格证、性能检测报告。进场后及时请建设(监理)单位进行有见证取样复试，合格后方可使用。

(5)防水涂料胎体。防水涂料用的胎体进场时应具有出厂合格证、性能检测报告；进场后进行取样作抗拉强度、延伸率性能复试。

**2. 屋面保温层施工质量控制要点**

(1)基层处理。铺装保温层前，用铲刀、扫把等工具，将基层表面上的落地砂浆、灰尘等清理干净；将有水的部位擦拭干净，保证基层干燥、干净、平整。

(2)铺装。板状保温层铺装：沿屋面整齐铺装，铺装平稳，接缝严密、顺直；将有缝隙的部位用碎的保温板填塞密实。

(3)含水率检验。现场取样检验保温层的含水率，要求有机胶结材料的含水率不大于5%，无机胶结材料的含水率不大于20%。

(4)保温层质量要求。

板状保温层：紧贴(靠)基层，铺平垫稳，拼缝严密。

整体现浇(喷)保温层：拌和均匀，分层铺设，压实适当，表面平整。

**3. 找坡层施工质量控制要点**

(1)铺设施工。

1)根据基层所做的控制点，按屋脊的分布情况拉线找坡、冲筋。

2)拌和：先将焦渣(或陶粒)浇水闷透，然后与水泥按1∶6的比例拌和均匀，最后加水拌和，加水要适中，不可太湿。

3)根据所冲的筋，分片浇筑，按线进行找坡；摊平后用滚辊碾压密实。

4)浇筑时运送材料的手推车，不得直接行走在苯板类保温层上，如果必须走，则应在保温层上满铺竹胶合板，以保护保温层。

(2)质量要求。

1)水泥焦渣(陶粒)配合比准确。

2)找坡层分层铺设，碾压密实；表面平顺，找坡正确。

3)允许偏差检查。屋面找坡层的允许偏差见表4-7。

表4-7 焦渣(陶粒混凝土)屋面找坡层的允许偏差

| 检查项目 | 允许偏差/mm | | | 检查方法 |
| --- | --- | --- | --- | --- |
| | GB | CCB | QB | |
| 表面平整度 | 10 | — | 5 | 2m靠尺、塞尺 |
| 标高 | ±10 | — | ±5 | 水准仪检查 |
| 坡度 | ≤相应尺寸的0.2%，且≤30 | — | ≤相应尺寸的0.2%，且≤30 | 坡度尺检查 |
| 厚度 | ≤设计厚度的10% | | ≤设计厚度的10% | 钢尺检查 |

**4. 水泥砂浆找平层质量控制要点**

(1)找坡、冲筋。在找坡层的基面上，根据基层所做的控制点，按屋脊的分布情况拉线找坡、冲筋；然后将基层做的控制点全部拆除至基层，并用保温材料、找坡材料填平至找平位置，以防止出现冷桥。

(2)埋设分格条。根据屋面情况埋设 20 mm 宽的分格条,分格间距基本一致,间距不得大于 6 m。

(3)搅拌砂浆。使用 32.5 MPa 及以上的水泥和中砂,按 1∶2.5～1∶3 的比例使用机械搅拌砂浆。

(4)抹找平层。抹水泥砂浆前,基层先洒水湿润,然后将搅拌好的水泥砂浆摊铺在找坡层上,用刮杠沿冲筋刮平,用木抹子压实,用铁抹子压光。

(5)细部处理。四周女儿墙、凸出屋面结构、结构阴阳角处,在抹找平层的同时,抹成半径为 20～50 mm 的圆弧;雨落口周围 500 mm 半径内,加大坡度为 5%。

(6)沿女儿墙四周,离墙 300 mm,留置贯通的 20 mm×20 mm 的分格缝。

(7)养护。找平层做完后,覆盖一层塑料薄膜,或浇水养护 7 d。

**5. 防水层施工质量控制要点**

(1)基层处理。

1)基层清理。基层验收后,将基层表面的落地砂浆、灰尘等,用铲刀、扫把等清扫干净。

2)基层干燥。基层要干燥,将含水率控制为 9%～12%。测试方法:将一块 1 m 见方的卷材平铺在基层上,3～4 h 后揭开卷材无明显水印即可。

3)嵌缝。先将分格缝的渣土、灰尘清理干净,再用沥青建筑密封膏将所有分格嵌满。

4)涂刷冷底油。用配套的氯丁橡胶防水涂料,改善基层与卷材的粘结强度。涂刷时先将涂料搅拌均匀,用滚刷和棕刷进行涂刷施工,施工时先涂刷阴阳角等部位,然后大面积涂刷,涂刷时要均匀、到位。

5)铺附加层。在女儿墙、排气道等阳角及转角处先做一层不小于 250 mm 宽的附加层,粘牢贴实。在阳角外侧做一道附加层。在天沟、檐沟转角处空铺一层附加层。

(2)高聚物防水卷材热熔施工。

1)先在防水基层上按卷材的宽度,弹出每幅卷材的基准线。

2)将卷材对齐所弹卷材的基准线,进行卷材预铺,然后再卷起。热熔施工时,两人配合,一个人点燃汽油喷灯,加热基层与卷材交接处,喷灯距加热面保持 300 mm 左右的距离,往返喷烤。当卷材的沥青刚刚熔化(即卷材表面光亮发黑)时,用脚将卷材向前缓缓滚动,以两侧渗出沥青为宜,另一人随即用滚辊压实。

3)铺贴上层卷材。上层卷材与下层卷材平行铺贴,长边接缝错开 1/3 幅宽以上,短边接缝错开不小于 500 mm。方法同下层卷材一样,先弹线,再铺贴;铺贴时注意火焰强度,不可将下层卷材烧破。

4)铺设时要求用力均匀、不窝气,铺设压边宽度应掌握好。长向和短向搭接宽度均为 100 mm;相邻两幅卷材接缝相互错开 500 mm 以上。铺贴时将卷材自然松铺且无皱折即可,不可拉紧,以免影响质量。

5)搭接缝封口及收头。搭接缝封口及收头的卷材必须 100%烘烤,粘铺时必须有熔融沥青从边端挤出,用刮刀将挤出的热溶胶刮平,沿边端封严。搭接缝及封口收头粘贴后,可用火焰及抹子沿缝边缘再行均匀加热抹压封严。

(3)高分子卷材冷粘施工。

1)先在防水基层上按卷材的宽度,弹出每幅卷材的基准线。

2)将卷材对齐所弹的卷材的基准线,将卷材铺开;粘贴卷材采用条粘,先将卷材折起 1/3,沿卷材和基层用板刷或滚刷,将胶液均匀地刷在卷材和基层上,待胶液干燥后(以手摸不粘手为宜),将卷材与基层粘结牢固,随后用滚辊压实。

3)待一侧粘贴完后,再将另一侧折起1/3,做法同上,但卷材搭接处不涂胶。

4)铺设时要求用力均匀、不窝气,铺设压边宽度应掌握好。长短边搭接宽度均不小于100 mm;相邻两幅卷材接缝相互错开500 mm以上。铺贴时将卷材自然松铺且无皱折即可,不可拉紧,以免影响质量。

5)封口收头。待所有防水层全部铺贴完毕后,再将卷材搭接缝处折起,在两搭接处两层的卷材上,涂刷专用的封口胶;待胶液干燥后,将两层卷材粘结在一起,用压辊压平、压实,不得翘边、打折;最后封底一道10 mm宽的密封胶。

(4)涂膜防水施工要点。

1)配料。根据说明书的配合比要求,将粉料和液料混合在一起,用电动搅拌机强制搅拌均匀,搅拌时设专人负责。

2)底涂。将配好的混合料加一定的稀料,搅拌均匀,用滚刷或棕刷,均匀地涂刷在基层上。

3)涂刷无胎体防水层。涂膜防水层采取多遍涂(刮)刷,用滚刷均匀涂刷防水涂料,不漏刷、不积堆;待第一道防水层凝固后,再刷第二道、第三道涂层,直至涂膜厚度达到设计厚度。

4)涂刷有胎体的防水层。先将胎体平铺在基层上,浇上涂料用胶皮刮板刮匀;胎体短边搭接不小于70 mm,长边搭接不小于50 mm;第一道固化后再用同样的方法涂刷第二涂层,第二层胎体与下层胎体平行,接缝错开幅宽的1/3以上;最后刷一道或多道面涂,直到厚度达到设计要求。

**6. 细部构造处理**

(1)泛水收口的做法。应在以下两种中选择一种,不允许采用压入凹槽内的做法:

1)采用金属压条的做法如图4-1所示。

2)采用压在挑檐下的做法如图4-2所示。

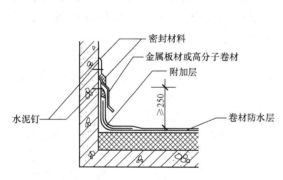

图4-1 泛水收口的做法之金属压条

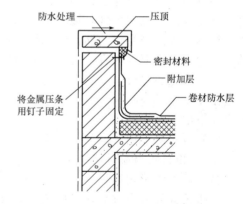

图4-2 泛水收口的做法之压在挑檐下

(2)出屋面管根的做法如图4-3所示。防水收头必须采用金属箍箍紧,并用密封材料填严。

(3)由于屋面上人较多,容易破坏,故屋面变形缝处需采用混凝土盖板,其做法如图4-4所示。

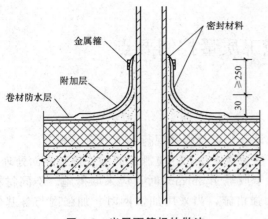
图 4-3 出屋面管根的做法

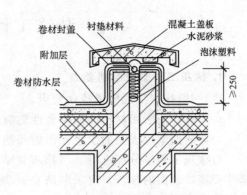
图 4-4 屋面变形缝处的做法

(4)屋面高、低跨处的做法。此处是常见的一个漏点,根据以往的经验,若采用金属盖板则往往发生渗漏的概率很高,故应采用在高跨做混凝土挑板的做法。

(5)在各屋面的出入口需做好防水卷材保护层,其做法如图4-5所示。

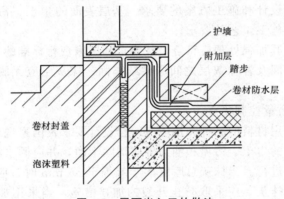
图 4-5 屋面出入口的做法

(6)防水卷材在落水口处需伸入落水口内5 cm,其做法如图4-6所示。

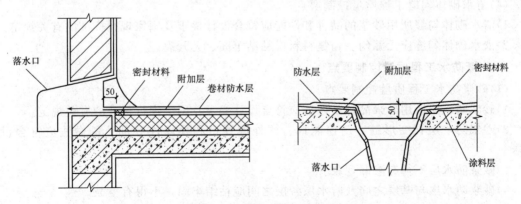
图 4-6 屋面落水口处的做法

# 4.4 装饰工程施工质量控制要点

**1. 抹灰工程质量控制要点**

(1)一般抹灰工程质量控制要点。

1)一般抹灰所用材料的品种和性能应符合设计要求及国家现行标准的有关规定。

2)抹灰前基层表面的尘土、污垢和油渍等应清除干净,并应洒水润湿或进行界面处理。

3)抹灰工程应分层进行。当抹灰总厚度大于或等于 35 mm 时,应采取措施。不同材料基体交接处表面的抹灰,应采取防止开裂的加强措施,当采用加强网时,加强网与各基体的搭接宽度不应小于 100 mm。

4)抹灰层与基层之间及各抹灰层之间应粘结牢固,抹灰层应无脱层和空鼓,面层应无爆灰和裂缝。

(2)保温层薄抹灰工程质量控制要点。

1)保温层薄抹灰所用材料的品种和性能应符合设计要求及国家现行标准的有关规定。

2)基层质量应符合设计和施工方案的要求。基层表面的尘土、污垢和油渍等应清除干净。基层含水率应满足施工工艺的要求。

3)保温层薄抹灰及其加强处理应符合设计要求和国家现行标准的有关规定。

4)抹灰层与基层之间及各抹灰层之间应粘结牢固,抹灰层应无脱层和空鼓,面层应无爆灰和裂缝。

(3)装饰抹灰工程质量控制要点。

1)装饰抹灰工程所用材料的品种和性能应符合设计要求及国家现行标准的有关规定。

2)抹灰前基层表面的尘土、污垢和油渍等应清除干净,并应洒水润湿或进行界面处理。

3)抹灰工程应分层进行。当抹灰总厚度大于或等于 35 mm 时,应采取加强措施。不同材料基体交接处表面的抹灰,应采取防止开裂的加强措施,当采用加强网时,加强网与各基体的搭接宽度不应小于 100 mm。

4)各抹灰层之间及抹灰层与基体之间应粘结牢固,抹灰层应无脱层、空鼓和裂缝。

(4)清水砌体勾缝工程质量控制要点。

1)清水砌体勾缝所用砂浆的品种和性能应符合设计要求及国家现行标准的有关规定。

2)清水砌体勾缝应无漏勾。勾缝材料应粘结牢固、无开裂。

**2. 外墙防水工程质量控制要点**

(1)砂浆防水工程质量控制要点。

1)砂浆防水层所用砂浆品种及性能应符合设计要求及国家现行标准的有关规定。

2)砂浆防水层在变形缝、门窗洞口、穿外墙管道和预埋件等部位的做法应符合设计要求。

3)砂浆防水层不得有渗漏现象。

4)砂浆防水层与基层之间及防水层各层之间应粘结牢固,不得有空鼓。

(2)涂膜防水工程质量控制要点。

1)涂膜防水层所用防水涂料和配套材料的品种与性能应符合设计要求及国家现行标准的有关规定。

2)涂膜防水层在变形缝、门窗洞口、穿外墙管道和预埋件等部位的做法应符合设计要求。

3）涂膜防水层不得有渗漏现象。

4）涂膜防水层与基层之间应粘结牢固。

(3)透气膜防水工程质量控制要点。

1）透气膜防水层所用透气膜和配套材料的品种与性能应符合设计要求及国家现行标准的有关规定。

2）透气膜防水层在变形缝、门窗洞口、穿外墙管道和预埋件等部位的做法应符合设计要求。

3）透气膜防水层不得有渗漏现象。

4）防水透气膜应与基层粘结固定牢固。

**3. 门窗工程质量控制要点**

(1)木门窗安装工程质量控制要点。

1）木门窗的品种、类型、规格、尺寸、开启方向、安装位置、连接方式与性能应符合设计要求及国家现行标准的有关规定。

2）木门窗应采用烘干的木材，含水率及饰面质量应符合国家现行标准的有关规定。

3）木门窗的防火、防腐、防虫处理应符合设计要求。

4）木门窗框的安装应牢固。预埋木砖的防腐处理、木门窗框固定点的数量、位置和固定方法应符合设计要求。

5）木门窗扇应安装牢固、开关灵活、关闭严密、无倒翘。

6）木门窗配件的型号、规格和数量应符合设计要求，安装应牢固，位置应正确，功能应满足使用要求。

(2)金属门窗安装工程质量控制要点。

1）金属门窗的品种、类型、规格、尺寸、性能、开启方向、安装位置、连接方式及铝合金门窗的型材壁厚应符合设计要求。金属门窗的防腐处理及填嵌、密封处理应符合设计要求。

2）金属门窗框的副框的安装必须牢固。预埋件的数量、位置、埋设方式与框的连接方式必须符合设计要求。

3）金属门窗必须安装牢固，并应开关灵活，关闭严密、无倒翘。推拉门窗必须有防脱落措施。

4）金属门窗配件的型号、规格、数量应符合设计要求，安装应牢固，位置应正确，功能应满足使用要求。

(3)塑料门窗安装工程质量控制要点。

1）塑料门窗的品种、类型、规格、尺寸、性能、开启方向、安装位置、连接方式和填嵌密封处理应符合设计要求及国家现行标准的有关规定，内衬增强型钢的壁厚及设置应符合现行国家标准《建筑用塑料门》(GB/T 28886—2012)和《建筑用塑料窗》(GB/T 28887—2012)的规定。

2）塑料门窗框、副框和扇的安装必须牢固。固定片或膨胀螺栓的数量与位置应正确，连接方式应符合设计要求。固定点应距窗角、中横框、中竖框150～200 mm，固定点间距应不大于600 mm。

3）塑料组合门窗使用的拼樘料截面尺寸及内衬增强型钢的形状和壁厚应符合设计要求。承受风荷载的拼樘料应采用与其内腔紧密吻合的增强型钢作为内衬，其两端应与洞口固定牢固。窗框应与拼樘料连接紧密，固定点间距不应大于600 mm。

4）窗框与洞口之间的伸缩缝内应采用聚氨酯发泡胶填充，发泡胶填充应均匀、密实。

发泡胶成型后不宜切割。表面应采用密封胶密封。密封胶应粘结牢固，表面应光滑、顺直、无裂纹。

5)滑撑铰链的安装应牢固，紧固螺钉应使用不锈钢材质。螺钉与框扇连接处应进行防水密封处理。

6)推拉门窗扇应安装防止扇脱落的装置。

7)门窗扇关闭应严密，开关应灵活。

8)塑料门窗配件的型号、规格和数量应符合设计要求，安装应牢固，位置应正确，使用应灵活，功能应满足各自使用要求。平开窗扇高度大于 900 mm 时，窗扇锁闭点不应少于 2 个。

(4)特种门安装工程质量控制要点。

1)特种门的质量和各项性能应符合设计要求。

2)特种门的品种、类型、规格、尺寸、开启方向、安装位置及防腐处理应符合设计要求。

3)带有机械装置、自动装置或智能化装置的特种门，其机械装置、自动装置或智能装置的功能应符合设计要求和国家现行标准的有关规定。

4)特种门的安装必须牢固。预埋件的数量、位置、埋设方式、与框的连接方式必须符合设计的要求。

5)特种门的配件应齐全，位置应正确，安装应牢固，功能应满足使用要求和特种门的各项性能要求。

(5)门窗玻璃安装工程质量控制要点。

1)玻璃的品种、规格、尺寸、色彩、图案和涂膜朝向应符合设计要求。单块玻璃大于 1.5 $m^2$ 时应使用安全玻璃。

2)门窗玻璃裁割尺寸应正确。安装后的玻璃应牢固，不得有裂纹、损伤和松动。

3)玻璃的安装方法应符合设计要求。固定玻璃的钉子或钢丝卡的数量、规格应保证玻璃安装牢固。

4)镶钉木压条接触玻璃处，应与裁口边缘平齐。木压条应互相紧密连接，并与裁口边缘紧贴，割角应整齐。

5)密封条与玻璃、玻璃槽口的接触应紧密、平整。密封胶与玻璃、玻璃槽口的边缘应粘结牢固、接缝平齐。

6)带密封条的玻璃压条，其密封条必须与玻璃全部贴紧，压条与型材之间应无明显缝隙。

**4. 吊顶工程质量控制要点**

(1)整体面板吊顶工程质量控制要点。

1)吊顶标高、尺寸、起拱和造型应符合设计要求。

2)面层材料的材质、品种、规格、图案、颜色和性能应符合设计要求及国家现行标准的有关规定。

3)整体面层吊顶工程的吊杆、龙骨和饰面材料的安装必须牢固。

4)吊杆、龙骨的材质、规格、安装间距及连接方式应符合设计要求。金属吊杆、龙骨应经过表面防腐处理；木吊杆、龙骨应进行防腐、防火处理。

5)石膏板、水泥纤维板的接缝应按其施工工艺标准进行板缝防裂处理。安装双层板时，面层板与基层板的接缝应错开，并不得在同一根龙骨上接缝。

(2)板块面板吊顶工程质量控制要点。

1)吊顶标高、尺寸、起拱和造型应符合设计要求。

2)面层材料的材质、品种、规格、图案、颜色和性能应符合设计要求及国家现行标准的有关规定。当面层材料为玻璃板时,应使用安全玻璃并采取可靠的安全措施。

3)饰面材料的安装应稳固严密。饰面材料与龙骨的搭接宽度应大于龙骨受力面宽度的2/3。

4)吊杆和龙骨的材质、规格、安装间距及连接方式应符合设计要求。金属吊杆、龙骨应进行表面防腐处理;木龙骨应进行防腐、防火处理。

5)板块面层吊顶工程的吊杆和龙骨安装应牢固。

(3)格栅吊顶工程质量控制要点。

1)吊顶标高、尺寸、起拱和造型应符合设计要求。

2)格栅的材质、品种、规格、图案、颜色和性能应符合设计要求及国家现行标准的有关规定。

3)吊杆和龙骨的材质、规格、安装间距及连接方式应符合设计要求。金属吊杆和龙骨应进行表面防腐处理;木龙骨应进行防腐、防火处理。

4)格栅吊顶工程的吊杆、龙骨和格栅的安装应牢固。

**5. 轻质隔墙工程质量控制要点**

(1)板材隔墙工程质量控制要点。

1)隔墙板材的品种、规格、性能、颜色应符合设计要求。有隔声、隔热、阻燃、防潮等特殊要求的工程,板材应有相应性能等级的检测报告。

2)安装隔墙板材所需预埋件、连接件的位置、数量及连接方法应符合设计要求。

3)隔墙板材安装应牢固。

4)隔墙板材所用接缝材料的品种及接缝方法应符合设计要求。

5)隔墙板材安装应位置正确,板材不应有裂缝或缺损。

(2)骨架隔墙工程质量控制要点。

1)骨架隔墙所用龙骨、配件、墙面板、填充材料及嵌缝材料的品种、规格、性能和木材的含水率应符合设计要求。有隔声、隔热、阻燃、防潮等特殊要求的工程,材料应有相应性能等级的检测报告。

2)骨架隔墙地梁所用材料、尺寸及位置等应符合设计要求。骨架隔墙的沿地、沿顶及边框龙骨应与基体结构连接牢固。

3)骨架隔墙中龙骨间距和构造连接方法应符合设计要求。骨架内设备管线的安装、门窗洞口等部位加强龙骨的安装应牢固、位置正确。填充材料的品种、厚度及设置应符合设计要求。

4)木龙骨及木墙面板的防火和防腐处理必须符合设计要求。

5)骨架隔墙的墙面板应安装牢固,无脱层、翘曲、折裂及缺损。

6)墙面板所用接缝材料的接缝方法应符合设计要求。

(3)活动隔墙工程质量控制要点。

1)活动隔墙所用墙板、轨道、配件等材料的品种、规格、性能和人造木板甲醛释放量、燃烧性能应符合设计要求。

2)活动隔墙轨道应与基体结构连接牢固,并应位置正确。

3)活动隔墙用于组装、推拉和制动的构配件应安装牢固、位置正确,推拉应安全、平稳、灵活。

4)活动隔墙的组合方式、安装方法应符合设计要求。

(4)玻璃隔墙工程质量控制要点。

1)玻璃隔墙工程所用材料的品种、规格、图案、颜色和性能应符合设计要求。玻璃板隔墙应使用安全玻璃。

2)玻璃板安装及玻璃砖砌筑方法应符合设计要求。

3)有框玻璃板隔墙的受力杆件应与基体结构连接牢固,玻璃板安装橡胶垫位置应正确。玻璃板安装应牢固,受力应均匀。

4)无框玻璃板隔墙的受力爪件应与基体结构连接牢固,爪件的数量、位置应正确,爪件与玻璃板的连接应牢固。

5)玻璃门与玻璃墙板的连接、地弹簧的安装位置应符合设计要求。

6)玻璃砖隔墙砌筑中埋设的拉结筋应与基体结构连接牢固,数量、位置应正确。

**6. 饰面板工程质量控制要点**

(1)石板安装工程质量控制要点。

1)石板的品种、规格、颜色和性能应符合设计要求及国家现行标准的有关规定。

2)石板孔、槽的数量、位置和尺寸应符合设计要求。

3)石板安装工程的预埋件(或后置埋件)、连接件的材质、数量、规格、位置、连接方法和防腐处理应符合设计要求。后置埋件的现场拉拔力应符合设计要求。石板安装应牢固。

4)采用满粘法施工的石板工程,石板与基层之间的粘结料应饱满、无空鼓。石板粘结应牢固。

(2)陶瓷板安装工程质量控制要点。

1)陶瓷板的品种、规格、颜色和性能应符合设计要求及国家现行标准的有关规定。

2)陶瓷板孔、槽的数量、位置和尺寸应符合设计要求。

3)陶瓷板安装工程的预埋件(或后置埋件)、连接件的材质、数量、规格、位置、连接方法和防腐处理应符合设计要求。后置埋件的现场拉拔力应符合设计要求。陶瓷板安装应牢固。

4)采用满粘法施工的陶瓷板工程,陶瓷板与基层之间的粘结料应饱满、无空鼓。陶瓷板粘结应牢固。

(3)木板安装工程质量控制要点。

1)木板的品种、规格、颜色和性能应符合设计要求及国家现行标准的有关规定。木龙骨、木饰面板的燃烧性能等级应符合设计要求。

2)木板安装工程的龙骨、连接件的材质、数量、规格、位置、连接方法和防腐处理应符合设计要求。木板安装应牢固。

(4)金属板安装工程质量控制要点。

1)金属板的品种、规格、颜色和性能应符合设计要求及国家现行标准的有关规定。

2)金属板安装工程的龙骨、连接件的材质、数量、规格、位置、连接方法和防腐处理应符合设计要求。金属板安装应牢固。

3)外墙金属板的防雷装置应与主体结构防雷装置可靠接通。

(5)塑料板安装工程质量控制要点。

1)塑料板的品种、规格、颜色和性能应符合设计要求及国家现行标准的有关规定。塑料饰面板的燃烧性能等级应符合设计要求。

2)塑料板安装工程的龙骨、连接件的材质、数量、规格、位置、连接方法和防腐处理应符合设计要求。塑料板安装应牢固。

**7. 饰面砖工程质量控制要点**

(1)内墙饰面砖粘贴工程质量控制要点。

1)内墙饰面砖的品种、规格、图案、颜色和性能应符合设计要求及国家现行标准的有关规定。

2)内墙饰面砖粘贴工程的找平、防水、粘结和填缝材料与施工方法应符合设计要求及国家现行标准的有关规定。

3)内墙饰面砖粘贴应牢固。

4)满粘法施工的内墙饰面砖应无裂缝,大面和阳角应无空鼓。

(2)外墙饰面板安装工程质量控制要点。

1)外墙饰面砖的品种、规格、图案、颜色和性能应符合设计要求及国家现行标准的有关规定。

2)外墙饰面砖粘贴工程的找平、防水、粘结、填缝材料与施工方法应符合设计要求及现行行业标准《外墙饰面砖工程施工及验收规程》(JGJ 126—2015)的规定。

3)外墙饰面砖粘贴工程的伸缩缝设置应符合设计要求。

4)外墙饰面砖粘贴应牢固。

5)外墙饰面砖工程应无空鼓、裂缝。

**8. 幕墙工程质量控制要点**

(1)玻璃幕墙工程质量要点。

1)玻璃幕墙工程所使用的各种材料、构件和组件的质量应符合设计要求及国家现行产品标准和工程技术规范的规定。

2)玻璃幕墙的造型和立面分格应符合设计要求。

3)玻璃幕墙使用的玻璃应符合下列规定:

①幕墙应使用安全玻璃,玻璃的品种、规格、颜色、光学性能及安装方向应符合设计要求。

②幕墙玻璃的厚度不应小于 6.0 mm。全玻幕墙肋玻璃的厚度不应小于 12 mm。

③幕墙的中空玻璃应采用双道密封。明框幕墙的中空玻璃应采用聚硫密封胶及丁基密封胶;隐框和半隐框幕墙的中空玻璃应采用硅酮结构密封胶及丁基密封胶;镀膜面应在中空玻璃的第 2 面或第 3 面上。

④幕墙的夹层玻璃应采用聚乙烯醇缩丁醛(PVB)胶片干法加工合成的夹层玻璃。点支承玻璃幕墙夹层玻璃的夹层胶片(PVB)厚度不应小于 0.76 mm。

⑤钢化玻璃表面不得有损伤;8.0 mm 以下的钢化玻璃应进行引爆处理。

⑥所有幕墙玻璃均应进行边缘处理。

4)玻璃幕墙与主体结构连接的各种预埋件、连接件、紧固件必须安装牢固,其数量、规格、位置、连接方法和防腐处理应符合设计要求。

5)各种连接件、紧固件的螺栓应有松动措施;焊接连接应符合设计要求和焊接规范的规定。

6)隐框或半隐框玻璃幕墙,每块玻璃下端应设置两个铝合金或不锈钢托条,其长度不应小于 100 mm,厚度不应小于 2 mm,托条外端应低于玻璃外表面 2 mm。

7)明框玻璃幕墙的玻璃安装应符合下列规定:

①玻璃槽口与玻璃的配合尺寸应符合设计要求和技术标准的规定。

②玻璃与构件不得直接接触,玻璃四周与构件凹槽底部应保持一定的空隙,每块玻璃下部应至少放置两块宽度与槽口宽度相同、长度不小于 100 mm 的弹性定位垫块;玻璃两边嵌入量及空隙应符合设计要求。

③玻璃四周橡胶条的材质、型号应符合设计要求,镶嵌应平整,橡胶条长度应比边框内槽长 1.5%~2.0%,橡胶条在转角处应斜面断开,并应用胶粘剂粘结牢固后嵌入槽内。

8)高度超过 4 m 的全玻幕墙应吊挂在主体结构上,吊夹具应符合设计要求,玻璃与玻璃、玻璃与玻璃肋之间的缝隙,应采用硅酮结构密封胶填嵌严密。

9)点支承玻璃幕墙应采用带万向头的活动不锈钢爪，其钢爪间的中心距离应大于250 mm。

10)玻璃幕墙四周、玻璃幕墙内表面与主体结构之间的连接节点、各种变形缝、墙角的连接节点应符合设计要求和技术标准的规定。

11)玻璃幕墙应无渗漏。

12)玻璃幕墙结构胶和密封胶的打注应饱满、密实、连续、均匀、无气泡，宽度和厚度应符合设计要求和技术标准的规定。

13)玻璃幕墙开启窗的配件应齐全，安装应牢固，安装位置和开启方向、角度应正确；开启应灵活，关闭应严密。

14)玻璃幕墙的防雷装置必须与主体结构的防雷装置可靠连接。

(2)石材幕墙工程质量控制要点。

1)石材幕墙工程所用材料的品种、规格、性能和等级应符合设计要求及国家现行产品标准和工程技术规范的规定。石材的弯曲强度不应小于8.0 MPa；吸水率应小于0.8%。石材幕墙的铝合金挂件厚度不应小于4.0 mm，不锈钢挂件厚度不应小于3.0 mm。

2)石材幕墙的造型、立面分格、颜色、光泽、光纹和图案应符合设计要求。

3)石材孔、槽的数量、深度、位置、尺寸应符合设计要求。

4)石材幕墙主体结构上的预埋件和后置埋件的位置、数量及后置埋件的拉拔力必须符合设计要求。

5)石材幕墙的金属框架立柱与主体结构预埋件的连接、立柱与横梁的连接、连接件与金属框架的连接、连接件与石材面板的连接必须符合设计要求，安装必须牢固。

6)金属框架和连接件的防腐处理应符合设计要求。

7)石材幕墙的防雷装置必须与主体结构防雷装置可靠连接。

8)石材幕墙的防火、保温、防潮材料的设置应符合设计要求，填充应密实、均匀、厚度一致。

9)各种结构变形缝、墙角的连接节点应符合设计要求和技术标准的规定。

10)石材表面和板缝的处理应符合设计要求。

11)石材幕墙的板缝注胶应饱满、密实、连续、均匀、无气泡，板缝宽度和厚度应符合设计要求与技术标准的规定。

12)石材幕墙应无渗漏。

(3)金属幕墙工程质量控制要点。

1)金属幕墙工程所使用的各种材料和配件应符合设计要求及国家现行产品标准和工程技术规范的规定。

2)金属幕墙的造型和立面分格应符合设计要求。

3)金属面板的品种、规格、颜色、光泽及安装方向应符合设计要求。

4)金属幕墙主体结构上的预埋件、后置埋件的数量、位置及后置埋件的拉拔力必须符合设计要求。

5)金属幕墙的金属框架立柱与主体结构预埋件的连接、立柱与横梁的连接、金属面板的安装必须符合设计要求，安装必须牢固。

6)金属幕墙的防火、保温、防潮材料的设置应符合设计要求，并应密实、均匀、厚度一致。

7)金属框架及连接件的防腐处理应符合设计要求。

8)金属幕墙的防雷装置必须与主体结构的防雷装置可靠连接。

9)各种变形缝、墙角的连接节点应符合设计要求和技术标准的规定。

10)金属幕墙的板缝注胶应饱满、密实、连续、均匀、无气泡,宽度和厚度应符合设计要求及技术标准的规定。

11)金属幕墙应无渗漏。

(4)人造板幕墙工程质量控制要点。

1)人造板材幕墙工程所用材料、构件和组件质量。

2)人造板材幕墙的造型、立面分格、颜色、光泽、花纹和图案。

3)人造板材幕墙主体结构上的埋件。

4)人造板材幕墙连接安装质量。

5)金属框架和连接件的防腐处理。

6)人造板材幕墙防雷装置。

7)人造板材幕墙的防火、保温、防潮材料的设置。

8)变形缝、墙角的连接节点。

9)有防水要求的人造板材幕墙防水效果。

### 9. 涂饰工程质量控制要点

(1)水性涂料涂饰工程质量控制要点。

1)水性涂料涂饰工程所用涂料的品种、型号和性能应符合设计要求及国家现行标准的有关规定。

2)水性涂料涂饰工程的颜色、光泽、图案应符合设计要求。

3)水性涂料涂饰工程应涂饰均匀、粘结牢固,不得漏涂、透底、开裂、起皮和掉粉。

4)水性涂料涂饰工程的基层处理应符合标准一般规定中的要求。

(2)溶剂型涂料涂饰工程质量控制要点。

1)溶剂型涂料涂饰工程所选用涂料的品种、型号和性能应符合设计要求及国家现行标准的有关规定。

2)溶剂型涂料涂饰工程的颜色、光泽、图案应符合设计要求。

3)溶剂型涂料涂饰工程应涂饰均匀、粘结牢固,不得漏涂、透底、开裂、起皮和反锈。

4)溶剂型涂料涂饰工程的基层处理应符合标准一般规定的要求。

(3)美术涂饰工程质量控制要点。

1)美术涂饰工程所用材料的品种、型号和性能应符合设计要求及国家现行标准的有关规定。

2)美术涂饰工程应涂饰均匀、粘结牢固,不得漏涂、透底、开裂、起皮、掉粉和返锈。

3)美术涂饰工程的基层处理应符合标准一般规定的要求。

4)美术涂饰工程的套色、花纹和图案应符合设计要求。

### 10. 裱糊与软包工程质量控制要点

(1)裱糊工程质量控制要点。

1)壁纸、墙布的种类、规格、图案、颜色和燃烧性能等级应符合设计要求及国家现行标准的有关规定。

2)裱糊工程基层处理质量应符合高级抹灰的要求。

3)裱糊后各幅拼接应横平竖直,拼接处花纹、图案应吻合,应不离缝、不搭接、不显拼缝。

4)壁纸、墙布应粘贴牢固，不得有漏贴、补贴、脱层、空鼓和翘边。

(2)软包工程质量控制要点。

1)软包工程的安装位置及构造做法应符合设计要求。

2)软包边框所选木材的材质、花纹、颜色和燃烧性能等级应符合设计要求及国家现行标准的有关规定。

3)软包衬板材质、品种、规格、含水率应符合设计要求。面料及内衬材料的品种、规格、颜色、图案及燃烧性能等级应符合国家现行标准的有关规定。

4)软包工程的龙骨、边框应安装牢固。

5)软包衬板与基层应连接牢固，无翘曲、变形，拼缝应平直，相邻板面接缝应符合设计要求，横向无错位拼接的分格应保持通缝。

**11. 楼地面工程质量控制要点**

(1)整体楼地面工程。

1)各种面层的材质、强度(配合比)和密实度必须符合设计要求和施工规范的规定。

2)面层与基层的结合必须牢固无空鼓。

3)细石混凝土、混凝土、钢屑水泥、菱苦土面层表面应密实光洁，无裂纹、脱皮、麻面和起砂等现象。

4)水泥砂浆面层表面应洁净，无裂纹、脱皮、麻面和起砂等现象。

5)水磨石面层表面应光滑；无裂纹、砂眼和磨纹；石粒密实、显露均匀；颜色、图案一致，不混色；分格条牢固，顺直并清晰。

6)碎拼大理石面层表面应颜色协调、间隙适宜、磨光一致，无裂缝、坑洼和磨纹。

7)沥青混凝土、沥青砂浆面层表面应密实，无裂缝、蜂窝等现象。

8)地漏和供排除液体用带有坡度的面层坡度应符合设计要求，不倒泛水，无积水。与地漏(管道)结合处应严密平顺，无渗漏。

9)踢脚线应高度一致，出墙厚度均匀，与墙面结合牢固，局部空鼓长度不超过200 mm。

10)楼梯踏步和台阶相邻两步的高度差不超过20 mm；齿角应整齐，防滑条顺直。

11)楼地面的镶边用料及尺寸符合设计要求和施工规范的规定，边角整齐光滑，不同颜色的邻接处不混色。

(2)板块楼地面工程。

1)板块面层所用板块的品种、质量必须符合设计要求；面层与基层的结合(粘结)必须牢固、无空鼓。

2)各种板块面层的表面应洁净，图案清晰，色泽一致，接缝均匀，周边顺直，板块无裂纹、掉角和缺棱现象。

3)地漏和供排除液体用面层的坡度应符合设计要求，不倒泛水，无积水，与地漏(管道)结合处应严密牢固，无渗漏。

4)踢脚线表面应洁净，接缝平整均匀，高度一致，结合牢固，出墙厚度适宜。

5)楼梯踏步和台阶缝隙应一致，相邻两步高差不超过15 mm，防滑条顺直。

6)楼地面镶边面层邻接处的镶边用料及尺寸符合设计要求和施工规范的规定，边角整齐、光滑。

(3)木质楼地面工程。

1)木质材质和铺设时的含水率必须符合《木结构工程施工质量验收规范》(GB 50206—2012)的有关规定。

2)木搁栅、毛地板和垫木等必须作防腐处理。木搁栅安装必须牢固、平直;在混凝土基层上铺设木搁栅时,其间距和稳固方法必须符合设计要求。

3)木质板面层必须铺钉牢固无松动,粘结牢固无空鼓。

4)木板和拼花木板面层表面应刨平磨光,无刨痕、戗茬和毛刺等现象;图案清晰;清油面层颜色均匀一致。

5)硬质纤维板面层表面图案应符合设计要求,板面无翘鼓。

6)木板面层板间接缝缝隙应严密,接头位置错开,表面洁净。

7)拼花木板板间接缝缝隙应对齐,粘、钉严密;缝隙宽度均匀一致;表面洁净,粘结无溢胶。

8)硬质纤维板板间接缝应均匀,无明显高差;表面洁净,粘结面层无溢胶。

9)踢脚线接缝严密,表面光滑,高度、出墙厚度一致。

**12. 细部工程质量控制要点**

(1)橱柜制作与安装工程质量控制要点。

1)橱柜制作与安装所用材料的材质和规格、木材的燃烧性能等级和含水率、花岗石的放射性及人造木板的甲醛含量应符合设计要求及国家现行标准的有关规定。

2)橱柜安装预埋件或后置埋件的数量、规格、位置应符合设计要求。

3)橱柜的造型、尺寸、安装位置、制作和固定方法应符合设计要求。橱柜安装必须牢固。

4)橱柜配件的品种、规格应符合设计要求。配件应齐全,安装应牢固。

5)橱柜的抽屉和柜门应开关灵活、回位正确。

(2)窗帘盒、窗台板和散热器罩制作与安装工程质量控制要点。

1)窗帘盒、窗台板和散热器罩制作与安装所使用材料的材质和规格、木材的燃烧性能等级和含水率、花岗石的放射性及人造木板的甲醛含量应符合设计要求及国家现行标准的有关规定。

2)窗帘盒、窗台板和散热器罩的造型、规格、尺寸、安装位置和固定方法必须符合设计要求。窗帘盒、窗台板和散热器罩的安装必须牢固。

3)窗帘盒配件的品种、规格应符合设计要求,安装应牢固。

(3)门窗套制作与安装工程质量控制要点。

1)门窗套制作与安装所使用材料的材质、规格、花纹和颜色,木材的燃烧性能等级和含水率,花岗石的放射性与人造木板的甲醛含量应符合设计要求及国家现行标准的有关规定。

2)门窗套的造型、尺寸和固定方法应符合设计要求,安装应牢固。

(4)护栏和扶手制作与安装工程质量控制要点。

1)护栏和扶手制作与安装所使用材料的材质、规格、数量和木材、塑料的燃烧性能等级应符合设计要求。

2)护栏和扶手的造型、尺寸及安装位置应符合设计要求。

3)护栏和扶手安装预埋件的数量、规格、位置及护栏与预埋件的连接节点应符合设计要求。

4)护栏高度、栏杆间距、安装位置必须符合设计要求。护栏安装必须牢固。

5)护栏玻璃应使用公称厚度不小于12 mm 的钢化玻璃或钢化夹层玻璃。当护栏一侧距楼地面高度为5 m 及以上时,应使用钢化夹层玻璃。

(5)花饰制作与安装工程质量控制要点。

1)花饰制作与安装所使用材料的材质、规格应符合设计要求。

2)花饰的造型、尺寸应符合设计要求。

3)花饰的安装位置和固定方法必须符合设计要求,安装必须牢固。

# 4.5 建筑节能工程施工质量控制要点

**1. 建筑节能技术与管理**

(1)施工现场应建立相应的质量管理体系及施工质量控制与检验制度。

(2)当工程设计变更时,建筑节能性能不得降低,且不得低于国家现行有关建筑节能设计标准的规定。

(3)建筑节能工程采用的新技术、新工艺、新材料、新设备应按照有关规定进行评审、鉴定。施工前应对新采用的施工工艺进行评价,并制定专项施工方案。

(4)单位工程施工组织设计应包括建筑节能工程的施工内容。建筑节能工程施工前,施工单位应编制建筑节能工程专项施工方案。施工单位应对从事建筑节能工程施工作业的人员进行技术交底和必要的实际操作培训。

(5)用于建筑节能工程质量验收的各项检测,应由具备相应资质的检测机构承担。

**2. 建筑节能材料与设备**

(1)建筑节能工程使用的材料、构件和设备等,必须符合设计要求及国家现行标准的有关规定,严禁使用国家明令禁止与淘汰的材料和设备。

(2)公共机构建筑和政府出资的建筑工程应选用通过建筑节能产品认证或具有节能标识的产品;其他建筑工程宜选用通过建筑节能产品认证或具有节能标识的产品。

(3)材料、构件和设备进场验收应符合下列规定:

1)应对材料、构件和设备的品种、规格、包装、外观等进行检查验收,并应形成相应的验收记录。

2)应对材料、构件和设备的质量证明文件进行核查,核查记录应纳入工程技术档案。进入施工现场的材料、构件和设备均应具有出厂合格证、中文说明书及相关性能检测报告。

3)涉及安全、节能、环境保护和主要使用功能的材料、构件和设备,应按标准规定在施工现场随机抽样复验,复验应为见证取样检验。当复验的结果不合格时,该材料、构件和设备不得使用。

4)在同一工程项目中,同厂家、同类型、同规格的节能材料、构件和设备,当获得建筑节能产品认证、具有节能标识或连续三次见证取样检验均一次检验合格时,其检验批的容量可扩大一倍,且仅可扩大一倍。扩大检验批后的检验中出现不合格情况时,应按扩大前的检验批重新验收,且该产品不得再次扩大检验批容量。

(4)检验批抽样样本应随机抽取,并应满足分布均匀、具有代表性的要求。

(5)涉及建筑节能效果的定型产品、预制构件,以及采用成套技术现场施工安装的工程，相关单位应提供型式检验报告。当无明确规定时，型式检验报告的有效期不应超过2年。

(6)建筑节能工程使用材料的燃烧性能和防火处理应符合设计要求，并应符合现行国家标准《建筑设计防火规范(2018年版)》(GB 50016—2014)和《建筑内部装修设计防火规范》(GB 50222—2017)的规定。

(7)建筑节能工程使用的材料应符合国家现行有关标准对材料有害物质限量的规定，不得对室内外环境造成污染。

(8)现场配制的保温浆料、聚合物砂浆等材料，应按设计要求或试验室给出的配合比配制。当未给出要求时，应按照专项施工方案和产品说明书配制。

(9)节能保温材料在施工使用时的含水率应符合设计、施工工艺及施工方案要求。当无上述要求时，节能保温材料在施工使用时的含水率不应大于正常施工环境湿度下的自然含水率。

**3. 建筑节能施工与控制**

(1)建筑节能工程应按照经审查合格的设计文件和经审查批准的专项施工方案施工，各施工工序应严格执行并按施工技术标准进行质量控制，每道施工工序完成后，经施工单位自检符合要求后，可进行下道工序施工。各专业工种之间的相关工序应进行交接检验，并应记录。

(2)建筑节能工程施工前，对于采用相同建筑节能设计的房间和构造做法，应在现场采用相同材料和工艺制作样板间或样板件，经有关各方确认后方可进行施工。

(3)使用有机类材料的建筑节能工程施工过程中，应采取必要的防火措施，并应制定火灾应急预案。

(4)建筑节能工程的施工作业环境和条件应符合国家现行相关标准的规定和施工工艺的要求。节能保温材料不宜在雨、雪天气中露天施工。

**4. 墙体节能工程质量控制要点**

(1)墙体节能工程使用的材料、构件应进行进场验收，验收结果应经监理工程师检查认可，且应形成相应的验收记录。各种材料和构件的质量证明文件与相关技术资料应齐全，并应符合设计要求和国家现行有关标准的规定。

(2)墙体节能工程使用的材料、产品进场时，应对其下列性能进行复验，复验应为见证取样检验：

1)保温隔热材料的导热系数或热阻、密度、压缩强度或抗压强度、垂直于板面方向的抗拉强度、吸水率、燃烧性能(不燃材料除外)。

2)复合保温板等墙体节能定型产品的传热系数或热阻、单位面积质量、拉伸粘结强度、燃烧性能(不燃材料除外)。

3)保温砌块等墙体节能定型产品的传热系数或热阻、抗压强度、吸水率。

4)反射隔热材料的太阳光反射比，半球发射率。

5)粘结材料的拉伸粘结强度。

6)抹面材料的拉伸粘结强度、压折比。

7)增强网的力学性能、抗腐蚀性能。

(3)外墙外保温工程应采用预制构件、定型产品或成套技术，并应由同一供应商提供配套的组成材料和型式检验报告。型式检验报告中应包括耐候性和抗风压性能检验项目及配套组成材料的名称、生产单位、规格型号与主要性能参数。

(4)严寒和寒冷地区外保温使用的抹面材料,其冻融试验结果应符合该地区最低气温环境的使用要求。

(5)墙体节能工程施工前应按照设计和专项施工方案的要求对基层进行处理,处理后的基层应符合要求。

(6)墙体节能工程各层构造做法应符合设计要求,并应按照经过审批的专项施工方案施工。

(7)墙体节能工程的施工质量,必须符合下列规定:

1)保温隔热材料的厚度不得低于设计要求。

2)保温板材与基层之间及各构造层之间的粘结或连接必须牢固。保温板材与基层的连接方式、拉伸粘结强度和粘结面积比应符合设计要求。保温板材与基层之间的拉伸粘结强度应进行现场拉拔试验,且不得在界面破坏。粘结面积比应进行剥离检验。

3)当采用保温浆料做外保温时,厚度大于 20 mm 的保温浆料应分层施工。保温浆料与基层之间及各层之间的粘结必须牢固,不应脱层、空鼓和开裂。

4)当保温层采用锚固件固定时,锚固件数量、位置、锚固深度、胶结材料性能和锚固力应符合设计与施工方案的要求;保温装饰板的锚固件应使其装饰面板可靠固定;锚固力应做现场拉拔试验。

(8)外墙采用预置保温板现场浇筑混凝土墙体时,保温板的安装位置应正确,接缝应严密;保温板应固定牢固,在浇筑混凝土过程中不应移位、变形;保温板表面应采取界面处理措施,与混凝土粘结应牢固。

(9)外墙采用保温浆料做保温层时,应在施工中制作同条件试件,检测其导热系数、干密度和抗压强度。保温浆料的试件应见证取样检验。

(10)墙体节能工程各类饰面层的基层及面层施工,应符合设计且应符合现行国家标准《建筑装饰装修工程质量验收标准》(GB 50210—2018)的规定,并应符合下列规定:

1)饰面层施工前应对基层进行隐蔽工程验收。基层应无脱层、空鼓和裂缝,并应平整、洁净,含水率应符合饰面层施工的要求。

2)外墙外保温工程不宜采用粘贴饰面砖作饰面层;当采用时,其安全性与耐久性必须符合设计要求。饰面砖应做粘结强度拉拔试验,试验结果应符合设计和有关标准的规定。

3)外墙外保温工程的饰面层不得渗漏。当外墙外保温工程的饰面层采用饰面板开缝安装时,保温层表面应覆盖具有防水功能的抹面层或采取其他防水措施。

4)外墙外保温层及饰面层与其他部位交接的收口处,应采取防水措施。

(11)保温砌块砌筑的墙体,应采用配套砂浆砌筑。砂浆的强度等级及导热系数应符合设计要求。砌体灰缝饱满度不应低于80%。

(12)采用预制保温墙板现场安装的墙体,应符合下列规定:

1)保温墙板的结构性能、热工性能及与主体结构的连接方法应符合设计要求,与主体结构连接必须牢固;

2)保温墙板的板缝处理、构造节点及嵌缝做法应符合设计要求;

3)保温墙板板缝不得渗漏。

(13)外墙采用保温装饰板时,应符合下列规定:

1)保温装饰板的安装构造、与基层墙体的连接方法应符合设计要求,连接必须牢固。

2)保温装饰板的板缝处理、构造节点做法应符合设计要求。

3)保温装饰板板缝不得渗漏。

4)保温装饰板的锚固件应将保温装饰板的装饰面板固定牢固。

(14)采用防火隔离带构造的外墙外保温工程施工前编制的专项施工方案应符合现行行业标准《建筑外墙外保温防火隔离带技术规程》(JGJ 289—2012)的规定,并应制作样板墙,其采用的材料和工艺应与专项施工方案相同。

(15)防火隔离带组成材料应与外墙外保温组成材料相配套。防火隔离带宜采用工厂预制的制品现场安装,并应与基层墙体可靠连接,防火隔离带面层材料应与外墙外保温一致。

(16)建筑外墙外保温防火隔离带保温材料的燃烧性能等级应为A级,并应符合建筑节能工程施工质量验收标准的规定。

(17)墙体内设置的隔汽层,其位置、材料及构造做法应符合设计要求。隔汽层应完整、严密,穿透隔汽层处应采取密封措施。隔汽层凝结水排水构造应符合设计要求。

(18)外墙和毗邻不供暖空间墙体上的门窗洞口四周墙的侧面,墙体上凸窗四周的侧面,应按设计要求采取节能保温措施。

(19)严寒和寒冷地区外墙热桥部位,应按设计要求采取隔断热桥措施。

**5. 幕墙节能工程质量控制要点**

(1)幕墙节能工程使用的材料、构件应进行进场验收,验收结果应经监理工程师检查认可,且应形成相应的验收记录。各种材料和构件的质量证明文件与相关技术资料应齐全,并应符合设计要求和国家现行标准的有关规定。

(2)幕墙(含采光顶)节能工程使用的材料、构件进场时,应对其下列性能进行复验,复验应为见证取样检验。

1)保温隔热材料的导热系数或热阻、密度、吸水率、燃烧性能(不燃材料除外)。

2)幕墙玻璃的可见光透射比、传热系数、遮阳系数,中空玻璃的密封性能。

3)隔热型材的抗拉强度、抗剪强度。

4)透光、半透光遮阳材料的太阳光透射比、太阳光反射比。

(3)幕墙的气密性能应符合设计规定的等级要求。密封条应镶嵌牢固、位置正确、对接严密。单元式幕墙板块之间的密封应符合设计要求。开启部分关闭应严密。

(4)建筑幕墙的传热系数、遮阳系数均应符合设计要求。幕墙工程热桥部位的隔断热桥措施应符合设计要求,隔断热桥节点的连接应牢固。

(5)幕墙节能工程使用的保温材料,其厚度应符合设计要求,安装应牢固,不得松脱。

(6)幕墙遮阳设施安装位置、角度应满足设计要求。遮阳设施安装应牢固,并满足维护检修的荷载要求。外遮阳设施应满足抗风的要求。

(7)幕墙隔汽层应完整、严密、位置正确,穿透隔汽层处应采取密封措施。

(8)幕墙保温材料应与幕墙面板或基层墙体可靠粘结或锚固,有机保温材料应采用非金属不燃材料作防护层,防护层应将保温材料完全覆盖。

(9)建筑幕墙与基层墙体、窗间墙、窗槛墙及裙墙之间的空间,应在每层楼板处和防火分区隔离部位采用防火封堵材料封堵。

(10)幕墙可开启部分开启后的通风面积应满足设计要求。幕墙通风器的通道应通畅、尺寸满足设计要求,开启装置应能顺畅开启和关闭。

(11)凝结水的收集和排放应通畅,并不得渗漏。

(12)采光屋面的可开启部分应按建筑节能工程施工质量验收标准的要求验收。采光屋面的安装应牢固,坡度正确,封闭严密,不得渗漏。

**6. 门窗节能工程质量控制要点**

(1)建筑门窗节能工程使用的材料、构件应进行进场验收,验收结果应经监理工程师检查认可,且应形成相应的验收记录。各种材料和构件的质量证明文件与相关技术资料应齐全,并应符合设计要求和国家现行标准的有关规定。

(2)门窗(包括天窗)节能工程使用的材料、构件进场时,应按工程所处的气候区核查质量证明文件、节能性能标识证书、门窗节能性能计算书、复验报告,并应对下列性能进行复验,复验应为见证取样检验:

1)严寒、寒冷地区:门窗的传热系数、气密性能;

2)夏热冬冷地区:门窗的传热系数气密性能,玻璃的遮阳系数、可见光透射比;

3)夏热冬暖地区:门窗的气密性能,玻璃的遮阳系数、可见光透射比;

4)严寒、寒冷、夏热冬冷和夏热冬暖地区:透光、部分透光遮阳材料的太阳光透射比、太阳光反射比,中空玻璃的密封性能。

(3)金属外门窗框的隔断热桥措施应符合设计要求和产品标准的规定,金属附框应按照设计要求采取保温措施。

(4)外门窗框或附框与洞口之间的间隙应采用弹性闭孔材料填充饱满,并进行防水密封,夏热冬暖地区、温和地区当采用防水砂浆填充间隙时,窗框与砂浆间应用密封胶密封;外门窗框与附框之间的缝隙应使用密封胶密封。

(5)严寒和寒冷地区的外门应按照设计要求采取保温、密封等节能措施。

(6)外窗遮阳设施的性能、位置、尺寸应符合设计和产品标准要求;遮阳设施的安装应位置正确、牢固,满足安全和使用功能的要求。

(7)用于外门的特种门的性能应符合设计和产品标准要求;特种门安装中的节能措施,应符合设计要求。

(8)天窗安装的位置、坡向、坡度应正确,封闭严密,不得渗漏。

(9)通风器的尺寸、通风量等性能应符合设计要求;通风器的安装位置应正确,与门窗型材间的密封应严密,开启装置应能顺畅开启和关闭。

**7. 屋面节能工程质量控制要点**

(1)屋面节能工程使用的保温隔热材料、构件应进行进场验收,验收结果应经监理工程师检查认可,且应形成相应的验收记录。各种材料和构件的质量证明文件与相关技术资料应齐全,并应符合设计要求和国家现行标准的有关规定。

(2)屋面节能工程使用的材料进场时,应对其下列性能进行复验,复验应为见证取样检验:

1)保温隔热材料的导热系数或热阻、密度、压缩强度或抗压强度、吸水率、燃烧性能(不燃材料除外);

2)反射隔热材料的太阳光反射比、半球发射率。

(3)屋面保温隔热层的敷设方式、厚度、缝隙填充质量及屋面热桥部位的保温隔热做法,应符合设计要求和有关标准的规定。

(4)屋面的通风隔热架空层,其架空高度、安装方式、通风口位置及尺寸应符合设计及有关标准要求。架空层内不得有杂物。架空面层应完整,不得有断裂和露筋等缺陷。

(5)屋面隔汽层的位置、材料及构造做法应符合设计要求,隔汽层应完整、严密,穿透隔汽层处应采取密封措施。

(6)坡屋面、架空屋面内保温应采用不燃保温材料,保温层做法应符合设计要求。

(7)当采用带铝箔的空气隔层做隔热保温屋面时,其空气隔层厚度、铝箔位置应符合设计要求。空气隔层内不得有杂物,铝箔应铺设完整。

(8)种植植物的屋面,其构造做法与植物的种类、密度、覆盖面积等应符合设计及相关标准要求,植物的种植与维护不得损害节能效果。

(9)采用有机类保温隔热材料的屋面,防火隔离措施应符合设计和现行国家标准《建筑设计防火规范(2018年版)》(GB 50016—2014)的规定。

(10)金属板保温夹芯屋面应铺装牢固、接口严密、表面洁净、坡向正确。

**8. 地面节能工程质量控制要点**

(1)用于地面节能工程的保温材料、构件应进行进场验收,验收结果应经监理工程师检查认可,且应形成相应的验收记录。各种材料和构件的质量证明文件与相关技术资料应齐全,并应符合设计要求和国家现行标准的有关规定。

(2)地面节能工程使用的保温材料进场时,应对其导热系数或热阻、密度、压缩强度或抗压强度、吸水率、燃烧性能(不燃材料除外)等性能进行复验,复验应为见证取样检验。

(3)地下室顶板和架空楼板底面的保温隔热材料应符合设计要求,并应粘贴牢固。

(4)地面节能工程施工前,基层处理应符合设计和专项施工方案的有关要求。

(5)地面保温层、隔离层、保护层等各层的设置和构造做法应符合设计要求,并应按专项施工方案施工。

(6)地面节能工程的施工质量应符合下列规定:

1)保温板与基层之间、各构造层之间的粘结应牢固,缝隙应严密;

2)穿越地面到室外的各种金属管道应按设计要求采取保温隔热措施。

(7)有防水要求的地面,其节能保温做法不得影响地面排水坡度,防护面层不得渗漏。

(8)严寒和寒冷地区,建筑首层直接接触土壤的地面、底面直接接触室外空气的地面、毗邻不供暖空间的地面及供暖地下室与土壤接触的外墙应按设计要求采取保温措施。

(9)保温层的表面防潮层、保护层应符合设计要求。

**9. 围护结构现场实体检验质量控制要点**

(1)建筑围护结构节能工程施工完成后,应对围护结构的外墙节能构造和外窗气密性能进行现场实体检验。

(2)建筑外墙节能构造的现场实体检验应包括墙体保温材料的种类、保温层厚度和保温构造做法。检验方法宜选用钻芯检验方法,当条件具备时,也可直接进行外墙传热系数或热阻检验。当钻芯检验方法不适用时,应进行外墙传热系数或热阻检验。

(3)建筑外窗气密性能现场实体检验的方法应符合国家现行标准的有关规定,下列建筑的外窗应进行气密性能实体检验:

1)严寒、寒冷地区建筑。

2)夏热冬冷地区高度大于或等于24 m的建筑和有集中供暖或供冷的建筑。

3)其他地区有集中供冷或供暖的建筑。

(4)外墙节能构造和外窗气密性能现场实体检验的抽样数量应符合下列规定:

1)外墙节能构造实体检验应按单位工程进行,每种节能构造的外墙检验不得少于3处,每处检查一个点;传热系数检验数量应符合国家现行有关标准的要求。

2)外窗气密性能现场实体检验应按单位工程进行,每种材质、开启方式、型材系列的外窗检验不得少于3樘。

  3)同工程项目、同施工单位且同期施工的多个单位工程，可合并计算建筑面积；每30 000 m²可视为一个单位工程进行抽样，不足30 000 m²也视为一个单位工程。

  4)实体检验的样本应在施工现场由监理单位和施工单位随机抽取，且应分布均匀、具有代表性，不得预先确定检验位置。

  (5)外墙节能构造钻芯检验应由监理工程师见证，可由建设单位委托有资质的检测机构实施，也可由施工单位实施。

  (6)当对外墙传热系数或热阻检验时，应由监理工程师见证，由建设单位委托具有资质的检测机构实施；其检测方法、抽样数量、检测部位和合格判定标准等可按照相关标准确定，并在合同中约定。

  (7)外窗气密性能的现场实体检验应由监理工程师见证，由建设单位委托有资质的检测机构实施。

  (8)当外墙节能构造或外窗气密性能现场实体检验结果不符合设计要求和标准规定时，应委托有资质的检测机构扩大一倍数量抽样，对不符合要求的项目或参数进行再次检验。仍然不符合要求时应给出"不符合设计要求"的结论，并应符合下列规定：

  1)对于不符合设计要求的围护结构节能构造应查找原因，对因此造成的对建筑节能的影响程度进行计算或评估，采取技术措施予以弥补或消除后重新进行检测，合格后方可通过验收。

  2)对于建筑外窗气密性能不符合设计要求和国家现行标准规定的，应查找原因，经过整改使其达到要求后重新进行检测，合格后方可通过验收。

## 项目小结

  地基与基础工程根据基坑深度、气候条件、土质情况和周遍位置建筑情况，合理选用基坑支护形式。砂浆护坡、锚杆护坡、预应力锚杆护坡和排桩护坡等护坡的施工质量要符合相应规范和规定。合理排放坡顶和基坑的水，坡面和坡顶的水得到有效排放，能较好地维护土质结构。

  钢筋原材进场必须按照规范要求进行验收，钢筋品牌、规格型号等必须符合合同要求。对进场钢筋进行现场建设单位、监理单位、施工单位见证取样，待复试报告合格后下发材料使用许可证。

  模板施工之前，要求施工单位进行模板专项设计，如对模板材料选用、排板、模板整体和支撑系统刚度、稳定性等进行设计，应进行认真审核，重点审核支撑体系刚度、稳定性，墙、柱、梁侧模对拉螺栓的选型布置等设计是否可靠，并以此为依据检查模板施工。

  在混凝土浇筑过程中，必须按照要求安排全程旁站。

  建筑砂浆搅拌现场必须悬挂配合比报告，并配置磅秤，工人在操作过程中严格按配合比进行搅拌，水泥砂浆必须在3 h(2 h)内用完，严禁使用隔夜砂浆进行砌筑。

  钢结构安装应按施工组织设计进行，安装顺序必须保证结构的稳定性和不导致永久变形。

  玻璃幕墙工程所使用的各种材料、构件和组件的质量，应符合设计要求及国家现行产品标准和工程技术规范的规定。

根据建筑工程材料抽检的相关规定，外保温系统中保温板材需委托具有相应资质的检测机构进行现场抽检，除抽检外，同时用满足规范规定。

## 复习思考题

4—1 基坑支护质量控制要点有哪些？
4—2 地基降排水质量控制要点有哪些？
4—3 灌注桩施工控制要点有哪些？
4—4 钢筋绑扎与安装质量控制要点有哪些？
4—5 模板工程质量控制要点有哪些？
4—6 混凝土工程质量控制要点有哪些？
4—7 砌体工程质量控制要点有哪些？
4—8 防水层施工质量控制要点有哪些？
4—9 一般抹灰工程质量控制要点有哪些？
4—10 整体面层吊顶工程质量控制要点有哪些？
4—11 玻璃幕墙工程质量要点有哪些？
4—12 板块楼地面工程质量控制要点有哪些？
4—13 涂饰工程施工质量控制要点有哪些？
4—14 木门窗工程质量控制要点有哪些？
4—15 轻质隔墙工程质量控制要点有哪些？
4—16 墙体节能工程质量控制要点有哪些？
4—17 幕墙节能工程质量控制要点有哪些？
4—18 屋面节能工程质量控制要点有哪些？

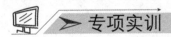

## 制定建筑工程各分部质量控制要点

**实训目的**：体验建筑工程质量控制氛围，熟悉建筑工程各分部质量控制要点。

**材料准备**：①施工图纸。
②质量计划。
③施工组织设计。
④规范、标准、图集等辅助资料。
⑤分小组熟悉各分部工程的质量要求。

**实训步骤**：划分小组→分配工作任务→进行图纸、资料的审核→进行分部工程质量控制要点的制定→完成任务，提交成果。

**实训结果**：①熟悉建筑工程各分部工程的质量要求。

②掌握建筑工程各分部工程的质量控制要点的制定。
③编制质量控制计划。
注意事项：①学生角色扮演真实。
②任务分工合理。
③充分发挥学生的积极性、主动性与创造性。

# 项目 5　建筑工程项目质量验收

**项目描述**

本项目主要介绍建筑工程施工过程的质量验收、竣工质量验收、竣工资料、竣工验收管理、项目产品回访与保修等内容。

建筑工程
项目质量验收

**学习目标**

通过本项目的学习，学生能够熟悉建筑工程施工过程的质量验收、竣工质量验收、竣工资料、竣工验收管理，了解建筑工程项目的产品回访与保修。

**素质目标**

建筑工程质量验收是工程项目的最终质量评定环节，包括施工过程质量验收和竣工验收。通过本项目的学习，要求学生对各环节质量验收工作过程的掌握，培养学生的质量意识和责任感，以及对工程质量严肃认真的工作态度。

**项目导入**

竣工验收阶段是工程项目建设全过程的终结阶段，当工程项目按设计文件及工程合同的规定内容全部施工完毕后，便可组织验收。通过竣工验收，移交工程项目产品，对项目成果进行总结、评价，交接工程档案资料，进行竣工结算，终止工程施工合同，结束工程项目实施活动及过程，完成工程项目管理的全部任务。

## 5.1　建筑工程施工过程的质量验收

工程项目质量验收，应将项目划分为单位（子单位）工程、分部（子分部）工程、分项工程和检验批进行验收。施工过程质量验收主要是指检验批和分项、分部工程的质量验收。

施工过程的质量验收

**1. 施工过程质量验收的内容**

《建筑与市政工程施工质量控制通用规范》（GB 55032—2022）与各个专业工程施工质量验收规范，明确规定了各分项工程的施工质量的基本要求，规定了分项工程检验批的抽查办法和抽查数量，规定了检验批主控项目、一般项目的检查内容和允许偏差，规定了对主控项目、一般项目的检验方法，规定了各分部工程验收的方法和需要的技术资料等，同

建筑工程施工质量
验收统一标准

时，对涉及人民生命财产安全、人身健康、环境保护和公共利益的内容以强制性条文作出规定，要求必须坚决、严格遵照执行。

建筑工程质量验收的基本规则：

(1)验收均应在施工单位自检合格的基础上进行。

(2)参加工程施工质量验收的各方人员应具备相应的资格。

(3)检验批的质量应按主控项目和一般项目验收。

(4)对涉及结构安全、节能、环境保护和主要使用功能的试块、试件及材料，应在进场时或施工中按规定进行见证检验。

检验批和分项工程是质量验收的基本单元；分部工程是在所含全部分项工程验收的基础上进行验收的，在施工过程中随完工随验收，并留下完整的质量验收记录和资料；单位工程作为具有独立使用功能的完整的建筑产品，进行竣工质量验收。

施工过程的质量验收包括以下验收环节，通过验收后留下完整的质量验收记录和资料，为工程项目竣工质量验收提供依据：

(1)检验批质量验收。所谓检验批，是指"按同一生产条件或按规定的方式汇总起来供检验用的，由一定数量样本组成的检验体"。检验批可根据施工及质量控制和专业验收需要按楼层、施工段、变形缝等进行划分。检验批是工程验收的最小单位，是分项工程乃至整个建筑工程质量验收的基础。

检验批应由专业监理工程师组织施工单位项目专业质量检查员、专业工长等进行验收。

检验批质量应按主控项目和一般项目验收，并应符合下列规定：

1)主控项目和一般项目的确定应符合国家现行强制性工程建设规范和现行相关标准的规定。

2)主控项目的质量经抽样检验应全部合格。

3)一般项目的质量应符合国家现行相关标准的规定。

4)应具有完整的施工操作依据和质量验收记录。

主控项目是指建筑工程中对安全、节能、环境保护和主要使用功能起决定性作用的检验项目。主控项目的验收必须从严要求，不允许有不符合要求的检验结果，主控项目的检查具有否决权。除主控项目以外的检验项目称为一般项目。

(2)分项工程质量验收。分项工程的质量验收应在检验批验收的基础上进行。一般情况下，两者具有相同或相近的性质，只是批量的大小不同而已。分项工程可由一个或若干个检验批组成。

分项工程应由专业监理工程师组织施工单位项目专业技术负责人等进行验收。

分项工程质量验收合格应符合下列规定：

1)分项工程所含的检验批均应符合合格质量的规定。

2)分项工程所含的检验批的质量验收记录应完整。

(3)分部工程质量验收。分部工程的质量验收在其所含各分项工程验收的基础上进行。

分部工程应由总监理工程师组织施工单位项目负责人和项目技术负责人等进行验收。勘察、设计单位项目负责人和施工单位技术、质量部门负责人应参加地基与基础分部工程的验收。设计单位项目负责人和施工单位技术、质量部门负责人应参加主体结构、节能分部工程的验收。

分部(子分部)工程质量验收合格应符合下列规定：
1)分部(子分部)工程所含分项工程的质量均应验收合格。
2)质量控制资料应完整。
3)有关安全、节能、环境保护和主要使用功能的抽样检测结果应符合相应规定。
4)观感质量验收应符合要求。

必须注意的是，由于分部工程所含的各分项工程性质不同，因此，它并不是在所含分项验收基础上的简单相加，即所含分项验收合格且质量控制资料完整，只是分部工程质量验收的基本条件，还必须在此基础上对涉及安全和使用功能的地基基础、主体结构、有关安全及重要使用功能的安装分部工程进行见证取样试验或抽样检测，而且还需要对其观感质量进行验收，并综合给出质量评价，对于评价为"差"的检查点，应通过返修处理等进行补救。

**2. 施工过程质量验收不合格的处理**

施工过程的质量验收是以检验批的施工质量为基本验收单元。当检验批施工质量不符合验收标准时，应按下列规定进行处理：

(1)经返工或返修的检验批，应重新进行验收。
(2)经有资质的检测机构检测能够达到设计要求的检验批，应予以验收。
(3)经有资质的检测机构检测达不到设计要求，但经原设计单位核算认可能够满足安全和使用功能的检验批，应予以验收。

## 5.2 建筑工程竣工质量验收

项目竣工质量验收是施工质量控制的最后一个环节，是对施工过程质量控制成果的全面检验，是从终端把关方面进行质量控制。未经验收或验收不合格的工程，不得交付使用。

**1. 竣工验收的概念**

(1)项目竣工。工程项目竣工是指工程项目经过承建单位的准备和实施活动，已完成了项目承包合同规定的全部内容，并符合发包单位的意图，达到了使用的要求，它标志着工程项目建设任务的全面完成。

(2)竣工验收。竣工验收是工程项目建设环节的最后一道程序，是全面检验工程项目是否符合设计要求和工程质量检验标准的重要环节，也是检查工程承包合同执行情况、促进建设项目交付使用的必然途径。我国《建设工程项目管理规范》(GB/T 50326—2017)对施工项目竣工验收的解释为"施工项目竣工验收是承包人按照施工合同的约定，完成设计文件和施工图纸规定的工程内容，经发包人组织竣工验收及工程移交的过程"。

(3)竣工验收的主体与客体。工程项目竣工验收的主体有交工主体和验收主体两方面，交工主体是承包人，验收主体是发包人，两者均是竣工验收行为的实施者，是互相依附而存在的。工程项目竣工验收的客体应是设计文件规定、施工合同约定的特定工程对象，即工程项目本身。在竣工验收过程中，应严格规范竣工验收双方主体的行为。对工程项目实行竣工验收制度是确保我国基本建设项目顺利投入使用的法律要求。

**2. 竣工质量验收的依据**

(1)国家相关法律法规和建设主管部门颁布的管理条例和办法。

(2)工程施工质量验收统一标准。

(3)专业工程施工质量验收规范。

(4)批准的设计文件、施工图纸及说明书。

(5)工程施工承包合同。

(6)其他相关文件。

**3. 竣工验收的条件**

竣工验收的工程项目必须具备规定的交付竣工验收条件:

(1)设计文件和合同约定的各项施工内容已经施工完毕。具体来说:

1)民用建筑工程完工后,承包人按照施工及验收规范和质量检验标准进行自检,不合格品已自行返修或整改,达到验收标准。水、电、暖、设备、智能化、电梯经过试验,符合使用要求。

2)工业项目的各种管道设备、电气、空调、仪表、通信等专业施工内容已全部安装结束,已做完清洁、试压、吹扫、油漆、保温等,经过试运转,全部符合工业设备安装施工及验收规范和质量标准的要求。

3)其他专业工程按照合同的规定和施工图规定的工程内容全部施工完毕,已达到相关专业技术标准,质量验收合格,达到了交工的条件。

(2)有完整并经核定的工程竣工资料,符合验收规定。

(3)有勘察、设计、施工、监理等单位签署确认的工程质量合格文件。

工程施工完毕,勘察、设计、施工监理单位已按各自的质量责任和义务,签署了工程质量合格文件。

(4)有工程使用的主要建筑材料、构配件、设备进场的证明及试验报告。

1)现场使用的主要建筑材料(水泥、钢材、砖、砂、沥青等)应有材质合格证,必须有符合国家标准、规范要求的抽样试验报告。

2)混凝土预制构件、钢构件、木构件等应有生产单位的出厂合格证。

3)混凝土、砂浆等施工试验报告,应按施工及验收规范和设计规定的要求取样。

4)设备进场必须开箱检验,并有出厂质量合格证,检验完毕要如实做好各种进场设备的检查验收记录。

(5)有施工单位签署的工程质量保修书。

**4. 竣工质量验收的要求**

(1)建筑工程施工质量应符合标准和相关专业验收规范的规定。

(2)建筑工程施工应符合工程勘察、设计文件的要求。

(3)参加工程施工质量验收的各方人员应具备规定的资格。

(4)工程质量的验收均应在施工单位自行检查评定的基础上进行。

(5)隐蔽工程在隐蔽前应由施工单位通知有关单位进行验收,并应形成验收文件。

(6)涉及结构安全的试块、试件以及有关材料,应按规定进行见证取样检测。

(7)检验批的质量应按主控项目和一般项目验收。

(8)对涉及结构安全、节能、环境保护和使用功能的重要分部工程,应进行抽样检测。

(9)承担见证取样检测及有关结构安全检测的单位应具有相应资质。
(10)工程的观感质量应由验收人员进行现场检查,并应共同确认。

5. 竣工质量验收的标准

(1)达到合同约定的工程质量标准。建设工程合同一经签订,即具有法律效力,对发承包双方都具有约束作用。合同约定的质量标准具有强制性,合同的约束作用规范了发承包双方的质量责任和义务,承包人必须确保工程质量达到双方约定的质量标准,不合格不得交付验收和使用。

(2)符合单位工程质量竣工验收的合格标准。符合国家标准《建筑工程施工质量验收统一标准》(GB 50300—2013)对单位(子单位)工程质量验收合格的规定。单位工程是工程项目竣工质量验收的基本对象。单位(子单位)工程质量验收合格应符合下列规定:

1)所含分部工程的质量均应验收合格。
2)质量控制资料应完整。
3)所含分部工程中有关安全、节能、环境保护和主要使用功能的检验资料应完整。
4)主要使用功能的抽查结果应符合相关专业验收规范的规定。
5)观感质量应符合要求。

(3)单项工程达到使用条件或满足生产要求。

(4)建设项目能满足建成投入使用或生产的各项要求。

组成建设项目的全部单项工程均已完成,符合交工验收的要求,建设项目能满足使用或生产要求,并应达到以下标准:

1)生产性工程和辅助公用设施,已按设计要求建成,能满足生产使用。
2)主要工艺设备配套,设施经试运行合格,形成生产能力,能产出设计文件规定的产品。
3)必要的设施已按设计要求建成。
4)生产准备工作能适应投产的需要。
5)其他环保设施、劳动安全卫生、消防系统已按设计要求配套建成。

6. 竣工验收组织

单位工程完工后,各相关单位应按下列要求进行工程竣工验收:

(1)勘察单位应编制勘察工程质量检查报告,按规定程序审批后向建设单位提交。
(2)设计单位应对设计文件及施工过程的设计变更进行检查,并应编制设计工程质量检查报告,按规定程序审批后向建设单位提交。
(3)施工单位应自检合格,并应编制工程竣工报告,按规定程序审批后向建设单位提交。
(4)监理单位应在自检合格后组织工程竣工预验收,预验收合格后应编制工程质量评估报告,按规定程序审批后向建设单位提交。
(5)建设单位应在竣工预验收合格后组织监理、施工、设计、勘察单位等相关单位项目负责人进行工程竣工验收。

7. 竣工验收的备案

我国实行建设工程竣工验收备案制度。新建、扩建和改建的各类房屋建筑工程和市政基础设施工程的竣工验收,均应按《建设工程质量管理条例》的规定进行备案。

(1)建设单位应当自建设工程竣工验收合格之日起15日内,将建设工程竣工验收报告和规划、公安消防、环保等部门出具的认可文件或准许使用文件,报建设行政主管部门或者其他相关部门备案。

(2)备案部门在收到备案文件资料后的15日内,对文件资料进行审查,符合要求的工程,在验收备案表上加盖"竣工验收备案专用章",并将一份退还建设单位存档。如审查中发现建设单位在竣工验收过程中,有违反国家有关建设工程质量管理规定行为的,责令停止使用,重新组织竣工验收。

(3)建设单位有下列行为之一的,责令改正,处以工程合同价款2%以上4%以下的罚款,造成损失的依法承担赔偿责任:

1)未组织竣工验收,擅自交付使用的。

2)验收不合格,擅自交付使用的。

3)对不合格的建设工程按照合格工程验收的。

## 5.3 建筑工程竣工资料

工程项目竣工资料是工程项目承包人按工程档案管理及竣工验收条件的有关规定,在工程施工过程中按时收集,认真整理,竣工验收后移交发包人汇总归档的技术与管理文件,是记录和反映工程项目实施全过程的工程技术与管理活动的档案。

在工程项目的使用过程中,竣工资料有着其他任何资料都无法替代的作用,它是建设单位在使用中对工程项目进行维修、加固、改建、扩建的重要依据,也是对工程项目的建设过程进行复查、对建设投资进行审计的重要依据。因此,从工程建设一开始,承包单位就应设专门的资料员按规定及时收集、整理和管理这些档案资料,不得丢失和损坏;在工程项目竣工以后,工程承包单位必须按规定向建设单位正式移交这些工程档案资料。

**1. 竣工资料的内容**

工程竣工资料必须真实记录和反映项目管理全过程的实际,它的内容必须齐全、完整。按照我国《建设工程项目管理规范》(GB/T 50326—2017)的规定,工程竣工资料的内容应包括工程施工技术资料、工程质量保证资料、工程检验评定资料、竣工图和规定的其他应交资料。

(1)工程施工技术资料。工程施工技术资料是建设工程施工全过程的真实记录,是在施工全过程的各环节客观产生的工程施工技术文件,其主要内容包括工程开工报告(包括复工报告),项目经理部及人员名单、聘任文件,施工组织设计(施工方案),图纸会审记录(纪要),技术交底记录,设计变更通知,技术核定单,地质勘察报告,工程定位测量资料及复核记录,基槽开挖测量资料,地基钎探记录和钎探平面布置图,验槽记录和地基处理记录,桩基施工记录,试桩记录和补桩记录,沉降观测记录,防水工程抗渗试验记录,混凝土浇灌令,商品混凝土供应记录,工程复核抄测记录,工程质量事故报告,工程质量事故处理记录,施工日志,建设工程施工合同及补充协议,工程竣工报告,工程竣工验收报告,工程质量保修书,工程预(结)算书,竣工项目一览表,施工项目总结。

(2)工程质量保证资料。工程质量保证资料是建设工程施工全过程中全面反映工程质量控制和保证的依据性证明资料，应包括原材料、构配件、器具及设备等的质量证明、合格证明、进场材料试验报告等。各专业工程质量保证资料的主要内容是：

1）土建工程主要质量保证资料。
①钢材出厂合格证、试验报告；
②焊接试(检)验报告、焊条(剂)合格证；
③水泥出厂合格证或试验报告；
④砖出厂合格证或试验报告；
⑤防水材料合格证或试验报告；
⑥构件合格证；
⑦混凝土试块试验报告；
⑧砂浆试块试验报告；
⑨土壤试验、打(试)桩记录；
⑩地基验槽记录；
⑪结构吊装、结构验收记录；
⑫隐蔽工程验收记录；
⑬中间交接验收记录等。

2）建筑采暖卫生与煤气工程主要质量保证资料。
①材料、设备出厂合格证；
②管道、设备强度、焊口检查和严密性试验记录；
③系统清洗记录；
④排水管灌水、通水、通球试验记录；
⑤卫生洁具盛水试验记录；
⑥锅炉、烘炉、煮炉设备试运转记录等。

3）建筑电气安装主要质量保证资料。
①主要电气设备、材料合格证；
②电气设备试验、调整记录；
③绝缘、接地电阻测试记录；
④隐蔽工程验收记录等。

4）通风与空调工程主要质量保证资料。
①材料、设备出厂合格证；
②空调调试报告；
③制冷系统检验、试验记录；
④隐蔽工程验收记录等。

5）电梯安装工程主要质量保证资料。
①电梯及附件、材料合格证；
②绝缘、接地电阻测试记录；
③空、满、超载运行记录；
④调整试验报告等。

6）建筑智能化工程主要质量保证资料。
①材料、设备出厂合格证、试验报告；

②隐蔽工程验收记录；
③系统功能与设备调试记录。

(3)工程检验评定资料。工程检验评定资料是建设工程施工全过程中按照国家现行工程质量检验标准，对工程项目进行单位工程、分部工程、分项工程的划分，再由分项工程、分部工程、单位工程逐级对工程质量作出综合评定的资料。工程检验评定资料的主要内容有：

1)施工现场质量管理检查记录；
2)检验批质量验收记录；
3)分项工程质量验收记录；
4)分部(子分部)工程质量验收记录；
5)单位(子单位)工程质量竣工验收记录；
6)单位(子单位)工程质量控制资料核查记录；
7)单位(子单位)工程安全和功能检验资料核查及主要功能抽查记录；
8)单位(子单位)工程观感质量检查记录等。

(4)竣工图。竣工图是真实地反映建设工程竣工后实际成果的重要技术资料，是建设工程进行竣工验收的备案资料，也是建设工程进行维修、改建、扩建的主要依据。

工程竣工后，有关单位应及时编制竣工图，工程竣工图应逐张加盖"竣工图"章。"竣工图"章的内容应包括发包人、承包人、监理人等单位名称，图纸编号，编制人，审核人，负责人，编制时间等。具体情况如下：

1)没有变更的施工图，可由承包人(包括总包和分包)在原施工图上加盖"竣工图"章标志，即作为竣工图。

2)在施工中虽有一般性设计变更，但能将原施工图加以修改补充作为竣工图的，可不再重新绘制，由承包人负责在原施工图(必须是新蓝图)上注明修改的部分，并附设计变更通知和施工说明，加盖"竣工图"章标志后可作为竣工图。

3)工程项目结构形式改变、工艺改变、平面布置改变、项目改变及其他重大改变，不宜在原施工图上修改、补充的，由责任单位重新绘制改变后的竣工图。承包人负责在新图上加盖"竣工图"章标志作为竣工图。变更责任单位如果是设计人，由设计人负责重新绘制；责任单位是承包人，由承包人重新绘制；责任单位若是发包人，则由发包人自行绘制或委托设计人绘制。

(5)规定的其他应交资料。
1)施工合同约定的其他应交资料。
2)地方行政法规、技术标准已有规定的应交资料等。

**2. 竣工资料的收集整理**

工程项目的承包人应按竣工验收条件的有关规定，建立健全资料管理制度，要设置专人负责，认真收集和整理工程竣工资料。

(1)竣工资料的收集整理要求。

1)工程竣工资料必须真实反映工程项目建设全过程，资料的形成应符合其规律性和完整性，填写时应做到字迹清楚、数据准确、签字手续完备、齐全可靠。

2)工程竣工资料的收集和整理，应建立制度，根据专业分工的原则实行科学收集，定向移交，归口管理，要做到竣工资料不损坏、不变质和不丢失，组卷时符合规定。

3)工程竣工资料应随施工进度进行及时收集和整理，发现问题及时处理、整改，不留尾巴。

4)整理工程竣工资料的依据：一是国家有关法律、法规、规范对工程档案和竣工资料的规定；二是现行建设工程施工及验收规范和质量评定标准对资料内容的要求；三是国家和地方档案管理部门和工程竣工备案部门对工程竣工资料移交的规定。

(2)竣工资料的分类组卷。

1)一般单位工程，文件资料不多时，可将文字资料与图纸资料组成若干盒，分六个案卷，即立项文件卷、设计文件卷、施工文件卷、竣工文件卷、声像材料卷、竣工图卷。

2)综合性大型工程，文件资料比较多，则各部分可根据需要组成一卷或多卷。

3)文件材料和图纸材料原则上不能混装在一个装具内，文件材料较少、需装在一个装具内时，必须用软卷皮装订，图纸不装订，然后装入硬档案盒内。

4)卷内文件材料排列顺序要依据卷内的材料构成而定，一般顺序为封面、目录、文件材料部分、备考表、封底，组成的案卷力求美观、整齐。

5)填写目录应与卷内材料内容相符。编写页号以独立卷为单位，单面书写的文字材料页号编在右下角，双面书写的文字材料页号，正面编写在右下角，背面编写在左下角，图纸一律编写在右下角，按卷内文件排列先后用阿拉伯数字从"1"开始依次标注。

6)图纸折叠方式采用图面朝里、图签外露(右下角)的国标技术制图复制折叠方法。

7)案卷采用中华人民共和国国家标准，装具一律用国标制定的硬壳卷夹或卷盒，外装尺寸为 300 mm(高)×220 mm(宽)，卷盒厚度尺寸分别为 60 mm、50 mm、40 mm、30 mm、20 mm 五种。

**3. 竣工资料的移交验收**

交付竣工验收的工程项目必须有与竣工资料目录相符的分类组卷档案，工程项目的交工主体即承包人在建设工程竣工验收后，一方面要把完整的工程项目实体移交给发包人，另一方面要把全部应移交的竣工资料交给发包人。

(1)竣工资料的归档范围。竣工资料的归档范围应符合《建设工程文件归档整理规范》(GB/T 50328—2014)的规定。凡是列入归档范围的竣工资料，承包人都必须按规定将自己责任范围内的竣工资料按分类组卷的要求移交给发包人，发包人对竣工资料验收合格后，将全部竣工资料整理汇总，按规定向档案主管部门移交备案。

(2)竣工资料的交接要求。总包人必须对竣工资料的质量负全面责任，对各分包人做到"开工前有交底，施工中有检查，竣工时有预检"，确保竣工资料达到一次交验合格。总包人根据总分包合同的约定，负责对分包人的竣工资料进行中检和预检，有整改的待整改完成后再进行整理汇总，一并移交发包人。承包人根据建设工程施工合同的约定，在建设工程竣工验收后，按规定和约定的时间，将全部应移交的竣工资料交给发包人，并应符合城建档案管理的要求。

(3)竣工资料的移交验收。竣工资料的移交验收是工程项目交付竣工验收的重要内容。发包人接到竣工资料后，应根据竣工资料移交验收办法和国家及地方有关标准的规定，组织有关单位的项目负责人、技术负责人对资料的质量进行检查，验证手续是否完备、应移交的资料项目是否齐全，所有资料符合要求后，发、承包双方按编制的移交清单签字、盖章，按资料归档要求双方交接，竣工资料交接验收完成。

## 5.4 建筑工程竣工验收管理

工程项目进入竣工阶段，是一项复杂而细致的工作，发、承包双方和工程监理机构应加强配合协调，按竣工验收管理工作的基本要求循序进行，为建设工程项目竣工验收的顺利进行创造条件。

**1. 竣工验收方式**

在建设工程项目管理实践中，因承包的工程项目范围不同，交工验收的形式也会有所不同。如果一个建设项目分成若干个合同由不同的承包商负责实施，各承包商完成了合同规定的工程内容或者按合同的约定承包项目可分步移交的，均可申请交工验收。

一般来说，工程交付竣工验收可以按以下三种方式分别进行。

(1)单位工程(或专业工程)竣工验收。其又称中间验收，是指承包人以单位工程或某专业工程内容为对象，独立签订建设工程施工合同，达到竣工条件后，承包人可单独进行交工，发包人根据竣工验收的依据和标准，按施工合同约定的工程内容组织竣工验收。

(2)单项工程竣工验收。其又称交工验收，即在一个总体建设项目中，一个单项工程已按设计图纸规定的工程内容完成，能满足生产要求或具备使用条件，承包人向监理人提交工程竣工报告和工程竣工报验单，经签认后应向发包人发出交付竣工验收通知书，说明工程完工情况、竣工验收准备情况、设备无负荷单机试车情况，具体约定交付竣工验收的有关事宜。发包人按照约定的程序，依照国家颁布的有关技术标准和施工承包合同，组织有关单位和部门对工程进行竣工验收。验收合格的单项工程，在全部工程验收时，原则上不再办理验收手续。

(3)全部工程的竣工验收。其又称动用验收，指建设项目已按设计规定全部建成、达到竣工验收条件，由发包人组织设计、施工、监理等单位和档案部门进行全部工程的竣工验收。对一个建设项目的全部工程竣工验收而言，大量的竣工验收基础工作已在单位工程或单项工程竣工验收中进行了。对已经交付竣工验收的单位工程(中间交工)或单项工程并已办理了移交手续的，原则上不再重复办理验收手续，但应将单位工程或单项工程竣工验收报告作为全部工程竣工验收的附件加以说明。

**2. 竣工验收准备工作**

(1)建立竣工收尾班子。项目进入收尾阶段，大量复杂的工作已经完成，但还有部分剩余工作需要认真处理。一般来说，这些剩余工作大多是零碎的、分散的、工程量不多的工作，往往不被重视，但弄不好也会影响项目的进行；同时，临近项目结束，项目团队成员难免会有松懈的心理，这也会影响收尾工作的正常进行。项目经理是项目管理的总负责人，全面负责工程项目竣工验收前的各项收尾工作。加强项目竣工验收前的组织与管理是项目经理应尽的基本职责。

为此，项目经理要亲自挂帅建立竣工收尾班子，成员包括技术负责人、生产负责人、质量负责人、材料负责人、班组负责人等多方面的人员，要明确分工，责任到人，做到因事设岗、以岗定责、以责考核、限期完成工作任务。收尾项目完工要有验证手续，形成完善的收尾工作制度。

(2)制订、落实项目竣工收尾计划。项目经理要根据工作特点、项目进展情况及施工现场的具体条件,负责编制、落实有针对性的竣工收尾计划,并将之纳入统一的施工生产计划进行管理,以正式计划下达并作为项目管理层和作业层岗位业绩考核的依据之一。竣工收尾计划的内容要准确而全面,应包括收尾项目的施工情况和竣工资料整理,两部分内容缺一不可。竣工收尾计划要明确各项工作内容的起止时间、负责班组及人员。项目经理和技术负责人要把计划的内容层层落实,全面交底,一定要保证竣工收尾计划的完善和可行。施工项目竣工收尾计划可参照表 5-1 的格式编制。

表 5-1　施工项目竣工收尾计划

| 序号 | 竣工项目名称 | 工作内容 | 起止时间 | 作业队伍 | 负责人 | 竣工资料 | 整理人 | 验证人 |
|------|------|------|------|------|------|------|------|------|
|  |  |  |  |  |  |  |  |  |
|  |  |  |  |  |  |  |  |  |
|  |  |  |  |  |  |  |  |  |
|  |  |  |  |  |  |  |  |  |

项目经理:　　　　　　　　　　　技术负责人:　　　　　　　　　　　编制人:

(3)竣工收尾计划检查。项目经理和技术负责人应定期和不定期地对竣工收尾计划的执行情况进行严格的检查,对重要部位要作好详细的检查记录。检查中,各有关方面人员要积极协作配合,对列入竣工收尾计划的各项工作内容要逐项检查,认真核对,要以国家有关法律、行政法规和强制性标准为检查依据,发现偏差要及时纠正,发现问题要及时整改。竣工收尾项目按计划完成一项,则按标准验证一项,消除一项,直至全部完成计划内容。

(4)工程项目竣工自检。项目经理部在完成施工项目竣工收尾计划,并确认已经达到了竣工的条件后,即可向所在企业报告,由企业自行组织有关人员依据质量标准和设计图纸等进行自检,填写工程质量竣工验收记录、质量控制资料核查记录、工程质量观感记录表等资料,对检查结果进行评定,符合要求后向建设单位提交工程验收报告和完整的质量资料,请建设单位组织验收。

具体来说,如果工程项目是承包人一家独立承包,应由企业技术负责人组织项目经理部的项目经理、技术负责人、施工管理人员和企业的生产、质检等部门对工程质量进行检验评定,并作好质量检验记录;如果工程项目实行的是总分包管理模式,则首先由分包人按质量验收标准对工程进行自检,并将验收结论及资料交总包人,总包人据此对分包工程进行复检和验收,并进行验收情况汇总。无论采用总包还是分包方式,自检合格后,总包人都要向工程监理机构递交工程竣工报验单,监理机构据此按《建设工程监理规范》(GB 50319—2013)的规定对工程是否符合竣工验收条件进行审查,对符合竣工验收条件的予以签认。

(5)竣工验收预约。承包人全面完成工程竣工验收前的各项准备工作,经监理机构审查验收合格后,承包人向发包人递交预约竣工验收的书面通知,说明竣工验收前的各项工作已准备就绪,满足竣工验收条件。预约竣工验收的通知书应表达两个含义:一是承包人按施工合同的约定已全面完成建设工程施工内容,预验收合格;二是请发包人按合同的约定和有关规定,组织工程项目的正式竣工验收。交付竣工验收通知书的内容及格式如下。

建设工程监理规范

## 交付竣工验收通知书

××××(发包单位名称)：

根据施工合同的约定，由我单位承建的××××工程，已于××××年××月××日竣工，经自检合格，监理单位审查签认，可以正式组织竣工验收。请贵单位接到通知后，尽快洽商，组织有关单位和人员于××××年××月××日前进行竣工验收。

附件：1. 工程竣工报验单；
　　　2. 工程竣工报告。

××××(单位公章)

××××年××月××日

**3. 竣工验收报验**

承包人完成工程设计和施工合同以及其他文件约定的各项内容，工程质量经自检合格，各项竣工资料准备齐全，确认具备工程竣工报验的条件，即可填写并递交工程竣工报告(表5-2)和工程竣工报验单(表5-3)。表格内容要按规定要求填写，自检意见应表述清楚，项目经理、企业技术负责人、企业法定代表人应签字，并加盖企业公章。报验单的附件应齐全，足以证明工程已符合竣工验收要求。

表5-2　工程竣工报告　　　　　　　　　编号：

| 工程名称 | | | 建筑面积 | |
|---|---|---|---|---|
| 工程地址 | | | 结构类型/层数 | |
| 建设单位 | | | 开/竣工日期 | |
| 设计单位 | | | 合同工期 | |
| 施工单位 | | | 工程造价 | |
| 监理单位 | | | 合同编号 | |
| 竣工条件及自检情况 | 自检内容 | | | 自检意见 |
| | 工程设计和合同约定的各项内容完成情况 | | | |
| | 工程技术档案和施工管理资料 | | | |
| | 工程所用建筑材料、建筑构配件、商品混凝土和设备的进场试验报告 | | | |
| | 涉及工程结构安全的试块、试件及有关材料的试验、检验报告 | | | |
| | 地基与基础、主体结构等重要分部、分项工程质量验收报告签证情况 | | | |
| | 建设行政主管部门、质量监督机构或其他有关部门责令整改问题的执行情况 | | | |
| | 单位工程质量自检情况 | | | |
| | 工程质量保修书 | | | |
| | 工程款支付情况 | | | |
| | 交付竣工验收的条件 | | | |
| | 其他 | | | |
| 经检验，该工程已完成设计和施工合同约定的各项内容，工程质量符合有关法律、法规和工程建设强制性标准。<br>　　　　　　　　　　　　　　项目经理：<br>　　　　　　　　　　　　企业技术负责人：<br>　　　　　　　　　　　企业法定代表人：　　　　　　(施工单位公章)<br>　　　　　　　　　　　　　　　　　　　　　　　年　月　日 | | | | |
| 监理单位意见：<br>　　　　　　　　　　　　　　　　　　总监理工程师：(公章)<br>　　　　　　　　　　　　　　　　　　　　　　　年　月　日 | | | | |

表 5-3　工程竣工报验单

工程名称：　　　　　　　　　　　　　　　　　　　　　编号：

致：_____（监理单位）
我方已按合同完成了_____工程，经自检合格，请予以检查和验收。
　　附件：










承包单位：（章）
项目经理：
日　　期

---

审查意见：
经初步验收，该工程：
1. 符合/不符合我国法律、法规要求；
2. 符合/不符合我国现行工程建设标准；
3. 符合/不符合设计文件要求；
4. 符合/不符合施工合同要求。
综上所述，该工程初步验收合格/不合格，可以/不可以组织正式验收。






监理单位：（章）
总/专业监理工程师：
日　　期

监理人收到承包人递交的工程竣工报验单及有关资料后，总监理工程师即可组织专业监理工程师对承包人报送的竣工资料进行审查，并对工程质量进行验收。验收合格后，总监理工程师应签署工程竣工报验单，提出工程质量评估报告。承包人依据工程监理机构签署认可的工程竣工报验单和质量评估结论，向发包人递交竣工验收的通知，具体约定工程交付验收的时间、会议地点和有关安排。

**4. 竣工验收组织**

发包人收到承包人递交的交付竣工验收通知书后，应及时组织勘察、设计、施工、监理等单位，按照竣工验收程序对工程进行验收核查。

(1)成立竣工验收委员会或验收小组。大型项目、重点工程、技术复杂的工程，应根据需要组成验收委员会；一般工程项目，组成验收小组即可。竣工验收工作由发包人组织，主要参加人员有发包方，勘察、设计、总承包及分包单位的负责人，发包单位的工地代表，建设主管部门、备案部门的代表等。

(2)竣工验收委员会或验收小组的职责。
1)审查项目建设的各个环节，听取各单位的情况汇报。
2)审阅工程竣工资料。
3)实地考察建筑工程及设备安装工程情况。

4)全面评价项目的勘察、设计、施工和设备质量以及监理情况,对工程质量进行综合评估。

5)对遗留问题作出处理决定。

6)形成工程竣工验收会议纪要。

7)签署工程竣工验收报告。

(3)建设单位组织竣工验收。

1)由建设单位组织,建设、勘察、设计、施工、监理单位分别汇报工程合同履约情况和工程建设各个环节执行法律、法规和工程建设强制性标准的情况。

2)验收组人员审阅各种竣工资料。验收组人员应对照资料目录清单,逐项进行检查,看其内容是否齐全,是否符合要求。

3)实地查验工程质量。参加验收各方应对竣工项目实体进行目测检查。

4)对工程勘察、设计、施工、监理单位各管理环节和工程实物质量等方面作出全面评价,形成经验收组人员签署的工程竣工验收意见。

5)参与工程竣工验收的建设、勘察、设计、施工、监理单位等各方不能形成一致意见时,应当协商提出解决的方法,待意见一致后,重新组织竣工验收;当不能协商解决时,由建设行政主管部门或者其委托的建设工程质量监督机构裁决。

6)签署工程竣工验收报告。工程竣工验收合格后,建设单位应当及时提出签署工程竣工验收报告,由参加竣工验收的各单位代表签名,并加盖竣工验收各单位的公章。

**5. 工程移交手续**

工程通过竣工验收,承包人应在发包人对竣工验收报告签认后的规定期限内向发包人递交竣工结算和完整的结算资料,在此基础上,发、承包双方根据合同约定的有关条款进行工程竣工结算。承包人在收到工程竣工结算款后,应在规定期限内向发包人办理工程移交手续。具体内容如下:

(1)按竣工项目一览表在现场移交工程实体。向发包人移交钥匙时,工程项目室内、外应清扫干净,达到窗明、地净、灯亮、水通、排污畅通、动力系统可以使用。

(2)按竣工资料目录交接工程竣工资料。应在规定的时间内,按工程竣工资料清单目录进行逐项交接,办清交验签章手续。

(3)按工程质量保修制度签署工程质量保修书。原施工合同中未包括工程质量保修书附件的,在移交竣工工程时应按有关规定签署或补签工程质量保修书。

(4)承包人在规定时间内按要求撤出施工现场,解除施工现场全部管理责任。

(5)工程交接的其他事宜。

# 5.5 建筑工程项目产品回访与保修

工程项目竣工验收交接后,工程项目的承包人应按照法律的规定和施工合同的约定,认真履行工程项目产品的回访与保修义务,以确保工程项目产品使用人的合理利益。回访工作应纳入承包人的生产计划及日常工作计划中。在双方约定的质量保修期内,承包人应向使用人提供在工程质量保修书中承诺的保修服务,并按照谁造成的质量问题由谁承担经济责任的原则处理经济问题。

**1. 工程项目产品回访与保修的概念**

工程项目竣工验收后,虽然通过了交工前的各种检验,但由于建筑产品的复杂性,仍然可能存在着一些质量问题或者隐患,要在产品的使用过程中才能逐步暴露出来,例如,建筑物的不均匀沉降、地下及屋面防水工程的渗漏等问题,都需要在使用中检查和观察才可以确定。为了有效地维护建设工程使用者的合法权益,我国政府已经把工程交工后的保修确定为我国的一项基本法律制度。

建设工程质量保修是指建设工程项目在办理竣工验收手续后,在规定的保修期限内,由勘察、设计、施工、材料等原因所造成的质量缺陷,应当由施工承包单位负责维修、返工或更换,由责任单位负责赔偿损失。这里的质量缺陷,是指工程不符合国家或行业现行的有关技术标准、设计文件及合同对质量的要求等。

回访是一种产品售后服务的方式,工程项目回访广义地来讲是指工程项目的设计、施工、设备及材料供应等单位,在工程竣工验收交付使用后,自签署工程质量保修书起的一定期限内,主动去了解项目的使用情况和设计质量、施工质量、设备运行状态及用户对维修方面的要求,从而发现产品使用中的问题并及时处理,使建筑产品能够正常地发挥其使用功能,使建筑工程的质量保修工作真正落到实处。

**2. 工程项目产品回访与保修的意义**

实行工程质量保修制度,加强工程项目产品的回访与保修工作,是明确与落实建设工程质量责任的重要措施,是维护用户及消费者合法权益的重要保障。工程项目产品回访与保修是双赢的过程,通过回访与保修,可以促进项目的承包人在项目的设计、施工过程中牢固树立为用户服务的观念,更有效地提高承包人的技术与管理水平;同时,承包人也尽到了为顾客服务的义务,履行了质量保修的承诺。

施工单位进行工程项目产品回访与保修有以下重要意义:

(1)有利于项目经理部重视项目管理,提高工程质量。只有加强施工项目的过程控制,增强项目管理层和作业层的责任心,严格按规范和标准进行施工,从防止和消除质量缺陷的目的出发,才能从源头上杜绝工程保修问题的发生。

(2)有利于承包人及时听取用户意见,发现工程质量问题,及时采取相应的措施,保证建筑工程使用功能的正常发挥,同时也履行了回访与保修的承诺。

(3)有利于加强施工单位同建设单位和用户的联系与沟通,增强了建设单位和用户对施工单位的信任感,提高了施工单位的社会信誉。

**3. 工程项目产品回访与保修的依据**

工程项目产品回访与保修制度是由我国法律与法规明确规定的,此项工作的主要依据如下:

(1)《中华人民共和国建筑法》第62条规定,建筑工程实行质量保修制度。具体的保修范围和最低保修期限由国务院规定。

(2)《中华人民共和国民法典》第八百零一条规定:"因施工人的原因致使建设工程质量不符合约定的,发包人有权请求施工人在合理期限内无偿修理或者返工、改建。经过修理或者返工、改建后,造成逾期交付的,施工人应当承担违约责任。"第八百零二条规定:"因承包人的原因致使建设工程在合理使用期限内造成人身损害和财产损失的,承包人应当承担赔偿责任。"

(3)《建设工程质量管理条例》第39条规定:"建设工程实行质量保修制度。建设工程承包单位在向建设单位提交工程竣工验收报告时，应当向建设单位出具质量保修书。质量保修书中应当明确建设工程的保修范围、保修期限和保修责任等。"

(4)《建设工程项目管理规范》(GB/T 50326—2017)第 18.5.1 条规定："承包人应制定工程保修期管理制度。"第 18.5.2 条规定："发包人与承包人应签订工程保修期保修合同，确定质量保修范围、期限、责任与费用的计算方法。"第 18.5.3 规定："承包人在工程保修期内应承担质量保修责任，回收质量保修资金，实施相关服务工作。"

**4. 工程项目产品的保修范围与保修期**

(1)保修范围。一般来说，各种类型的建筑工程及建筑工程的各个部位都应该实行保修。我国《中华人民共和国建筑法》中规定：建筑工程的保修范围应当包括地基基础工程、主体结构工程、屋面防水工程和其他土建工程，以及电气管线、上下水管线的安装工程，供热、供冷系统工程等项目。

(2)保修期。保修期的长短直接关系到承包人、发包人及使用人的经济责任的大小。《建设工程质量管理条例》规定：建筑工程保修期为自竣工验收合格之日起计算，在正常使用条件下的最低保修期限。

《建设工程质量管理条例》规定，在正常使用条件下建筑工程的最低保修期限为：

1)基础设施工程、房屋建筑的地基基础工程和主体结构工程，为设计文件规定的该工程的合理使用年限。

2)屋面防水工程、有防水要求的卫生间、房间和外墙面的防渗漏，为 5 年。

3)供热与供冷系统，为 2 个采暖期、供冷期。

4)电器管线、给水排水管道、设备安装、装饰装修为 2 年，建筑节能工程为 5 年。

5)其他项目的保修期限由发包方与承包方在工程质量保修书中具体约定。

**5. 保修期责任与做法**

(1)保修期的经济责任。由于建筑工程情况比较复杂，不像其他商品那样单一，有些问题往往是由多种原因造成的。进行工程质量保修，必须澄清经济责任，由产生质量问题的责任方承担工程的保修经济责任。一般有以下情况：

1)属于承包人的原因。由承包人未严格按照国家现行施工及验收规范、工程质量验收标准、设计文件要求和合同约定组织施工所造成的工程质量缺陷，所产生的工程质量保修，应当由承包人负责修理并承担经济责任。

2)属于设计人的原因。对于设计所造成的质量缺陷，应由设计人承担经济责任。当由承包人进行修理时，其费用数额可按合同约定，通过发包人向设计人索赔，不足部分由发包人补偿。

3)属于发包人的原因。由发包人供应的建筑材料、构配件或设备不合格造成的工程质量缺陷，或由发包人指定的由分包人造成的质量缺陷，均应由发包人自行承担经济责任。

4)属于使用人的原因。由于使用人未经许可自行改建所造成的质量缺陷，或由使用人使用不当所造成的损坏，均应由使用人自行承担经济责任。

5)其他原因。由地震、洪水、台风等不可抗力原因所造成的损坏或由非施工原因所造成的事故，不属于规定的保修范围，承包人不承担经济责任。负责维修的经济责任由国家根据具体政策规定。

对在保修期内和保修范围内发生的质量问题，应先由建设单位组织勘察、设计、施工等单位分析质量问题的原因，确定保修方案，由施工单位负责保修。但当问题严重和紧急时，不管是什么原因造成的，均先由施工单位履行保修义务，不得推诿和扯皮。对引起质量问题的原因则实事求是，科学分析，分清责任，按责任大小由责任方承担不同比例的经济赔偿。这里的损失，既包括由工程质量造成的直接损失，即用于返修的费用，也包括间接损失，如给使用人或第三人造成的财产或非财产损失等。

6）在保修期后的建筑物的合理使用寿命内，由建设工程使用功能的缺陷所造成的工程使用损害，由建设单位负责维修，并承担责任方的赔偿责任。不属于承包人保修范围的工程，发包人或使用人有意委托承包人修理、维护时，承包人应提供服务，并在双方签订的协议中明确服务的内容和质量要求，费用由发包人或使用人按协议约定的方式承担。

7）保修保险。有的项目经发包人和承包人协商，根据工程的合理使用年限，采用保修保险方式。该方式不需要扣保留金，保险费由发包人支付，承包人应按约定的保修承诺，履行其保修职责和义务。推行保修保险可以有效地转移和规避工程的风险，是符合国际惯例做法，对发承包双方都有利。

（2）保修做法。保修做法一般包括以下步骤：

1）发送保修书。在工程竣工验收的同时，施工单位应向建设单位发送《房屋建筑工程质量保修书》。工程质量保修书属于工程竣工资料的范围，它是承包人对工程质量保修的承诺。其内容主要包括保修范围和内容、保修时间、保修责任、保修费用等。具体格式见建设部（现为住房和城乡建设部）与国家工商行政管理总局2000年8月联合发布的《房屋建筑工程质量保修书（示范文本）》。

**房屋建筑工程质量保修书（示范文本）**

发包人（全称）：＿＿＿＿＿＿＿＿
承包人（全称）：＿＿＿＿＿＿＿＿

发包人、承包人根据《中华人民共和国建筑法》《建设工程质量管理条例》和《房屋建筑工程质量保修办法》，经协商一致，对＿＿＿＿＿＿＿＿工程（工程全称）签订工程质量保修书。

一、工程质量保修的范围和内容

承包人在质量保修期内，按照有关法律、法规、规章的管理规定和双方约定，承担本工程质量保修责任。

质量保修范围包括地基基础工程，主体结构工程，屋面防水工程，有防水要求的卫生间、房间和外墙面的防渗漏，供热与供冷系统，电气管线，给水、排水管道，设备安装和装修工程，以及双方约定的其他项目。具体保修的内容，双方约定如下：

＿＿＿＿＿＿＿＿＿＿＿＿＿＿＿＿＿＿＿＿＿＿＿＿＿＿＿＿＿＿＿＿＿＿＿＿＿＿＿＿＿＿＿＿＿＿＿＿＿＿＿＿＿＿＿＿＿＿＿＿＿＿＿＿＿＿＿＿＿＿＿＿＿＿＿＿＿＿＿＿。

二、质量保修期

双方根据《建设工程质量管理条例》及有关规定，约定本工程的质量保修期如下：

1. 地基基础工程和主体结构工程为设计文件规定的该工程合理使用年限；
2. 屋面防水工程，有防水要求的卫生间、房间和外墙面的防渗漏为＿＿＿＿＿年；
3. 装修工程为＿＿＿＿＿年；
4. 电气管线，给水、排水管道，设备安装工程为＿＿＿＿＿年；
5. 供热与供冷系统为＿＿／＿＿个采暖期、供冷期；

6. 住宅小区内的给水、排水设施，道路等配套工程为_____年；

7. 其他项目保修期限约定如下：

_____

_____。

质量保修期限自工程竣工验收合格之日起计算。

三、质量保修责任

1. 属于保修范围、内容的项目，承包人应当在接到保修通知之日起 7 d 内派人保修。承包人不在约定期限内派人保修的，发包人可以委托他人修理。

2. 发生紧急抢修事故的，承包人在接到事故通知后，应当立即到达事故现场抢修。

3. 对于涉及结构安全的质量问题，应当按照房屋建筑工程质量保修办法的规定，立即向当地建设行政主管部门报告，采取安全防范措施；由原设计单位或者具有相应资质等级的设计单位提出保修方案，承包人实施保修。

4. 质量保修完成后，由发包人组织验收。

四、保修费用

保修费用由造成质量缺陷的责任方承担。

五、其他

双方约定的其他工程质量保修事项：

_____。

本工程质量保修书，由施工合同发包人、承包人双方在竣工验收前共同签署，作为施工合同附件，其有效期限至保修期满。

发包人（公章）：                         承包人（公章）：

法定代表人（签字）：                     法定代表人（签字）：

年  月  日                              年  月  日

2）填写工程质量修理通知书。在保修期内，若工程项目出现质量问题影响使用，使用人应填写工程质量修理通知书告知承包人，注明质量问题及部位、联系维修方式，要求承包人派人前往检查修理。工程质量修理通知书的发出日期为约定起始日期，承包人应在 7 d 内派出人员执行保修任务。工程质量修理通知书的格式见表 5-4。

**表 5-4　工程质量修理通知书**

_____（施工单位名称）：

本工程于_____年___月___日发生质量问题，根据国家有关工程质量保修的规定和《房屋建筑工程质量保修书》的约定，请你单位派人检查修理。

| 质量问题及部位： |
|---|
| 承修人自检评定：<br><br>年　月　日 |
| 使用人（用户）验收意见：<br><br>年　月　日 |
| 使用人（用户）地址：<br>电话：<br>联系人：<br><br>通知书发出日期：　年　月　日 |

**6. 回访实务**

(1)回访工作计划。工程交工验收后,承包人应该将回访工作纳入企业日常工作之中,及时编制回访工作计划,做到有计划、有组织、有步骤地对每项已交付使用的工程项目主动进行回访,收集反馈信息,及时处理保修问题。回访工作计划要具体实用,不能流于形式。回访工作计划应包括以下内容:

1)主管回访保修业务的部门;
2)回访保修的执行单位;
3)回访的对象(发包人或使用人)及其工程名称;
4)回访时间安排和主要内容;
5)回访工程的保修期限。

回访工作计划的一般格式见表5-5。

表 5-5 回访工作计划

(××年度)

| 序号 | 建设单位 | 工程名称 | 保修期限 | 回访时间安排 | 参加回访部门 | 执行单位 |
|---|---|---|---|---|---|---|
|  |  |  |  |  |  |  |
|  |  |  |  |  |  |  |
|  |  |  |  |  |  |  |
|  |  |  |  |  |  |  |

单位负责人: 归口部门: 编制人:

(2)回访工作记录。每一次回访工作结束以后,回访保修的执行单位都应填写回访服务报告。回访服务报告主要内容包括参与回访人员、回访发现的质量问题、发包人或使用人的意见、对质量问题的处理意见等。在全部回访工作结束后,也应填写回访服务报告,全面总结回访工作的经验和教训。回访服务报告的内容应包括回访建设单位和工程项目的概况、使用单位或用户对交工工程的意见、对回访工作的分析和总结、质量改进的措施对策等。回访归口主管部门应依据回访记录对回访服务的实施效果进行检查验证。回访工作记录的一般格式见表5-6。

表 5-6 回访工作记录

| 建设单位 |  | 使用单位 |  |
|---|---|---|---|
| 工程名称 |  | 建筑面积 |  |
| 施工单位 |  | 保修期限 |  |
| 项目组织 |  | 回访日期 |  |
| 回访工作情况: | | | |
| 回访负责人 |  | 回访记录人 |  |

(3)回访工作方式。回访工作方式一般有四种:

1)例行性回访。根据回访年度工作计划的安排,对已交付竣工验收并在保修期内的工程，统一组织例行性回访，收集用户对工程质量的意见。回访可用电话询问、召开座谈会及登门拜访等行之有效的方式，一般半年或一年进行一次。

2）季节性回访。主要是针对随季节变化容易产生质量问题的工程部位进行回访，所以这种回访具有季节性特点，如雨期回访基础工程、屋面工程和墙面工程的防水和渗漏情况，冬期回访采暖系统的使用情况，暑期回访通风空调工程等。了解有无施工质量缺陷或使用不当造成的损坏等问题，发现问题立即采取有效措施，及时加以解决。

3）技术性回访。主要了解在工程施工过程中所采用的新材料、新技术、新工艺、新设备等的技术性能和使用后的效果，以及设备安装后的技术状态，从用户那里获取使用后的第一手资料，发现问题及时补救和解决。这样便于总结经验和教训，为进一步完善和推广创造条件。

4）特殊性回访。主要是对一些特殊工程、重点工程或有影响的工程进行专访。由于工程的特殊性，可将服务工作往前延伸，包括交工前的访问和交工后的回访，可以定期或不定期进行，目的是听取发包人或使用人的合理化意见或建议，及时解决出现的质量问题，不断积累特殊工程施工及管理经验。

## 项目小结

工程项目质量验收，应将项目划分为单位（子单位）工程、分部（子分部）工程、分项工程和检验批进行验收。施工过程质量验收主要是指检验批和分项、分部工程的质量验收。

项目竣工质量验收是施工质量控制的最后一个环节，是对施工过程质量控制成果的全面检验，是从终端把关方面进行质量控制。未经验收或验收不合格的工程，不得交付使用。

工程项目竣工资料是工程项目承包人按工程档案管理及竣工验收条件的有关规定，在工程施工过程中按时收集，认真整理，竣工验收后移交发包人汇总归档的技术与管理文件，是记录和反映工程项目实施全过程的工程技术与管理活动的档案。

工程项目进入竣工阶段，发、承包双方和工程监理机构应加强配合协调，按竣工验收管理工作的基本要求循序进行，为建设工程项目竣工验收的顺利进行创造条件。

工程项目竣工验收交接后，工程项目的承包人应按照法律的规定和施工合同的约定，认真履行工程项目产品的回访与保修义务，以确保工程项目产品使用人的合理利益。

## 复习思考题

5—1 建筑工程质量验收的基本规则是什么？
5—2 检验批质量验收应符合哪些规定？
5—3 分部工程质量验收应符合哪些规定？
5—4 施工过程质量验收不合格应如何处理？
5—5 何谓竣工验收？其主体和客体分别是什么？
5—6 竣工验收应达到什么条件？
5—7 单位（子单位）工程质量验收应符合哪些规定？

5—8 工程质量保证资料有哪些?
5—9 工程施工技术资料有哪些?
5—10 工程交付竣工验收有哪些方式?
5—11 工程竣工验收如何组织?
5—12 何谓回访与保修?

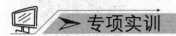 专项实训

### 模拟建筑工程竣工验收

实训目的:体验建筑工程竣工验收氛围,熟悉建筑工程竣工验收程序和要求。

材料准备:①实体建筑工程。
②施工图纸。
③技术资料。
④验收标准规范。
⑤设计竣工验收过程。

实训步骤:划分小组、设置不同岗位→分配验收任务→进行资料验收→进行实体验收→完成竣工验收报告。

实训结果:①熟悉建筑工程竣工验收氛围。
②掌握建筑工程竣工验收程序和要求。
③编制竣工验收报告。

注意事项:①学生角色扮演真实。
②验收程序设计合理。
③充分发挥学生的积极性、主动性与创造性。

# 项目 6　建筑工程质量改进和质量事故的处理

**项目描述**

本项目主要介绍建筑工程质量问题和质量事故的分类、施工质量事故的预防、施工质量问题和质量事故的处理等内容。

建筑工程质量改进
和质量事故的处理

**学习目标**

通过本项目的学习,学生能够了解建筑工程质量问题和质量事故的分类,掌握建筑工程施工质量事故的预防、施工质量问题和质量事故的处理。

**素质目标**

建筑工程质量问题和质量事故会造成重大的人身伤亡或者经济损失。通过本项目的学习,要求学生掌握质量事故相关知识,培养学生对质量事故的警觉性和责任感,以及质量第一、预防为主的工作态度。

**项目导入**

由于影响建筑产品质量的因素繁多,在施工过程中稍有不慎,就极易引起系统性因素的质量变异,从而产生质量问题、质量事故,甚至发生严重的工程质量事故。因此,必须采取有效的措施,对常见的质量问题和事故事先加以预防,并对已经出现的质量事故及时进行分析和处理。

## 6.1　工程质量问题和质量事故的分类

**1. 工程质量不合格**

(1)质量不合格和质量缺陷。根据《质量管理体系　基础和术语》(GB/T 19000—2016)的规定,凡工程产品没有满足某个规定的要求,就称为质量不合格;而未满足某个与预期或规定用途有关的要求,称为质量缺陷。

(2)质量问题和质量事故。工程质量不合格,影响使用功能或工程结构安全,造成永久质量缺陷或存在重大质量隐患,甚至直接导致工程倒塌或人身伤亡,必须进行返修、加固或报废处理,按照由此造成直接经济损失的大小分为质量问题和质量事故。

**2. 工程质量事故**

根据住房和城乡建设部《关于做好房屋建筑和市政基础设施工程质量事故报告和调查处

理工作的通知》(建质〔2010〕111号)，工程质量事故是指由于建设、勘察、设计、施工、监理等单位违反工程质量有关法律法规和工程建设标准，使工程产生结构安全、重要使用功能等方面的质量缺陷，造成人身伤亡或者重大经济损失的事故。

工程质量事故具有成因复杂、后果严重、种类繁多、往往与安全事故共生的特点，建筑工程质量事故的分类有多种方法，不同专业工程类别对工程质量事故的等级划分也不尽相同。

(1)按事故造成损失的程度分级。建质〔2010〕111号文根据工程质量事故造成的人员伤亡或者直接经济损失，将工程质量事故分为4个等级：

1)特别重大事故，是指造成30人以上死亡，或者100人以上重伤，或者1亿元以上直接经济损失的事故；

2)重大事故，是指造成10人以上30人以下死亡，或者50人以上100人以下重伤，或者5 000万元以上1亿元以下直接经济损失的事故；

3)较大事故，是指造成3人以上10人以下死亡，或者10人以上50人以下重伤，或者1 000万元以上5 000万元以下直接经济损失的事故；

4)一般事故，是指造成3人以下死亡，或者10人以下重伤，或者100万元以上1 000万元以下直接经济损失的事故。

该等级划分所称的"以上"包括本数，所称的"以下"不包括本数。

(2)按事故责任分类。

1)指导责任事故，指由于工程实施指导或领导失误而造成的质量事故。例如，由于工程负责人片面追求施工进度，放松或不按质量标准进行控制和检验，降低施工质量标准等。

2)操作责任事故，指在施工过程中，由于实施操作者不按规程和标准实施操作，而造成的质量事故。例如，浇筑混凝土时随意加水，或振捣疏漏造成混凝土质量事故等。

3)自然灾害事故，指由突发的严重自然灾害等不可抗力造成的质量事故。例如，地震、台风、暴雨、雷电、洪水等对工程造成破坏甚至使之倒塌。这类事故虽然不是人为责任直接造成，但灾害事故造成的损失程度也往往与人们是否在事前采取了有效的预防措施有关，相关责任人员也可能负有一定责任。

## 6.2 施工质量事故的预防

建立健全施工质量管理体系，加强施工质量控制，就是为了预防施工质量问题和质量事故，在保证工程质量合格的基础上，不断提高工程质量。所以，施工质量控制的所有措施和方法，都是预防施工质量事故的措施。具体来说，施工质量事故的预防，应运用风险管理的理论和方法，从寻找和分析可能导致施工质量事故发生的原因入手，抓住影响施工质量的各种因素和施工质量形成过程的各个环节，采取针对性的预防控制措施。

**1. 施工质量事故发生的原因**

(1)技术原因。技术原因指是由于项目勘察、设计、施工中技术上的失误引发质量事故。例如，地质勘察过于疏略，对水文地质情况判断错误，致使地基基础设计采用不正确的方案或结构设计方案不正确，计算失误，构造设计不符合规范要求；施工管理及实际操作人员的技术素质差，采用了不合适的施工方法或施工工艺等。这些技术上的失误是造成质量事故的常见原因。

(2)管理原因。管理原因指管理上的不完善或失误引发质量事故。例如,施工单位或监理单位的质量管理体系不完善,质量管理措施落实不力,施工管理混乱,不遵守相关规范,违章作业,检验制度不严密,质量控制不严格,检测仪器设备因管理不善而失准,以及材料质量检验不严等原因引起质量事故。

(3)社会、经济原因。社会、经济原因指引发的质量事故是社会上存在的不正之风及经济上的原因,滋长了建设中的违法、违规行为。例如,违反基本建设程序,无立项、无报建、无开工许可、无招投标、无资质、无监理、无验收的"七无"工程,边勘察、边设计、边施工的"三边"工程,屡见不鲜,几乎所有的重大施工质量事故都能从这个方面找到原因;某些施工企业盲目追求利润而不顾工程质量,在投标报价中随意压低标价,中标后则依靠违法的手段或修改方案追加工程款,甚至偷工减料等,这些因素都会导致发生重大工程质量事故。

(4)人为事故和自然灾害原因。人为事故和自然灾害原因指造成质量事故是由于人为的设备事故、安全事故,导致连带发生质量事故,以及严重的自然灾害等不可抗力造成质量事故。

**2. 施工质量事故预防的具体措施**

(1)严格按照基本建设程序办事。首先要做好项目可行性论证,不可未经深入的调查分析和严格论证就盲目拍板定案;要彻底搞清工程地质水文条件方可开工;杜绝无证设计、无图施工;禁止任意修改设计和不按图纸施工;工程竣工不进行试车运转、不经验收不得交付使用。

(2)认真做好工程地质勘察。地质勘察时要适当布置钻孔位置和设定钻孔深度。钻孔间距过大,不能全面反映地基实际情况;钻孔深度不够,难以查清地下软土层、滑坡、墓穴、孔洞等有害地质构造。地质勘察报告必须详细、准确,防止因根据不符合实际情况的地质资料而采用错误的基础方案,导致地基不均匀沉降、失稳,使上部结构及墙体开裂、破坏、倒塌。

(3)科学地加固处理好地基。对软弱土、冲填土、杂填土、湿陷性黄土、膨胀土、岩层出露、岩溶、土洞等不均匀地基,要进行科学的加固处理。要根据不同地基的工程特性,按照地基处理与上部结构相结合使其共同工作的原则,从地基处理与设计措施、结构措施、防水措施、施工措施等方面综合考虑治理。

(4)进行必要的设计审查复核。应请具有合格专业资质的审图机构对施工图进行审查复核,防止因设计考虑不周、结构构造不合理、设计计算错误、沉降缝及伸缩缝设置不当、悬挑结构未通过抗倾覆验算等原因,导致质量事故的发生。

(5)严格把好建筑材料及制品的质量关。要从采购订货、进场验收、质量复验、存储和使用等几个环节,严格控制建筑材料及制品的质量,防止不合格或变质、损坏的材料和制品用到工程上。

(6)对施工人员进行必要的技术培训。要通过技术培训使施工人员掌握基本的建筑结构和建筑材料知识,使其懂得遵守施工验收规范对保证工程质量的重要性,从而在施工中自觉遵守操作规程,不蛮干,不违章操作,不偷工减料。

(7)依法进行施工组织管理。施工管理人员要认真学习、严格遵守国家相关政策法规和施工技术标准,依法进行施工组织管理;施工人员首先要熟悉图纸,对工程的难点和关键工序、关键部位，应编制专项施工方案并严格执行；施工作业必须按照图纸和施工验收规范、操作规程进行；施工技术措施要正确，施工顺序不可搞错，脚手架和楼面不可超载堆放构件和材料；要严格按照制度进行质量检查和验收。

（8）做好应对不利施工条件和各种灾害的预案。要根据对当地气象资料的分析和预测，事先针对可能出现的风、雨、高温、严寒、雷电等不利施工条件，制定相应的施工技术措施。还要对不可预见的人为事故和严重自然灾害做好应急预案，并有相应的人力、物力储备。

（9）加强施工安全与环境管理。许多施工安全和环境事故都会连带发生质量事故，加强施工安全与环境管理，也是预防施工质量事故的重要措施。

## 6.3　施工质量问题和质量事故的处理

**1. 施工质量事故处理的依据**

（1）质量事故的实况资料，包括质量事故发生的时间、地点；质量事故状况的描述；质量事故发展变化的情况；有关质量事故的观测记录、事故现场状态的照片或录像；事故调查组调查研究所获得的第一手资料。

（2）有关合同及合同文件，包括工程承包合同、设计委托合同、设备与器材购销合同、监理合同及分包合同等。

（3）有关的技术文件和档案，主要是有关的设计文件（如施工图纸和技术说明）、与施工有关的技术文件、档案和资料（如施工方案、施工计划、施工记录、施工日志、有关建筑材料的质量证明资料、现场制备材料的质量证明资料、质量事故发生后对事故状况的观测记录、试验记录或试验报告等）。

（4）相关的建设法规，主要有《中华人民共和国建筑法》《建设工程质量管理条例》和《关于做好房屋建筑和市政基础设施工程质量事故报告和调查处理工作的通知》（建质〔2010〕111 号）等与工程质量及质量事故处理有关的法规，以及勘察、设计、施工、监理等单位资质管理和从业者资格管理方面的法规，建筑市场管理方面的法规，以及相关技术标准、规范、规程和管理办法等。

**2. 施工质量事故报告和调查处理程序**

施工质量事故报告和调查处理程序如图 6-1 所示。

（1）事故报告。工程质量事故发生后，事故现场有关人员应当立即向工程建设单位负责报告；工程建设单位负责人接到报告后，应于 1 h 内向事故发生地县级以上人民政府住房和城乡建设主管部门及有关部门报告；同时，应按照应急预案采取相应措施。情况紧急时，事故现场有关人员可直接向事故发生地县级以上人民政府住房和城乡建设主管部门报告。

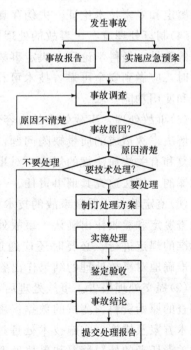

图 6-1　施工质量事故报告和调查处理程序

事故报告应包括下列内容：
1)事故发生的时间、地点、工程项目名称、工程各参建单位名称；
2)事故发生的简要经过、伤亡人数和初步估计的直接经济损失；
3)对事故原因的初步判断；
4)事故发生后所采取的措施及事故控制情况；
5)事故报告单位、联系人及联系方式；
6)其他应当报告的情况。

(2)事故调查。事故调查要按规定区分事故的大小，分别由相应级别的人民政府直接或授权委托有关部门组织事故调查组进行调查。未造成人员伤亡的一般事故，县级人民政府也可以委托事故发生单位组织事故调查组进行调查。事故调查应力求及时、客观、全面，以便为事故的分析与处理提供正确的依据。要将调查结果整理撰写成事故调查报告，其主要内容应包括：
1)事故项目及各参建单位概况；
2)事故发生经过和事故救援情况；
3)事故所造成的人员伤亡和直接经济损失；
4)事故项目有关质量检测报告和技术分析报告；
5)事故发生的原因和事故性质；
6)事故责任的认定和事故责任者的处理建议；
7)事故防范和整改措施。

(3)事故原因分析。原因分析要建立在事故情况调查的基础上，避免情况不明就主观推断事故的原因。特别是对涉及勘察、设计、施工、材料和管理等方面的质量事故，事故的原因往往错综复杂，因此，必须对调查所得到的数据、资料进行仔细的分析，依据国家有关法律法规和工程建设标准分析事故的直接原因和间接原因，必要时组织对事故项目进行检测鉴定和专家技术论证，去伪存真，找出造成事故的主要原因。

(4)制订处理方案。事故的处理要建立在原因分析的基础上，要广泛地听取专家及有关方面的意见，经科学论证，决定事故是否要进行技术处理和处理。在制订事故处理的技术方案时，应做到安全可靠、技术可行、不留隐患、经济合理、具有可操作性、满足项目的安全和使用功能要求。

(5)事故处理。事故处理的内容包括：事故的技术处理，按经过论证的技术方案进行处理，解决事故造成的质量缺陷问题；事故的责任处罚，依据有关人民政府对事故调查报告的批复和有关法律法规的规定，对事故相关责任者实施行政处罚，负有事故责任的人员涉嫌犯罪的，依法追究其刑事责任。

(6)鉴定验收。质量事故的技术处理是否达到预期的目的，是否依然存在隐患，应当通过检查鉴定和验收作出确认。事故处理的质量检查鉴定，应严格按施工验收规范和相关质量标准的规定进行，必要时还应通过实际量测、试验和仪器检测等方法获取必要的数据，以便准确地对事故处理的结果作出鉴定，形成鉴定结论。

(7)提交处理报告。事故处理后，必须尽快提交完整的事故处理报告，其内容包括：事故调查的原始资料、测试的数据；事故原因分析和论证结果；事故处理的依据；事故处理的技术方案及措施；实施技术处理过程中有关的数据、记录、资料；检查验收记录；对事故相关责任者的处罚情况和事故处理的结论等。

**3. 施工质量事故处理的基本要求**

(1)质量事故的处理应达到安全可靠、不留隐患、满足生产和使用要求、施工方便、经济合理的目的;

(2)消除造成事故的原因,注意综合治理,防止事故再次发生;

(3)正确确定技术处理的范围和正确选择处理的时间和方法;

(4)切实做好事故处理的检查验收工作,认真落实防范措施;

(5)确保事故处理期间的安全。

**4. 施工质量缺陷处理的基本方法**

(1)返修处理。若项目某些部分的质量未达到规范、标准或设计规定的要求,存在一定的缺陷,但经过采取整修等措施后可以达到要求的质量标准,又不影响使用功能或外观的要求,则可采取返修处理的方法。例如,某些混凝土结构表面出现蜂窝、麻面,或者混凝土结构局部出现损伤,如结构受撞击、局部未振实、冻害、火灾、酸类腐蚀、碱-集料反应等,当这些缺陷或损伤仅仅在结构的表面或局部,不影响其使用和外观,可进行返修处理。再如对混凝土结构出现的裂缝,经分析研究如果其不影响结构的安全和使用功能,也可采取返修处理。当裂缝宽度不大于 0.2 mm 时,可采用表面密封法;当裂缝宽度大于 0.3 mm 时,采用嵌缝密闭法;当裂缝较深时,则应采取灌浆修补的方法。

(2)加固处理。这主要是针对危及结构承载力的质量缺陷的处理。通过加固处理,建筑结构恢复或提高承载力,重新满足结构安全性与可靠性的要求,结构能继续被使用或被改作其他用途。对混凝土结构常用的加固方法主要有增大截面加固法、外包角钢加固法、粘钢加固法、增设支点加固法、增设剪力墙加固法、预应力加固法等。

(3)返工处理。当工程质量缺陷经过返修、加固处理后仍不能满足规定的质量标准要求,或不具备补救可能性,则必须采取重新制作、重新施工的返工处理措施。例如,某防洪堤坝填筑压实后,其压实土的干密度未达到规定值,经核算将影响土体的稳定且不满足抗渗能力的要求,需挖除不合格土,重新填筑,重新施工;某公路桥梁工程预应力按规定张拉系数为 1.3,而实际仅为 0.8,属严重的质量缺陷,也无法修补,只能重新制作。再如某高层住宅施工中,有几层的混凝土结构误用了安定性不合格的水泥,无法采用其他补救办法,不得不爆破拆除重新浇筑。

(4)限制使用。当工程质量缺陷按修补方法处理后无法保证达到规定的使用要求和安全要求,而又无法返工处理时,不得已可作出诸如结构卸荷或减荷以及限制使用的决定。

(5)不作处理。某些工程质量问题虽然达不到规定的要求或标准,但其情况不严重,对结构安全或使用功能影响很小,经过分析、论证、法定检测单位鉴定和设计单位等认可后可不作专门处理。一般可不作专门处理的情况有以下几种:

1)不影响结构安全和使用功能的。例如,有的工业建筑物出现放线定位的偏差,且严重超过规范标准规定,若要纠正,会造成重大经济损失,但经过分析、论证,其偏差不影响生产工艺和正常使用,对外观也无明显影响,可不作处理。又如,某些部位的混凝土表面的裂缝,经检查分析,属于表面养护不够的干缩微裂,不影响安全和外观,也可不作处理。

2)后道工序可以弥补的质量缺陷。例如,混凝土结构表面的轻微麻面,可通过后续的抹灰、刮涂、喷涂等弥补,也可不作处理。再如,混凝土现浇楼面的平整度偏差达到 10 mm,但由于后续垫层和面层的施工可以弥补,所以也可不作处理。

3)法定检测单位鉴定合格的。例如,某检验批混凝土试块强度值不满足规范要求,强度不足,但经法定检测单位对混凝土实体强度进行实际检测,其实际强度达到规范允许和设计要求值时,可不作处理。对经检测未达到要求值,但与要求值相差不多的,经分析论证,只要使用前经再次检测达到设计强度,也可不作处理,但应严格控制施工荷载。

4)出现的质量缺陷,经检测鉴定达不到设计要求,但经原设计单位核算,仍能满足结构安全和使用功能的。例如,某一结构构件截面尺寸不足,或材料强度不足,影响结构承载力,但按实际情况进行复核验算后仍能满足设计要求的承载力时,可不进行专门处理。这种做法实际上是挖掘设计潜力或降低设计的安全系数,应谨慎处理。

(6)报废处理。出现质量事故的项目,通过分析或实践,采取上述处理方法后仍不能满足规定的质量要求或标准,则必须予以报废处理。

## 项目小结

工程质量事故是指由于建设、勘察、设计、施工、监理等单位违反工程质量有关法律法规和工程建设标准,使工程产生结构安全、重要使用功能等方面的质量缺陷,造成人身伤亡或者重大经济损失的事故。

建立健全施工质量管理体系,加强施工质量控制,就是为了预防施工质量问题和质量事故,在保证工程质量合格的基础上,不断提高工程质量。所以,施工质量控制的所有措施和方法,都是预防施工质量事故的措施。

事故的处理要建立在原因分析的基础上,要广泛听取专家及有关方面的意见,经科学论证,决定事故是否要进行技术处理和怎样处理。在制定事故处理的技术方案时,应做到安全可靠、技术可行、不留隐患、经济合理、具有可操作性、满足项目的安全和使用功能要求。

## 复习思考题

6—1 何谓质量不合格?何谓质量缺陷?
6—2 何谓质量问题和质量事故?
6—3 质量事故按事故造成损失的程度如何分级?
6—4 施工质量事故发生的原因有几类?
6—5 施工质量事故处理的依据有哪些?
6—6 事故报告应包括哪些内容?
6—7 施工质量事故处理的基本要求有哪些?
6—8 施工质量缺陷处理的基本方法有哪些?

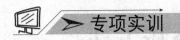 **专项实训**

## 模拟建筑工程质量缺陷的处理

实训目的：体验建筑工程质量控制氛围，熟悉建筑工程质量缺陷的处理方法。

材料准备：①模拟施工现场。
②不同工程实体缺陷。
③施工工具。
④施工材料。
⑤设计缺陷的发现、处理过程。

实训步骤：划分小组→制定工程任务→发现现场质量缺陷→制订方案→进行缺陷处理→完成处理报告。

实训结果：①熟悉建筑工程质量控制氛围。
②掌握建筑工程质量缺陷的处理方法。
③编制处理报告。

注意事项：①学生角色扮演真实。
②学生工作任务设计合理。
③充分发挥学生的积极性、主动性与创造性。

# 项目 7 质量控制的统计分析方法

**项目描述**

本项目主要介绍质量统计基本知识和质量分析方法等内容。

**学习目标**

通过本项目的学习，学生能够了解质量统计基本知识，掌握统计调查表法、分层法、因果分析图法、排列图法、直方图法、控制图法、相关图法等质量分析方法。

**素质目标**

质量控制的数理统计技术是建筑工程质量的科学管理手段和分析方法。通过本项目的学习，要求学生掌握数理统计相关知识，培养学生用数据说话的现代管理意识和科学严谨的工作态度。

**项目导入**

统计质量管理是 20 世纪 30 年代发展起来的科学管理理论与方法，它把数理统计方法应用于产品生产过程的抽样检验，通过研究样本质量特性数据的分布规律，分析和推断生产过程质量的总体状况，改变了传统的事后把关的质量控制方式，为工业生产的事前质量控制和过程质量控制提供了有效的科学手段。它的作用和贡献使之成为质量管理历史上一个阶段性的标志，它至今仍是质量管理不可缺少的工具。可以说，没有数理统计方法就没有现代工业质量管理。

建筑业虽然是现场型的单件性建筑产品生产，数理统计方法直接在现场施工过程工序质量检验中的应用，受到客观条件的某些限制，但在进场材料的抽样检验、试块试件的检测试验等方面，仍然有广泛的应用。尤其是人们应用数理统计原理所创立的分层法、因果分析图法、直方图法、排列图法、管理图法、分布图法、检查表法等定量和定性方法，对施工现场质量管理都有实际的应用价值。本项目主要介绍统计调查表法、分层法、因果分析图法、排列图法、直方图法、控制图法、相关图法的应用。

## 7.1 质量统计基本知识

**1. 抽样检验的基本概念**

(1)总体与个体。总体也称母体，是所研究对象的全体。个体是组成总体的基本元素。

个体用字母 $N$ 来表示。

(2)样本。样本也称子样，是从总体中随机抽取出来，并根据对其的研究结果推断总体质量特征的那部分个体。样本用字母 $n$ 来表示。

(3)统计推断工作过程。质量统计推断工作是运用质量统计方法在生产过程中或一批产品中，随机抽取样本，通过对样品进行检测和整理加工，从中获得样本质量数据信息，并以此为依据，以概率数理统计为理论基础，对总体的质量状况作出分析和判断。

**2. 质量数据的收集方法**

(1)全数检验。全数检验是对总体中的全部个体逐一观察、测量、计数、登记，从而获得对总体质量水平评价结论的方法。

(2)随机抽样检验。随机抽样检验是按照随机抽样的原则，从总体中抽取部分个体组成样本，根据对样品进行检测的结果，推断总体质量水平的方法。

抽样的具体方法有：

1)简单随机抽样。简单随机抽样又称纯随机抽样、完全随机抽样，是对总体不进行任何加工，直接进行随机抽样，获取样本的方法。

2)分层抽样。分层抽样又称分类或分组抽样，是将总体按与研究目的有关的某一特性分为若干组，然后在每组内随机抽取样品组成样本的方法。

3)等距抽样。等距抽样又称机械抽样、系统抽样，是将个体按某一特性排队编号后均分为 $n$ 组，这时每组有 $K=N/n$ 个个体，然后在第一组内随机抽取第一件样品，以后每隔一定距离（$K$ 号）抽选出其余样品组成样本的方法。如在流水作业线上每生产 100 件产品抽出一件产品作样品，直到抽出 $n$ 件产品组成样本。

4)整群抽样。整群抽样一般是将总体按自然存在的状态分为若干群，并从中抽取样品群组成样本，然后在选中群内进行全数检验的方法。如对原材料质量进行检测，可按原包装的箱、盒为群随机抽取，对选中的箱、盒作全数检验；每隔一定时间抽出一批产品进行全数检验等。

由于随机性表现在群间，样品集中，分布不均匀，代表性差，产生的抽样误差也大，同时在有周期性变动时，也应注意避免系统偏差。

5)多阶段抽样。多阶段抽样又称多级抽样。上述抽样方法的共同特点是整个过程中只有一次随机抽样，因而统称为单阶段抽样。但是当总体很大时，很难一次抽样完成预定的目标。多阶段抽样是将各种单阶段抽样方法结合使用，通过多次随机抽样来实现的抽样方法。如检验钢材、水泥等的质量，可以对总体按不同批次分为 $R$ 群，从中随机抽取 $r$ 群，而后在选中的 $r$ 群中的 $M$ 个个体中随机抽取 $m$ 个个体，这就是整群抽样与分层抽样相结合的二阶段抽样，它的随机性表现在群间和群内有两次。

**3. 质量数据的分类**

质量数据是指由个体产品质量特性值组成的样本(总体)的质量数据集，在统计上称为变量；个体产品质量特性值称变量值。根据质量数据的特点，可以将其分为计量值数据和计数值数据。

(1)计量值数据。计量值数据是可以连续取值的数据，属于连续型变量。其特点是在任意两个数值之间都可以取精度较高一级的数值。

(2)计数值数据。计数值数据是只能按 0，1，2，…数列取值计数的数据，属于离散型变量。它一般由计数得到。计数值数据又可分为计件值数据和计点值数据。

1）计件值数据，表示具有某一质量标准的产品个数，如总体中合格品数、一级品数。

2）计点值数据，表示个体（单件产品、单位长度、单位面积、单位体积等）上的缺陷数、质量问题点数等，如检验钢结构构件涂料涂装质量，构件表面的焊渣、焊疤、油污、毛刺数量等。

**4. 质量数据的特征值**

样本数据特征值是由样本数据计算的描述样本质量数据波动规律的指标。统计推断就是根据这些样本数据特征值来分析、判断总体的质量状况。常用的有描述数据分布集中趋势的算术平均数、中位数和描述数据分布离中趋势的极差、标准偏差、变异系数等。

**5. 质量数据分布的规律性**

概率数理统计在对大量统计数据的研究中，归纳总结出许多分布类型，如一般计量值数据服从正态分布，计件值数据服从二项分布，计点值数据服从泊松分布等。

如果是随机抽取的样本，无论它的来源总体是何种分布，在样本容量较大时，其样本均值也将服从或近似服从正态分布。因而，正态分布最重要、最常见、应用最广泛。正态分布概率密度曲线如图 7-1 所示。

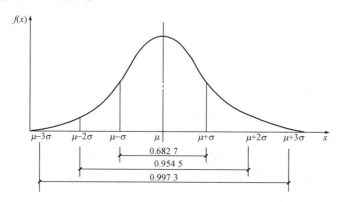

**图 7-1　正态分布概率密度曲线**

# 7.2　质量分析方法

**质量分析方法**

**1. 统计调查表法**

统计调查表法又称统计调查分析法，它是利用专门设计的统计表对质量数据进行收集、整理和粗略分析质量状态的一种方法。

在质量控制活动中，利用统计调查表收集数据，简便灵活，便于整理，实用有效。它没有固定格式，可根据需要和具体情况，设计出不同的统计调查表，常用的有：

(1)分项工程作业质量分布调查表；

(2)不合格项目调查表；

(3)不合格原因调查表；

(4)施工质量检查评定用调查表等。

应当指出，统计调查表法往往同分层法结合起来应用，可以更好、更快地找出问题的原因，以便采取改进的措施。

**2. 分层法**

(1)分层法的基本原理。分层法又叫作分类法，是将调查收集的原始数据，根据不同的目的和要求，按某一性质进行分组、整理的分析方法。分层的结果使数据各层之间的差异突出地显示出来，层内的数据差异减少了。在此基础上再进行层间、层内的比较分析，可以更深入地发现和认识产生质量问题的原因。由于产品质量是多方面因素共同作用的结果，因而对同一批数据，可以按不同性质分层，以便从不同角度来考虑、分析产品存在的质量问题和影响因素。

由于项目质量的影响因素众多，对工程质量状况的调查和质量问题的分析，必须分门别类地进行，以便准确有效地找出问题及其原因所在，这就是分层法的基本思想。

例如，一个焊工班组有 A、B、C 三人实施焊接作业，共抽检 60 个焊接点，发现有 18 点不合格，占 30%。究竟问题出在谁身上？根据分层调查的统计数据表(表 7-1)可知，主要是作业工人 C 的焊接质量影响了总体的质量水平。

表 7-1 分层调查的统计数据表

| 作业工人 | 抽检点数 | 不合格点数 | 个体不合格率 | 占不合格点总数百分率 |
| --- | --- | --- | --- | --- |
| A | 20 | 2 | 10% | 11% |
| B | 20 | 4 | 20% | 22% |
| C | 20 | 12 | 60% | 67% |
| 合计 | 60 | 18 | — | 100% |

(2)分层法的实际应用。应用分层法的关键是调查分析的类别和层次划分，根据管理需要和统计目的，通常可按照以下分层方法取得原始数据：

1)按施工时间分，如月、日、上午、下午、白天、晚间、季节；

2)按地区部位分，如区域、城市、乡村、楼层、外墙、内墙；

3)按产品材料分，如产地、厂商、规格、品种；

4)按检测方法分，如方法、仪器、测定人、取样方式；

5)按作业组织分，如工法、班组、工长、工人、分包商；

6)按工程类型分，如住宅、办公楼、道路、桥梁、隧道；

7)按合同结构分，如总承包、专业分包、劳务分包。

经过第一次分层调查和分析，找出主要问题以后，还可以针对这个问题再次分层进行调查分析，一直到分析结果满足管理需要为止。层次类别划分越明确、越细致，就越能够准确有效地找出问题及其原因。

**3. 因果分析图法**

(1)因果分析图的概念。因果分析图法是利用因果分析图来系统整理分析某个质量问题(结果)与其产生原因之间关系的有效工具。因果分析图也称特性要因图，又因其形状常被称为树枝图或鱼刺图。

(2)因果分析图法的基本原理。因果分析图法的基本原理是对每一个质量特性或问题，采用图 7-2 所示的方法，逐层深入排查可能原因，然后确定其中最主要的原因，进行有的放矢的处置和管理。

由图7-2可见，因果分析图由质量特性（即质量结果，指某个质量问题）、要因（产生质量问题的主要原因）、枝干（指用一系列箭线表示不同层次的原因）、主干（指较粗的直接指向质量结果的水平箭线）等所组成。

(3)因果分析图法的应用示例。图7-2表示混凝土强度不合格的原因分析，其中，把混凝土施工的生产要素，即人、机械、材料、施工方法和施工环境作为第一层面的因素进行分析；然后对第一层面的各个因素，再进行第二层面的可能原因的深入分析。依此类推，直至把所有可能的原因，分层次地一一罗列出来。

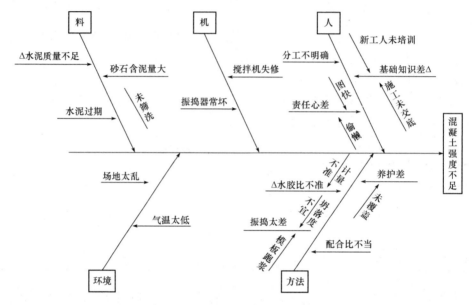

图7-2 混凝土强度不合格因果分析图

(4)因果分析图法应用时的注意事项。
1)一个质量特性或一个质量问题使用一张图分析；
2)通常采用QC小组活动的方式进行，集思广益，共同分析；
3)必要时可以邀请小组以外的有关人员参与，广泛听取意见；
4)分析时要充分发表意见，层层深入，排出所有可能的原因；
5)在充分分析的基础上，由各参与人员采用投票或其他方式，从中选择1~5项多数人达成共识的最主要原因。

**4. 排列图法**

(1)排列图法的适用范围。在质量管理过程中，对通过抽样检查或检验试验所得到的关于质量问题、偏差、缺陷、不合格等方面的统计数据，以及造成质量问题的原因分析统计数据，均可采用排列图方法进行状况描述，它具有直观、主次分明的特点。

(2)排列图法的应用示例。表7-2表示对某项模板施工精度进行抽样检查，得到150个不合格点数的统计数据，然后按照质量特性不合格点数（频数）由大到小的顺序，重新整理为表7-3，并分别计算出累计频数和累计频率。

表 7-2　某项模板施工精度的抽样检查数据

| 序号 | 检查项目 | 不合格点数 | 序号 | 检查项目 | 不合格点数 |
|---|---|---|---|---|---|
| 1 | 轴线位置 | 1 | 5 | 平面水平度 | 15 |
| 2 | 垂直度 | 8 | 6 | 表面平整度 | 75 |
| 3 | 标高 | 4 | 7 | 预埋设施中心位置 | 1 |
| 4 | 截面尺寸 | 45 | 8 | 预留孔洞中心位置 | 1 |

表 7-3　重新整理后的抽样检查数据

| 序号 | 项目 | 频数 | 频率/% | 累计频率/% |
|---|---|---|---|---|
| 1 | 表面平整度 | 75 | 50.0 | 50.0 |
| 2 | 截面尺寸 | 45 | 30.0 | 80.0 |
| 3 | 平面水平度 | 15 | 10.0 | 90.0 |
| 4 | 垂直度 | 8 | 5.3 | 95.3 |
| 5 | 标高 | 4 | 2.7 | 98.0 |
| 6 | 其他 | 3 | 2.0 | 100.0 |
| 合计 | | 150 | 100 | |

根据表 7-3 的统计数据画排列图(图 7-3)，并将其中累计频率为 0～80% 的问题定为 A 类问题，即主要问题，进行重点管理；将累计频率为 80%～90% 的问题定为 B 类问题，即次要问题，作为次重点管理；将其余累计频率为 90%～100% 的问题定为 C 类问题，即一般问题，按照常规适当加强管理。以上方法称为 ABC 分类法。

排列图的绘制过程如下：

1) 画横坐标。将横坐标按项目数等分，并按项目频数由大到小的顺序从左至右排列，该例中横坐标分为六等份。

2) 画纵坐标。左侧的纵坐标表示项目不合格点数，即频数，右侧纵坐标表示累计频率。要求总频数对应累计频率 100%。该例中 150 应与 100% 在一条水平线上。

3) 画频数直方形。以频数为高画出各项目的直方形。

4) 画累计频率曲线。从横坐标左端点开始，依次连接各项目直方形右边线及其所对应的累计频率值的交点，所得的曲线即累计频率曲线。

5) 记录必要的事项，如标题、收集数据的方法和时间等。

(3) 排列图的观察与分析。

1) 观察直方图，大致可看出各项目的影响程度。排列图中的每个直方形都表示一个质量问题或影响因素。影响程度与各直方形的高度成正比。

2) 利用 ABC 分类法，确定主次因素。将累计频率曲线按 0～80%、80%～90%、90%～100% 分为三部分，各曲线下面所对应的影响因素分别为 A、B、C 三类因素。

该例中 A 类即主要因素是表面平整度、截面尺寸(梁、柱、墙板、其他构件)，B 类即次要因素是水平度，C 类即一般因素有垂直度、标高和其他项目。综上分析结果，下部应重点解决 A 类质量问题。

(4) 排列图的应用。排列图可以形象、直观地反映主次因素。其主要应用有：

1) 按不合格点的内容分类，可以分析出造成质量问题的薄弱环节。

2) 按生产作业分类，可以找出生产不合格品最多的关键过程。

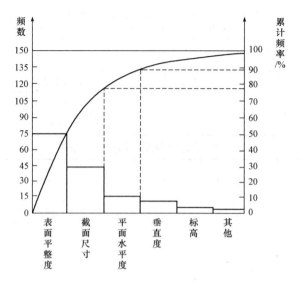

图 7-3 构件尺寸不合格点排列图

3)按生产班组或单位分类,可以分析比较各单位技术水平和质量管理水平。

4)将采取提高质量措施前后的排列图对比,可以分析措施是否有效。

5)用于成本费用分析、安全问题分析等。

**5. 直方图法**

(1)直方图法的主要用途。直方图法即频数分布直方图法,它是将收集到的质量数据进行分组整理,绘制成频数分布直方图,用以描述质量分布状态的一种分析方法,所以又称质量分布图法。

通过直方图的观察与分析,可了解产品质量的波动情况,掌握质量特性的分布规律,以便对质量状况进行分析判断。同时,可通过质量数据特征值的计算,估算施工生产过程总体的不合格品率,评价过程能力等。

1)整理统计数据,了解统计数据的分布特征,即数据分布的集中或离散状况,从中掌握质量能力状态。

2)观察分析生产过程质量是否处于正常、稳定和受控状态以及质量水平是否保持在公差允许的范围内。

(2)直方图法的应用示例。首先是收集当前生产过程质量特性抽检的数据,然后制作直方图进行观察分析,判断生产过程的质量状况和能力。表7-4所示为某工程10组试块的抗压强度数据(50个),从这些数据很难直接判断其质量状况是否正常、稳定及其受控情况,如将其数据整理后绘制成直方图,就可以根据正态分布的特点进行分析判断,如图7-4所示。

表 7-4 数据整理表    N/mm²

| 序号 | 抗压强度 | | | | | 最大值 | 最小值 |
|---|---|---|---|---|---|---|---|
| 1 | 39.8 | 37.7 | 33.8 | 31.5 | 36.1 | 39.8 | 31.5 |
| 2 | 37.2 | 38.0 | 33.1 | 39.0 | 36.0 | 39.0 | 33.1 |
| 3 | 35.8 | 35.2 | 31.8 | 37.1 | 34.0 | 37.1 | 31.8 |
| 4 | 39.9 | 34.3 | 33.2 | 40.4 | 41.2 | 41.2 | 33.2 |

续表

| 序号 | 抗压强度 | | | | | 最大值 | 最小值 |
|---|---|---|---|---|---|---|---|
| 5 | 39.2 | 35.4 | 34.4 | 38.1 | 40.3 | 40.3 | 34.4 |
| 6 | 42.3 | 37.5 | 35.5 | 39.3 | 37.3 | 42.3 | 35.5 |
| 7 | 35.9 | 42.4 | 41.8 | 36.3 | 36.2 | 42.4 | 35.9 |
| 8 | 46.2 | 37.6 | 38.3 | 39.7 | 38.0 | 46.2 | 37.6 |
| 9 | 36.4 | 38.3 | 43.4 | 38.2 | 38.0 | 43.4 | 36.4 |
| 10 | 44.4 | 42.0 | 37.9 | 38.4 | 39.5 | 44.4 | 37.9 |

(3)直方图的观察分析。

1)通过分布形状观察分析。

①所谓通过分布形状观察分析，是指将绘制好的直方图形状与正态分布图的形状进行比较分析，一看形状是否相似，二看分布区间的宽窄。直方图的分布形状及分布区间的宽窄是由质量特性统计数据的平均值和标准偏差所决定的。

②正常型直方图呈正态分布，其形状特征是中间高、两边低、对称，如图 7-5(a)所示。正常型直方图反映生产过程质量处于正常、稳定状态。数理

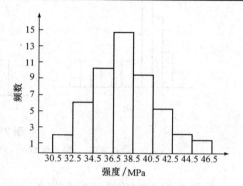

图 7-4 混凝土强度分布直方图

统计研究证明，当随机抽样方案合理且样本数量足够大时，若生产能力处于正常、稳定状态，则质量特性检测数据趋于正态分布。

③异常型直方图呈偏态分布，常见的异常型直方图有折齿型、缓坡型、孤岛型、双峰型、峭壁型，如图 7-5(b)、(c)、(d)、(e)、(f)所示，出现异常的原因可能是生产过程存在影响质量的系统因素，或收集整理数据制作直方图的方法不当，要具体分析。

a. 折齿型[图 7-5(b)]，是因分组组数不当或者组距确定不当而出现的。

b. 左(或右)缓坡型[图 7-5(c)]，主要是操作中对上限(或下限)控制太严造成的。

c. 孤岛型[图 7-5(d)]，是原材料发生变化，或者他人临时顶班作业造成的。

d. 双峰型[图 7-5(e)]，是因用两种不同方法或两台设备或两组工人进行生产，然后把两方面数据混在一起整理而产生的。

e. 绝壁型[图 7-5(f)]，是因数据收集不正常，可能有意识地去掉下限以下的数据，或是在检测过程中存在某种人为因素而产生的。

2)通过分布位置观察分析。

①所谓通过分布位置观察分析，是指将直方图的分布位置与质量控制标准的上、下限范围进行比较分析，如图 7-6 所示。

②在生产过程的质量正常、稳定和受控的同时，还必须在公差标准上、下限范围内达到质量合格的要求。只有这样的正常、稳定和受控才是经济合理的受控状态，如图 7-6(a)所示。

③图 7-6(b)中质量特性数据分布偏下限，易出现不合格现象，在管理上必须提高总体能力。

④图 7-6(c)中质量特性数据的分布宽度边界达到质量标准的上、下限，其质量能力处于临界状态，易出现不合格现象，必须分析原因，采取措施。

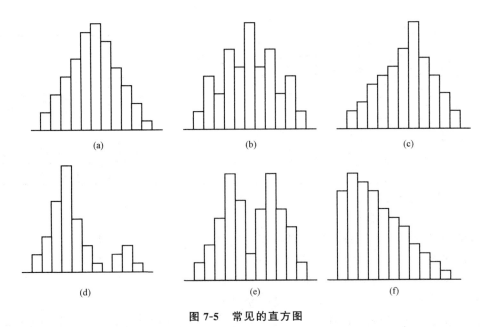

图 7-5 常见的直方图
(a)正常型；(b)折齿型；(c)缓坡型；(d)孤岛型；(e)双峰型；(f)峭壁型

⑤图 7-6(d)中质量特性数据的分布居中且边界与质量标准的上、下限有较大的距离，说明其质量能力偏大，不经济。

⑥图 7-6(e)、(f)中的数据分布均已出现超出质量标准的上、下限，这些数据说明生产过程存在质量不合格现象，需要分析原因，采取措施进行纠偏。

**6. 控制图法**

(1)控制图的基本形式及其用途。控制图又称管理图。它是在直角坐标系内画有控制界限，描述生产过程中产品质量波动状态的图形。利用控制图区分质量波动原因，判明生产过程是否处于稳定状态的方法称为控制图法。

1)控制图的基本形式。控制图如图 7-7 所示。横坐标为样本(子样)序号或抽样时间，纵坐标为被控制对象，即被控制的质量特性值。控制图上一般有三条线：在上面的一条虚线称为上控制界限，用符号 UCL 表示；在下面的一条虚线称为下控制界限，用符号 LCL 表示；中间的一条实线称为中心线，用符号 CL 表示。中心线标志着质量特性值分布的中心位置，上、下控制界限标志着质量特性值允许波动范围。

在生产过程中通过抽样取得数据，把样本统计量描在图上来分析判断生产过程状态。如果点随机地落在上、下控制界限内，则表明生产过程正常，处于稳定状态，不会产生不合格品；如果点超出控制界限，或点排列有缺陷，则表明生产条件发生了异常变化，生产过程处于失控状态。

2)控制图的用途。控制图是用样本数据来分析判断生产过程是否处于稳定状态的有效工具。它的用途主要有两个：

一是过程分析，即分析生产过程是否稳定。为此，应随机连续收集数据，绘制控制图，观察数据点分布情况并判定生产过程状态。二是过程控制，即控制生产过程质量状态。为此，要定时抽样取得数据，将其变为点并描在图上，发现并及时消除生产过程中的失调现象，预防不合格品的产生。

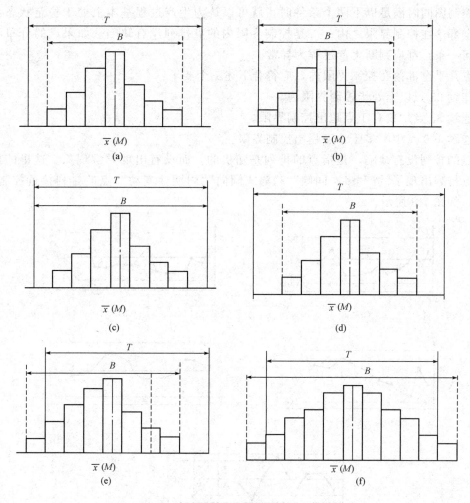

图 7-6 直方图与质量标准的上、下限

(2)控制图的观察与分析。前面讲述的排列图法、直方图法是质量控制的静态分析法，反映的是质量在某一段时间里的静止状态。然而产品都是在动态的生产过程中形成的，因此，在质量控制中单用静态分析法显然是不够的，还必须有动态分析法。只有用动态分析法，才能随时了解生产过程中质量的变化情况，及时采取措施，使生产处于稳定状态，起到预防出现废品的作用。控制图就是典型的动态分析法。

绘制控制图的目的是分析判断生产过程是否处于稳定状态。这主要是通过对控制图上的点的分布情况的观察与分析进行的。因为控制图上的点作为随机抽样的样本，可以反映出生产过程（总体）的质量分布状态。

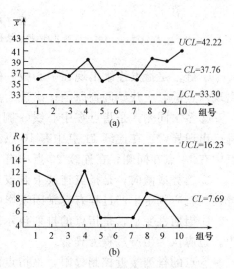

图 7-7 混凝强度控制图
(a) $\bar{x}$ 控制图；(b) $R$ 控制图

当控制图同时满足以下两个条件时，就可以认为生产过程基本上处于稳定状态：一是点几乎全部落在控制界限之内；二是控制界限内的点排列没有缺陷。如果点的分布不满足其中任何一条，都应判断生产过程为异常。

1) 点几乎全部落在控制界限内，应符合下述三个要求：
① 连续 25 点以上处于控制界限内。
② 连续 35 点中仅有 1 点超出控制界限。
③ 连续 100 点中不多于 2 点超出控制界限。

2) 点的排列没有缺陷，是指点的排列是随机的，而没有出现异常现象。这里的异常现象是指点排列出现了"链""多次同侧""趋势或倾向""周期性变动""点的排列接近控制界限"等情况，如图 7-8 所示。

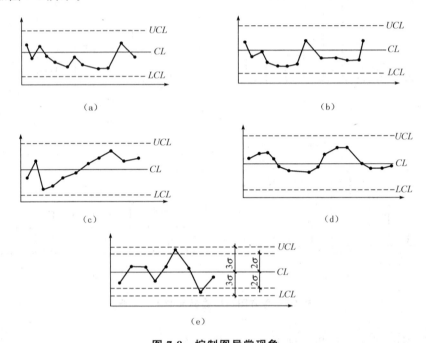

图 7-8 控制图异常现象
(a)链；(b)多次同侧；(c)趋势或倾向；(d)周期性变动；(e)点的排列接近控制界限

① 链，是指点连续出现在中心线一侧的现象。出现五点链，应注意生产过程发展状况；出现六点链，应开始调查原因；出现七点链，应判定工序异常，需采取处理措施。

② 多次同侧，是指点在中心线一侧多次出现的现象，或称偏离。下列情况说明生产过程已出现异常：在连续 11 点中有 10 点在同侧；在连续 14 点中有 12 点在同侧；在连续 17 点中有 14 点在同侧；在连续 20 点中有 16 点在同侧。

③ 趋势或倾向，是指点连续上升或连续下降的现象。连续 7 点或 7 点以上上升或下降排列，就应判定生产过程有异常因素影响，要立即采取措施。

④ 周期性变动，是指点的排列显示周期性变化的现象。这样即使所有点都在控制界限内，也应认为生产过程为异常。

⑤ 点的排列接近控制界限，是指点落在了 $\mu \pm 2$ 以外和 $\mu \pm 3\sigma$ 以内。如属下列情况应判定为异常：连续 3 点至少有 2 点接近控制界限；连续 7 点至少有 3 点接近控制界限；连续 10 点至少有 4 点接近控制界限。

以上是通过分析用控制图判断生产过程是否正常的准则。如果生产过程处于稳定状态，则把分析用控制图转为管理用控制图。分析用控制图是静态的，而管理用控制图是动态的。随着生产过程的推进，通过抽样取得质量数据，把点描在图上，随时观察点的变化，一是点落在控制界限外或控制界限上，即判断生产过程异常，点即使在控制界限内，也应随时观察其有无缺陷，以对生产过程正常与否作出判断。

**7. 相关图法**

(1)相关图法的用途。相关图又称散布图。在质量控制中它是用来显示两种质量数据之间关系的一种图形。质量数据之间的关系多属相关关系，一般有三种类型：一是质量特性和影响因素之间的关系；二是质量特性和质量特性之间的关系；三是影响因素和影响因素之间的关系。

可以用 $y$ 和 $x$ 分别表示质量特性值和影响因素，通过绘制散布图，计算相关系数等，分析研究两个变量之间是否存在相关关系，以及这种关系的密切程度如何，进而对相关程度密切的两个变量中的一个进行观察控制，去估计控制另一个变量的数值，以达到保证产品质量的目的。这种统计分析方法，称为相关图法。

(2)相关图的观察与分析。相关图中点的集合，反映了两种数据之间的散布状况，根据散布状况，可以分析两个变量之间的关系。归纳起来有以下六种类型，如图7-9所示：

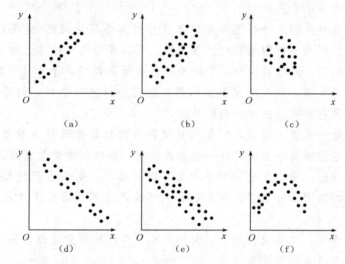

**图 7-9 相关图两个变量之间的关系**
(a)正相关；(b)弱正相关；(c)不相关；(d)负相关；(e)弱负相关；(f)非线性相关

1)正相关。散布点基本形成由左至右向上变化的一条直线带，即随着 $x$ 值的增加，$y$ 值也相应增加，说明 $x$ 与 $y$ 有较强的制约关系。此时，可通过控制 $x$ 而有效控制 $y$ 的变化。

2)弱正相关。散布点形成向上较分散的直线带，即随着 $x$ 值的增加，$y$ 值也有增加趋势，但 $x$、$y$ 的关系不像正相关那么明确。这说明 $y$ 除受 $x$ 影响外，还受其他更重要的因素影响。需要进一步利用因果分析图法分析其他影响因素。

3)不相关。散布点形成一团或平行于 $x$ 轴的直线带。这说明 $x$ 的变化不会引起 $y$ 的变化或其变化无规律，分析质量原因时可排除 $x$ 因素。

4)负相关。散布点形成由左至右向下的一条直线带。这说明 $x$ 对 $y$ 的影响与正相关恰恰相关。

5）弱负相关。散布点形成由左至右向下的较分散的直线带。这说明 $x$ 与 $y$ 的相关关系较弱，且变化趋势相反，应考虑寻找影响 $y$ 的其他更重要的因素。

6）非线性相关。散布点呈一曲线带，即在一定范围内 $x$ 值增加，$y$ 值也增加；超过这个范围 $x$ 值增加，$y$ 值则有下降趋势，或改变变动的斜率呈曲线形态。

## 项目小结

总体也称母体，是所研究对象的全体。个体是组成总体的基本元素。样本也称子样，是从总体中随机抽取出来，并根据对其的研究结果推断总体质量特征的那部分个体。质量统计推断工作是运用质量统计方法在生产过程中或一批产品中，随机抽取样本，通过对样品进行检测和整理加工，从中获得样本质量数据信息，并以此为依据，以概率数理统计为理论基础，对总体的质量状况作出分析和判断。

统计调查表法又称统计调查分析法，它是利用专门设计的统计表对质量数据进行收集、整理和粗略分析质量状态的一种方法。

分层法又叫作分类法，是将调查收集的原始数据，根据不同的目的和要求，按某一性质进行分组、整理的分析方法。

因果分析图法是利用因果分析图来系统整理分析某个质量问题（结果）与其产生原因之间关系的有效工具。因果分析图也称特性要因图，又因其形状常被称为树枝图或鱼刺图。

在质量管理过程中，对通过抽样检查或检验试验所得到的关于质量问题、偏差、缺陷、不合格等方面的统计数据，以及造成质量问题的原因分析统计数据，均可采用排列图方法进行状况描述，它具有直观、主次分明的特点。

直方图法即频数分布直方图法，它是将收集到的质量数据进行分组整理，绘制成频数分布直方图，用以描述质量分布状态的一种分析方法，所以又称质量分布图法。

控制图又称管理图，是在直角坐标系内画有控制界限，描述生产过程中产品质量波动状态的图形。利用控制图区分质量波动原因，判明生产过程是否处于稳定状态的方法称为控制图法。

相关图又称散布图，在质量控制中，它是用来显示两种质量数据之间关系的一种图形。质量数据之间的关系多属相关关系。

## 复习思考题

7-1 什么是总体？什么是个体？什么是样本？

7-2 质量数据的收集方法有哪几种？

7-3 何谓分层法？它有何应用？

7-4 何谓因果分析图？它有何应用？

7-5 何谓直方图法？它有何应用？

7-6 何谓控制图法？它有何应用？

7-7 何谓相关图法？它有何应用？

7—8 控制图点的排列有何缺陷?

7—9 相关图两个变量之间的关系有哪几种?

 专项实训

### 利用统计技术进行质量控制

实训目的:体验统计技术在质量管理中的应用氛围,熟悉质量管理统计技术的应用。

材料准备:①质量数据。

②统计技术原理。

③计算器。

④检测工具。

⑤设计质量控制过程。

实训步骤:划分小组→分配工作任务→进行数据分析→选择合理的统计技术→完成质量数据分析。

实训结果:①熟悉统计技术在质量管理中的应用氛围。

②掌握质量管理统计技术的应用。

③编制质量数据分析报告。

注意事项:①学生角色扮演真实。

②统计技术选用合理。

③充分发挥学生的积极性、主动性与创造性。

# 项目 8　建设行政管理部门对施工质量的监督管理

**项目描述**

本项目单元主要介绍了建设行政管理部门对施工质量的监督管理等内容。

建设行政管理部门
对施工质量的监督管理

**学习目标**

通过本单元的学习,学生能够了解建筑工程施工质量监督管理的制度,掌握建设行政管理部门施工质量监督管理实施的程序和要求。

**素质目标**

建设行政管理部门对施工质量的监督管理是政府主管部门对建筑工程质量责任和担当。通过本项目的学习,要求学生认识建筑工程质量重要性,培养学生的质量责任意识和认真负责的工作态度。

**项目导入**

《中华人民共和国建筑法》及《建设工程质量管理条例》规定,国家实行建设工程质量监督管理制度,由政府行政主管部门设立专门机构对工程建设全过程进行质量监督管理。

## 8.1　建筑工程施工质量监督管理制度

**1. 建筑工程监督管理部门职责的划分**

国务院建设行政主管部门对全国的建设工程质量实施统一监督管理。国家交通、水利等有关部门按照国务院规定的职责分工,负责对全国有关专业建设工程质量的监督管理。

县级以上地方人民政府建设行政主管部门对行政区域内的建设工程质量实施监督管理。县级以上地方人民政府交通、水利等有关部门在各自的职责范围内,负责对本行政区域内的专业建设工程质量进行监督管理。

**2. 工程质量监督的性质与权限**

工程质量监督的性质属于行政执法行为,是为了保护人民生命和财产安全,由主管部门依据有关法律法规和工程建设强制性标准,对工程实体质量和工程建设、勘察、设计、施工、监理单位(此五类单位简称为工程质量责任主体)和质量检测等单位的工程质量行为实施监督。

工程实体质量监督,是指主管部门对涉及工程主体结构安全、主要使用功能的工程实体质量情况实施监督。

工程质量行为监督,是指主管部门对工程质量责任主体和质量检测等单位履行法定质量责任和义务的情况实施监督。

工程质量监督管理的具体工作可以由县级以上地方人民政府建设主管部门委托所属的工程质量监督机构实施,可采取政府购买服务的方式,委托具备条件的社会力量进行工程质量监督检查和抽测。

主管部门实施监督检查时,有权采取下列措施:
(1)要求被检查的单位提供有关工程质量的文件和资料。
(2)进入被检查单位的施工现场进行检查。
(3)发现有影响工程质量的问题时,责令改正。

有关单位和个人对政府建设行政主管部门和其他有关部门进行的监督检查应当支持与配合,不得拒绝或者阻碍建设工程质量监督检查人员依法执行职务。

**3. 政府质量监督的内容**

工程质监督管理包括下列内容:
(1)执行法律法规和工程建设强制性标准的情况;
(2)抽查涉及工程主体结构安全和主要使用功能的工程实体质量;
(3)抽查工程质量责任主体和质量检测等单位的工程质量行为;
(4)抽查主要建筑材料、建筑构配件的质量;
(5)对工程竣工验收进行监督;
(6)组织或者参与工程质量事故的调查处理;
(7)定期对本地区工程质量状况进行统计分析;
(8)依法对违法违规行为实施处罚。

其中,对涉及工程主体结构安全和主要使用功能的工程实体质量抽查的范围应包括:地基基础、主体结构、防水与装饰装修、建筑节能、设备安装等相关建筑材料和现场实体的检测。

## 8.2 建筑工程施工质量监督管理的实施

建设行政管理部门对建筑工程施工质量监督管理实施的一般程序如下。

**1. 受理建设单位办理质量监督手续**

在工程项目开工前,监督机构接受建设单位有关建设工程质量监督的申报手续,并对建设单位提供的有关文件进行审查,审查合格签发有关质量监督文件。工程质量监督手续可以与施工许可证或者开工报告合并办理。

**2. 制定工作计划并组织实施**

监督机构应对所监的项目制定量监督工作计划。在工程项目开工前,监提出监督要求,并进行第一次的监督检查工作。检查的重点是参与工程建设各方主体的质量行为。检查的主要内容有:
(1)检查参与工程项目建设各方的质量保证体系建立情况,包括组织机构、质量控制方案、措施及质量责任制等制度。

(2)审查参与建设各方的工程经营资质证书和相关人员的执业资格证书。

(3)审查按建设程序规定的开工前必须办理的各项建设行政手续是否齐全完备。

(4)审查施工组织设计、监理规划等文件以及审批手续。

(5)检查结果的记录保存。

**3. 对工程实体质量和工程质量责任主体等单位工程质量行为进行抽查、抽测**

(1)日常检查和抽查抽测相结合,采取"双随机、一公开"(随机抽取检查对象,随机选派监督检查人员,及时公开检查情况和查处结果)检查方式和"互联网+监管"模式。检查的内容主要是:参与工程建设各方的质量行为及质量责任制的履行情况,工程实体质量和质量控制资料的完成情况,其中对基础和主体结构阶段的施工应每月安排监督检查。

(2)对工程项目建设中的结构主要部位(如桩基、基础、主体结构等)除进行常规检查外,监督机构还应在分部工程验收时进行监督,监督检查验收合格后,方可进行后续工程的施工,建设单位应将施工、设计、监理和建设单位各方分别签字的质量验收证明在验收后三天内报送工程质量监督机构备案。

(3)对违反有关规定、造成工程质量事故和严重质量问题的单位和个人依法严肃查处曝光。对查实的问题可签发《质量问题整改通知单》或《局部暂停施工指令单》,对问题严重的单位也可根据问题的性质采取临时收缴资质证书等处理措施。

**4. 监督工程竣工验收**

在竣工阶段,监督机构主要是按规定对工程竣工验收工作进行监督。

(1)竣工验收前,针对在质量监督检查中提出的质量问题的整改情况进行复查,了解其整改的情况。

(2)竣工验收时,参加竣工验收的会议,对验收的组织形式、程序等进行监督。

工程竣工验收合格后,建设单位应当在建筑物明显部位设置永久性标牌,载明建设、勘察、设计、施工、监理单位等工程质量责任主体的名称和主要责任人姓名。

**5. 形成工程质量监督报告**

编制工程质量监督报告,提交到竣工验收备案部门,对不符合验收要求的责令改正。对存在的问题进行处理,并向备案部门提出书面报告。

县级以上地方人民政府建设主管部门应当将工程质量监督中发现的涉及主体结构安全和主要使用功能的工程质量问题及整改情况,及时向社会公布。

**6. 建立工程质量监督档案**

建设工程质量监督档案按单位工程建立。要求归档及时,资料记录等各类文件齐全,经监督机构负责人签字后归档,按规定年限保存。

## ▶ 项目小结

国务院住房城乡建设主管部门对全国的建设工程质量实施统一监督管理。国家交通、水利等有关部门按照国务院规定的职责分工,负责对全国有关专业建设工程质量的监督管理。县级以上地方人民政府住房城乡建设主管部门对行政区域内的建设工程质量实施监督管理。

工程质量监督的性质属于行政执法行为，是为了保护人民生命和财产安全，由主管部门依据有关法律法规和工程建设强制性标准，对工程实体质量和工程建设、勘察、设计、施工、监理单位(此五类单位简称为工程质量责任主体)和质量检测等单位的工程质量行为实施监督。

在工程项目开工前，监督机构接受建设单位有关建设工程质量监督的申报手续，并对建设单位提供的有关文件进行审查，审查合格签发有关质量监督文件。工程质量监督手续可以与施工许可证或者开工报告合并办理。

监督机构应对所监的项目制定量监督工作计划。对工程实体质量和工程质量责任主体等单位工程质量行为进行抽查、抽测。在竣工阶段，监督机构主要是按规定对工程竣工验收工作进行监督。编制工程质量监督报告，建立工程质量监督档案。

## 复习思考题

8-1 建筑工程监督管理部门职责如何划分？
8-2 主管部门实施监督检查时有哪些措施？
8-3 工程质监督管理的内容有哪些？
8-4 监督机构应对所监的项目检查的主要内容有哪些？
8-5 监督机构对单位工程质量行为进行抽查、抽测的内容有哪些？
8-6 监督机构如何对工程竣工验收工作进行监督？

## 专项实训

### 认识建筑工程施工质量监督管理过程

实训目的：到真实施工项目体验建筑工程质量监督管理氛围，熟悉建筑工程质量监督过程。

材料准备：①采访本。
②交通工具。
③录音笔。
④联系当地建筑工程施工现场负责人。
⑤设计采访参观过程。

实训步骤：划分小组→颁发走访任务→进行走访建筑工程施工现场→进行资料整理→完成走访报告。

实训结果：①熟悉建建筑工程施工现场活动氛围。
②掌握建筑工程质量质量监督的程序和要求。
③编制走访报告。

注意事项：①学生角色扮演真实。
②走访程序设计合理。
③充分发挥学生的积极性、主动性与创造性。

# 下篇 建筑工程安全管理

# 项目 9 建筑工程职业健康安全管理基本知识

**项目描述**

本项目主要介绍建筑工程职业健康安全管理体系,职业健康安全管理的目的、特点和要求,安全生产管理制度,安全生产管理预警体系的建立和运行等内容。

建筑工程职业健康
安全管理基本知识

**学习目标**

通过本项目的学习,学生能够了解建筑工程职业健康安全管理体系,职业健康安全管理的目的、特点和要求,掌握建筑工程安全生产管理制度、安全生产管理预警体系的建立和运行方式。

**素质目标**

建筑工程职业健康安全管理是项目管理的核心内容之一。通过本项目的学习,要求学生认识建筑工程施工安全的重要性,培养学生的安全责任意识和认真负责的工作态度。

**项目导入**

随着人类社会的进步和科技的发展,职业健康安全的问题越来越受关注。为了保证劳动者在劳动生产过程中的健康安全和保护人类的生存环境,必须加强职业健康安全管理。

## 9.1 职业健康安全管理体系

**1. 职业健康安全管理体系标准**

职业健康安全管理体系是企业总体管理体系的一部分。作为我国推荐性标准的职业健康安全管理体系标准,它目前被企业普遍采用,用以建立职业健康安全管理体系。该标准覆盖了国际上的 OHSAS 18000 体系标准,即《职业健康安全管理体系 要求及使用指南》(GB/T 45001—2020)。

根据《职业健康安全管理体系 要求及使用指南》(GB/T 45001—2020)的定义,职业健康安全是指影响或可能影响工作场所内的员工或其他工作人员(包括临时工和承包方员工)、访问者或任何其他人员的健康安全的条件和因素。

## 2. 职业健康安全管理体系总体结构及内容

《职业健康安全管理体系 要求及使用指南》(GB/T 45001—2020)的总体结构及内容见表9-1。

表9-1 《职业健康安全管理体系 要求及使用指南》(GB/T 45001—2020)的总体结构及内容

| 项次 | 体系的总体结构 | 基本要求和内容 |
| --- | --- | --- |
| 1 | 范围 | 本标准规定了职业健康安全(OH&S)管理体系的要求，并给出了其使用指南，以使组织能够通过防止与工作相关的伤害和健康损害以及主动改进其职业健康安全绩效来提供安全和健康的工作场所 |
| 2 | 规范性引用条件 | 本标准无规范性引用文件 |
| 3 | 术语和定义 | 共有37项术语和定义 |
| 4 | 组织所处的环境 | |
| 4.1 | 理解组织及其所处的环境 | 组织应确定与其宗旨相关并影响其实现职业健康安全管理体系预期结果的能力的内部和外部议题 |
| 4.2 | 理解工作人员和其他相关方的需求和期望 | |
| 4.3 | 确定职业健康安全管理体系的范围 | 组织应界定职业健康安全管理体系的边界和适用性，以确定其范围 |
| 4.4 | 职业健康安全管理体系 | 组织应按照本标准的要求建立、实施、保持和持续改进职业健康安全管理体系，包括所需的过程及其相互作用 |
| 5 | 领导作用和工作人员参与 | |
| 5.1 | 领导作用和承诺 | |
| 5.2 | 职业健康安全方针 | 最高管理者应建立、实施并保持职业健康安全方针 |
| 5.3 | 组织的角色、职责和权限 | 最高管理者应确保将职业健康安全管理体系内相关角色的职责和权限分配到组织内各层次并予以沟通，且作为文件化信息予以保持。组织内每一层次的工作人员均应为其所控制部分承担职业健康安全管理体系方面的职责 |
| 5.4 | 工作人员的协商和参与 | 组织应建立、实施和保持过程，用于在职业健康安全管理体系的开发、策划、实施、绩效评价和改进措施中与所有适用层次和职能的工作人员及其代表(若有)的协商和参与 |
| 6 | 策划 | |
| 6.1 | 应对风险和机遇的措施 | 6.1.1 总则<br>6.1.2 危险源辨识及风险和机遇的评价<br>6.1.3 法律法规要求和其他要求的确定<br>6.1.4 措施的策划 |
| 6.2 | 职业健康安全目标及其实现的策划 | 6.2.1 职业健康安全目标<br>6.2.2 实现职业健康安全目标的策划 |
| 7 | 支持 | |
| 7.1 | 资源 | 组织应确定并提供建立、实施、保持和持续改进职业健康安全管理体系所需的资源 |
| 7.2 | 能力 | |

续表

| 项次 | 体系的总体结构 | 基本要求和内容 |
|---|---|---|
| 7.3 | 意识 | |
| 7.4 | 沟通 | 7.4.1 总则<br>7.4.2 内部沟通<br>7.4.3 外部沟通 |
| 7.5 | 文件化信息 | 7.5.1 总则<br>7.5.2 创建和更新<br>7.5.3 文件化信息的控制 |
| 8 | 运行 | |
| 8.1 | 运行策划和控制 | 8.1.1 总则<br>8.1.2 消除危险源和降低职业健康安全风险<br>8.1.3 变更管理<br>8.1.4 采购 |
| 8.2 | 应急准备和响应 | 为了对所识别的潜在紧急情况进行应急准备并做出响应,组织应建立、实施和保持所需的过程,组织应保持和保留关于响应潜在紧急情况的过程和计划的文件化信息 |
| 9 | 绩效评价 | |
| 9.1 | 监视、测量、分析和评价绩效 | 9.1.1 总则<br>9.1.2 合规性评价 |
| 9.2 | 内部审核 | 9.2.1 总则<br>9.2.2 内部审核方案 |
| 9.3 | 管理评审 | 最高管理者应按策划的时间间隔对组织的职业健康安全管理体系进行评审,以确保其持续的适宜性、充分性和有效性 |
| 10 | 改进 | |
| 10.1 | 总则 | 组织应确定改进的机会,并实施必要的措施,以实现其职业健康安全管理体系的预期结果 |
| 10.2 | 事件、不符合和纠正措施 | 组织应建立、实施和保持包括报告、调查和采取措施在内的过程,以确定和管理事件和不符合。当事件或不符合发生时,组织应采取纠正措施,纠正措施应与事件或不符合所产生的影响或潜在影响相适应 |
| 10.3 | 持续改进 | |

管理体系中的职业健康安全方针体现了企业实现风险控制的总体职业健康安全目标。危险源识别、风险评价和风险控制策划,是企业通过职业健康安全管理体系的运行,实行事故控制的开端。

**3. 职业健康安全管理体系标准实施的特点**

职业健康安全管理体系是各类组织总体管理体系的一部分。目前,《职业健康安全管理体系 要求及使用指南》(GB/T 45001—2020)作为推荐性标准被各类组织普遍采用,适用于各行各业、任何类型和规模的组织建立职业健康安全管理体系,并作为其认证的依据。其建立和运行过程的特点体现在以下几个方面:

(1)标准的结构系统采用 PDCA 循环管理模式,即标准由"领导作用—策划—支持和运行—绩效评价—改进"五大要素构成,采用了 PDCA 动态循环、不断上升的螺旋式运行模式,体现了持续改进的动态管理思想。职业健康安全管理体系运行模式如图 9-1 所示。

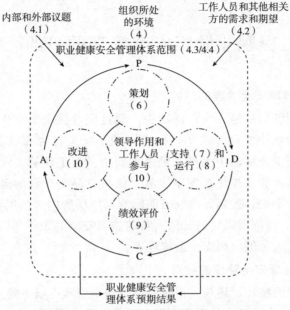

**图 9-1 职业健康安全管理体系运行模式**

(2)标准规定了职业健康安全(OH&S)管理体系的要求,并给出了其使用指南,以使组织能够通过防止与工作相关的伤害和健康损害,以及主动改进其职业健康安全绩效来提供安全和健康的工作场所。

(3)标准有助于组织实现其职业健康安全管理体系的预期结果。依照组织的职业健康安全方针,其职业健康安全管理体系的预期结果包括以下几项:

1)持续改进职业健康安全绩效。
2)满足法律法规要求和其他要求。
3)实现职业健康安全目标。

(4)标准适用于任何规模、类型和活动的组织。它适用于组织控制下的职业健康安全风险,这些风险必须考虑到诸如组织运行所处环境、组织工作人员和其他相关方的需求与期望等因素。

(5)实施符合《职业健康安全管理体系 要求及使用指南》(GB/T 45001—2020)的职业健康安全管理体系,能使组织管理其职业健康安全风险并提升其职业健康安全绩效。职业健康安全管理体系可有助于组织满足法律法规要求和其他要求。

(6)标准的内容全面、充实、可操作性强,为组织提供了一套科学、有效的职业健康安全管理手段,不仅要求组织强化安全管理,完善组织安全生产的自我约束机制,而且要求组织提升社会责任感和对社会的关注度,形成组织良好的社会形象。

(7)实施职业健康安全管理体系标准,组织必须对全体员工进行系统的安全培训,强化组织内全体成员的安全意识,可以增强劳动者身心健康,提高职工的劳动效率,从而为组织创造更大的经济效益。

(8)我国《职业健康安全管理体系 要求及使用指南》(GB/T 45001—2020)等同于国际上

通行的《职业健康安全管理体系使用指南要求》(ISO 45001：2018)标准，很多国家和国际组织把职业健康安全与贸易联系，形成贸易壁垒，贯彻执行职业健康安全管理标准将有助于消除贸易壁垒，从而可以为参与国际市场竞争创造必备的条件。

## 9.2 建筑工程职业健康安全管理的目的、特点和要求

**1. 建筑工程职业健康安全管理的目的**

职业健康安全管理的目的是在生产活动中，通过职业健康安全生产的管理活动，对影响生产的具体因素进行状态控制，使生产因素中的不安全行为和状态尽可能减少或消除，且不引发事故，以保证生产活动中人员的健康和安全。对于建筑工程项目，职业健康安全管理的目的是防止和尽可能减少生产安全事故、保护产品生产者的健康与安全、保障人民群众的生命和财产免受损失；控制影响或可能影响工作场所内的员工或其他工作人员（包括临时工和承包方员工）、访问者或任何其他人员的健康安全的条件和因素；避免因管理不当对在组织控制下工作的人员健康和安全造成危害。

**2. 建筑工程职业健康安全管理的特点**

依据建筑工程产品的特性，建筑工程职业健康安全管理有以下特点：

（1）复杂性。建筑项目的职业健康安全管理涉及大量的露天作业，受到气候条件、工程地质和水文地质、地理条件和地域资源等不可控因素的影响较大。

（2）多变性。一方面是项目建筑现场材料、设备和工具的流动性大；另一方面由于技术进步，项目不断引入新材料、新设备和新工艺，这都加大了相应的管理难度。

（3）协调性。项目建筑涉及的工种甚多，包括大量的高空作业、地下作业、用电作业、爆破作业、施工机械、起重作业等较危险的工程，并且各工种经常需要交叉或平行作业。

（4）持续性。项目建筑一般具有建筑周期长的特点，从设计、实施直至投产阶段，诸多工序环环相扣。前一道工序的隐患，可能在后续的工序中暴露，酿成安全事故。

**3. 建筑工程职业健康安全管理的要求**

（1）建筑工程项目决策阶段。建筑单位应按照有关建筑工程法律法规的规定和强制性标准的要求，办理各种有关安全与环境保护方面的审批手续。对需要进行环境影响评价或安全预评价的建筑工程项目，应组织或委托有相应资质的单位进行建筑工程项目环境影响评价和安全预评价。

（2）建筑工程设计阶段。设计单位应按照有关建筑工程法律法规的规定和强制性标准的要求，进行环境保护设施和安全设施的设计，防止因设计考虑不周而导致生产安全事故的发生或对环境造成不良影响。

在进行工程设计时，设计单位应当考虑施工安全和防护需要，对涉及施工安全的重点部分和环节在设计文件中应进行注明，并对防范生产安全事故提出指导意见。

对于采用新结构、新材料、新工艺的建筑工程和特殊结构的建筑工程，设计单位应在设计中提出保障施工作业人员安全和预防生产安全事故的措施建议。

在工程总概算中，应明确工程安全环保设施费用、安全施工和环境保护措施费等。

设计单位和注册建筑师等执业人员应当对其设计负责。

(3)建筑工程施工阶段。建筑单位在申请领取施工许可证时，应当提供建筑工程有关安全施工措施的资料。对于依法批准开工报告的建筑工程，建筑单位应当自开工报告批准之日起 15 d 内，将保证安全施工的措施报送建筑工程所在地的县级以上人民政府建筑行政主管部门或者其他有关部门备案。

对于应当拆除的工程，建筑单位应当在拆除工程施工 15 d 前，将拆除施工单位资质等级证明，拟拆除建筑物、构筑物及可能涉及毗邻建筑的说明，拆除施工组织方案，堆放、清除废弃物的措施的资料报送建筑工程所在地的县级以上的地方人民政府主管部门或者其他有关部门备案。

施工企业在其经营生产的活动中必须对本企业的安全生产负全面责任。企业的代表人是安全生产的第一负责人，项目经理是施工项目生产的主要负责人。施工企业应当具备安全生产的资质条件，取得安全生产许可证的施工企业应设立安全机构，配备合格的安全人员，提供必要的资源；要建立健全职业健康安全体系以及有关的安全生产责任制和各项安全生产规章制度。对项目要编制切合实际的安全生产计划，制定职业健康安全保障措施；实施安全教育培训制度，不断提高员工的安全意识和安全生产素质。

建筑工程实行总承包的，由总承包单位对施工现场的安全生产负总责并自行完成工程主体结构的施工。分包单位应当接受总承包单位的安全生产管理，分包合同中应当明确各自的安全生产方面的权利、义务。分包单位不服从管理导致生产安全事故的，由分包单位承担主要责任，总承包和分包单位对分包工程的安全生产承担连带责任。

## 9.3 安全生产管理制度

由于建筑工程规模大、周期长、参与人数多、环境复杂多变，安全生产的难度很大。因此，通过建立各项制度，规范建筑工程的生产行为，对于提高建筑工程安全生产水平是非常重要的。

《中华人民共和国建筑法》《中华人民共和国安全生产法》《建设工程安全生产管理条例》《生产安全事故报告和调查处理条例》《特种设备安全监察条例》《安全生产许可证条例》等建设工程相关法律法规对政府主管部门、相关企业及相关人员的建设工程安全生产和管理行为进行了全面的规范，为建设工程施工安全生产管理制度体系的建立奠定了基础。现阶段涉及施工企业的主要安全生产管理制度包括以下几个方面。

**1. 安全生产责任制度**

安全生产责任制是最基本的安全管理制度，是所有安全生产管理制度的核心。安全生产责任制是按照安全生产管理方针和"管生产的同时必须管安全"的原则，将各级负责人员、各职能部门及其工作人员和各岗位生产工人在安全生产方面应做的事情及应负的责任加以明确规定的一种制度。安全生产责任制度的主要内容如下：

(1)企业和项目相关人员的安全职责。包括企业法定代表人和主要负责人，企业安全管理机构负责人和安全生产管理人员，施工项目负责人、技术负责人、项目专职安全生产管理人员以及班组长、施工员、安全员等项目各类人员的安全责任。

(2)对各级、各部门安全生产责任制的执行情况制定检查和考核办法，并按规定期限进行考核，对考核结果及兑现情况应有记录。

(3)明确总、分包的安全生产责任。实行总承包的由总承包单位负责,分包单位向总包单位负责,服从总包单位对施工现场的安全管理,分包单位在其分包范围内建立施工现场安全生产管理制度,并组织实施。

(4)项目的主要工种应有相应的安全技术操作规程,一般应包括砌筑、拌灰、混凝土、钢筋、机械、电气焊、起重、信号指挥、塔式起重机司机、架子、水暖、油漆工种,特殊作业应另行补充。应将安全技术操作规程列为日常安全活动和安全教育的主要内容,并悬挂在操作岗位前。

(5)施工现场应按工程项目大小配备专(兼)职安全人员。以建筑工程为例,可按建筑面积1万㎡以下的工地至少有一名专职人员;1万㎡以上的工地设2~3名专职人员;5万㎡以上的大型工地,按不同专业组成安全管理组进行安全监督检查。

总之,安全生产责任制纵向方面是各级人员的安全生产责任制,即从最高管理者、管理者代表到项目负责人(项目经理)、技术负责人(工程师)、专职安全生产管理人员、施工员、班组长和岗位人员等各级人员的安全生产责任制。横向方面是各个部门的安全生产责任制,即各职能部门(如安全环保、设备、技术、生产、财务等部门)的安全生产责任制。只有这样,才能建立健全安全生产责任制,做到群防群治。

**2. 安全生产许可证制度**

国务院自2004年1月13日起公布实施《安全生产许可证条例》,并于2014年进行了修正。该条例规定国家对建筑施工企业实施安全生产许可证制度。其目的是严格规范安全生产条件,进一步加强安全生产监督管理,防止和减少生产安全事故。

建筑工程
施工许可管理办法

国务院建设主管部门负责中央管理的建筑施工企业安全生产许可证的颁发和管理。其他企业由省、自治区、直辖市人民政府建设主管部门进行颁发和管理,并接受国务院建设主管部门的指导和监督。

施工企业进行生产前,应当依照《安全生产许可证条例》的规定向安全生产许可证颁发管理机关申请领取安全生产许可证。严禁未取得安全生产许可证的建筑施工企业从事建筑施工活动。安全生产许可证的有效期为3年。安全生产许可证有效期满需要延期的,企业应当于期满前3个月向原安全生产许可证颁发管理机关办理延期手续。

企业在安全生产许可证有效期内,严格遵守有关安全生产的法律法规,未发生死亡事故的,安全生产许可证有效期届满时,经原安全生产许可证的颁发管理机关同意,不再审查。

企业不得转让、冒用安全生产许可证或者使用伪造的安全生产许可证。

**3. 政府安全生产监督检查制度**

政府安全生产监督检查制度是指国家法律、法规授权的行政部门,代表政府对企业的安全生产过程实施监督管理。依据《建设工程安全生产管理条例》第五章"监督管理"对建设工程安全生产监督管理制度的规定内容如下:

(1)国务院负责安全生产监督管理的部门依照《中华人民共和国安全生产法》的规定,对全国建设工程安全生产工作实施综合监督管理。

(2)县级以上地方人民政府负责安全生产监督管理的部门依照《中华人民共和国安全生产法》的规定,对本行政区域内建设工程安全生产工作实施综合监督管理。

(3)国务院住房城乡建设主管部门对全国的建设工程安全生产实施监督管理。国务院铁路、交通、水利等有关部门按照国务院规定的职责分工,负责有关专业建设工程安全生产的监督管理。

(4)县级以上地方人民政府住房城乡建设主管部门对本行政区域内的建设工程安全生产实施监督管理。县级以上地方人民政府交通、水利等有关部门在各自的职责范围内,负责本行政区域内的专业建设工程安全生产的监督管理。

(5)县级以上人民政府负有建设工程安全生产监督管理职责的部门在各自的职责范围内履行安全监督检查职责时,有权纠正施工中违反安全生产要求的行为,责令立即排除检查中发现的安全事故隐患,对重大隐患可以责令暂时停止施工。住房城乡建设主管部门或者其他有关部门可以将施工现场安全监督检查委托给建设工程安全监督机构具体实施。

**4. 安全生产教育培训制度**

施工企业安全生产教育培训一般包括对管理人员、特种作业人员和企业员工的安全教育。

(1)管理人员的安全教育。

1)企业领导的安全教育。主要内容包括:国家有关安全生产的方针、政策、法律、法规及有关规章制度;安全生产管理职责、企业安全生产管理知识及安全文化;有关事故案例及事故应急处理措施等。

2)项目经理、技术负责人和技术干部的安全教育。主要内容包括:安全生产方针、政策和法律、法规;项目经理部安全生产责任;典型事故案例剖析;本系统安全及其相应的安全技术知识等。

3)行政管理干部的安全教育。主要内容包括:安全生产方针、政策和法律、法规;基本的安全技术知识;本职的安全生产责任等。

4)企业安全管理人员的安全教育。主要内容包括:国家有关安全生产的方针、政策、法律、法规和安全生产标准;企业安全生产管理、安全技术、职业病知识、安全文件;员工伤亡事故和职业病统计报告及调查处理程序;有关事故案例及事故应急处理措施等。

5)班组长和安全员的安全教育。主要内容包括:安全生产法律、法规、安全技术及技能、职业病和安全文化的知识;本企业、本班组和工作岗位的危险因素、安全注意事项;本岗位安全生产职责;事故抢救与应急处理措施;典型事故案例等。

(2)特种作业人员的安全教育。特种作业是指容易发生事故,对操作者本人、他人的安全健康及设备、设施的安全可能造成重大危害的作业。直接从事特种作业的人称为特种作业人员。《特种作业人员安全技术培训考核管理规定》已经2010年4月26日国家安全生产监督管理总局局长办公会议审议通过,自2010年7月1日起施行,2015年5月29日国家安全监管总局令第80号第二次修正。调整后的特种作业范围共11个作业类别、51个工种。这些特种作业具备以下特点:一是独立性。必须有独立的岗位,由专人操作的作业,操作人员必须具备一定的安全生产知识和技能。二是危险性。必须是危险性较大的作业,如果操作不当,容易对操作者本人、他人或物造成伤害,甚至发生重大伤亡事故。三是特殊性。从事特种作业的人员不能很多,总体上讲,每个类别的特种作业人员一般不超过该行业或领域全体从业人员的30%。

特种作业人员应具备的条件是:①年满18周岁,且不超过国家法定退休年龄;②经社区或者县级以上医疗机构体检健康合格,并无妨碍从事相应特种作业的器质性心脏病、癫痫病、美尼尔氏症、眩晕症、癔病、震颤麻痹症、精神病、痴呆症及其他疾病和生理缺陷;③具有初中及以上文化程度;④具备必要的安全技术知识与技能;⑤相应特种作业规定的其他条件。危险化学品特种作业人员除符合第①项、第②项、第④项和第⑤项规定的条件外，应当具备高中或者相当于高中及以上文化程度。

由于特种作业较一般作业的危险性更大，所以，特种作业人员必须经过安全培训和严格考核。对特种作业人员的安全教育应注意以下三点：

1)特种作业人员上岗作业前，必须进行专门的安全技术和操作技能的培训教育，这种培训教育要实行理论教学与操作技术训练相结合的原则，重点放在提高其安全操作技术和预防事故的实际能力上。

2)培训后，经考核合格方可取得操作证，并准许独立作业。

3)取得操作证的特种作业人员，必须定期进行复审。特种作业操作证每3年复审1次。

特种作业人员在特种作业操作证有效期内，连续从事本工种10年以上，严格遵守有关安全生产法律法规的，经原考核发证机关或者从业所在地考核发证机关同意，特种作业操作证的复审时间可以延长至每6年1次。

(3)企业员工的安全教育。企业员工的安全教育主要有新员工上岗前的三级安全教育、改变工艺和变换岗位安全教育、经常性安全教育三种形式。

1)新员工上岗前的三级安全教育，通常是指进厂、进车间、进班组三级，对建设工程来说，具体指企业(公司)、项目(或工区、工程处、施工队)、班组三级。

企业新员工上岗前必须进行三级安全教育，企业新员工须按规定通过三级安全教育和实际操作训练，并经考核合格后方可上岗。企业新上岗的从业人员，岗前培训时间不得少于24学时。

①企业(公司)级安全教育由企业主管领导负责，企业职业健康安全管理部门会同有关部门组织实施，内容应包括安全生产法律、法规，通用安全技术、职业卫生和安全文化的基本知识，本企业安全生产规章制度及状况、劳动纪律和有关事故案例等内容。

②项目(或工区、工程处、施工队)级安全教育由项目级负责人组织实施，专职或兼职安全员协助，内容包括工程项目的概况，安全生产状况和规章制度，主要危险因素及安全事项，预防工伤事故和职业病的主要措施，典型事故案例及事故应急处理措施等。

③班组级安全教育由班组长组织实施，内容包括遵章守纪，岗位安全操作规程，岗位间工作衔接配合的安全生产事项，典型事故及发生事故后应采取的紧急措施，劳动防护用品(用具)的性能及正确使用方法等内容。

2)改变工艺和变换岗位时的安全教育。

①企业(或工程项目)在实施新工艺、新技术或使用新设备、新材料时，必须对有关人员进行相应级别的安全教育，要按新的安全操作规程教育和培训参加操作的岗位员工与有关人员，使其了解新工艺、新设备、新产品的安全性能及安全技术，以适应新的岗位作业的安全要求。

②当组织内部员工发生从一个岗位调到另外一个岗位，或从某工种改变为另一工种，或因放长假离岗一年以上重新上岗的情况，企业必须进行相应的安全技术培训和教育，以使其掌握现岗位安全生产特点和要求。

3)经常性安全教育。无论何种教育都不可能是一劳永逸的，安全教育同样如此，必须坚持不懈、经常不断地进行，这就是经常性安全教育。在经常性安全教育中，安全思想、安全态度教育最重要。进行安全思想、安全态度教育，要通过采取多种多样形式的安全教育活动，激发员工搞好安全生产的热情，促使员工重视和真正实现安全生产。经常性安全教育的形式有：每天的班前班后会上说明安全注意事项；安全活动日；安全生产会议；事故现场会仪；张贴安全生产招贴画、宣传标语及标志等。

**5. 安全措施计划制度**

安全措施计划制度是指企业进行生产活动时，必须编制安全措施计划，它是企业有计划地改善劳动条件和安全卫生设施，防止工伤事故和职业病的重要措施之一，对企业加强劳动保护、改善劳动条件、保障职工的安全和健康、促进企业生产经营的发展都起着积极作用。

安全技术措施计划的范围应包括改善劳动条件、防止事故发生、预防职业病和职业中毒等内容，具体包括以下几项：

(1)安全技术措施。安全技术措施是预防企业员工在工作过程中发生工伤事故的各项措施，包括防护装置、保险装置、信号装置和防爆炸装置等。

(2)职业卫生措施。职业卫生措施是预防职业病和改善职业卫生环境的必要措施，其中包括防尘、防毒、防噪声、通风、照明、取暖、降温等措施。

(3)辅助用房间及设施。辅助用房间及设施是为了保证生产过程安全卫生所必需的房间及一切设施，包括更衣室、休息室、淋浴室、消毒室、妇女卫生室、厕所和冬季作业取暖室等。

(4)安全宣传教育措施。安全宣传教育措施是为了宣传普及有关安全生产法律、法规、基本知识所需要的措施，其主要内容包括：安全生产教材、图书、资料，安全生产展览，安全生产规章制度，安全操作方法训练设施，劳动保护和安全技术的研究与试验等。

安全技术措施计划编制可以按照工作活动分类→危险源识别→风险确定→风险评价→制定安全技术措施计划评价→安全技术措施计划的充分性的步骤进行。

**6. 特种作业人员持证上岗制度**

根据《建设工程安全生产管理条例》第二十五条规定："垂直运输机械作业人员、安装拆卸工、爆破作业人员、起重信号工、登高架设作业人员等特种作业人员，必须按照国家有关规定经过专门的安全作业培训，并取得特种作业操作证后，方可上岗作业。"

根据2015年5月29日国家安全监管总局令第80号第二次修正的《特种作业人员安全技术培训考核管理规定》，特种作业操作资格证书在全国范围内有效。特种作业操作证，每3年复审一次。连续从事本工种10年以上的，严格遵守有关安全生产法律法规的，经原考核发证机关或者从业所在地考核发证机关同意，特种作业操作证的复审时间可以延长至每6年1次；离开特种作业岗位达6个月以上的特种作业人员，应当重新进行实际操作考核，经确认合格后方可上岗作业。

建设工程
安全生产管理条例

对于未经培训考核，即从事特种作业的，《建设工程安全生产管理条例》第六十二条规定了行政处罚。造成重大安全事故，构成犯罪的，对直接责任人员，依照刑法有关规定追究刑事责任。

**7. 专项施工方案专家论证制度**

《建设工程安全生产管理条例》第二十六条规定："施工单位应当在施工组织设计中编制安全技术措施和施工现场临时用电方案，对下列达到一定规模的危险性较大的分部分项工程编制专项施工方案，并附具安全验算结果，经施工单位技术负责人、总监理工程师签字后实施，由专职安全生产管理人员进行现场监督：基坑支护与降水工程；土方开挖工程；模板工程；起重吊装工程；脚手架工程；拆除、爆破工程；国务院住房城乡建设主管部门或者其他有关部门规定的其他危险性较大的工程。对前款所列工程中涉及深基坑、地下暗挖工程、高大模板工程的专项施工方案，施工单位还应当组织专家进行论证、审查。"

**8. 严重危及施工安全的工艺、设备、材料淘汰制度**

严重危及施工安全的工艺、设备、材料是指不符合生产安全要求，极有可能导致生产安全事故发生，致使人民生命和财产遭受重大损失的工艺、设备和材料。

《建设工程安全生产管理条例》第四十五条规定："国家对严重危及施工安全的工艺、设备、材料实行淘汰制度。具体目录由国务院建设行政主管部门会同国务院其他有关部门制定并公布。"淘汰制度的实施，一方面有利于保障安全生产；另一方面也体现了优胜劣汰的市场经济规律，有利于提高施工单位的工艺水平，促进设备更新。

对于已经公布的严重危及施工安全的工艺、设备和材料，建设单位和施工单位都应当严格遵守和执行，不得继续使用此类工艺和设备，也不得转让他人使用。

**9. 施工起重机械使用登记制度**

《建设工程安全生产管理条例》第三十五条规定："施工单位应当自施工起重机械和整体提升脚手架、模板等自升式架设设施验收合格之日起三十日内，向住房城乡建设主管部门或者其他有关部门登记。登记标志应当置于或者附着于该设备的显著位置。"

这是对施工起重机械的使用进行监督和管理的一项重要制度，能够有效防止不合格机械和设施投入使用。同时，还有利于监管部门及时掌握施工起重机械和整体提升脚手架、模板等自升式架设设施的使用情况，以利于监督管理。

进行登记应当提交施工起重机械有关资料，应包括以下几项：

（1）生产方面的资料，如设计文件、制造质量证明书、监督检验证书、使用说明书、安装证明等。

（2）使用的有关情况资料，如施工单位对于这些机械和设施的管理制度和措施、使用情况、作业人员的情况等。

监管部门应当对登记的施工起重机械建立相关档案，及时更新，加强监管，减少生产安全事故的发生。施工单位应当将标志置于显著位置，便于使用者监督，保证施工起重机械的安全使用。

**10. 安全检查制度**

（1）安全检查的目的。安全检查制度是清除隐患、防止事故、改善劳动条件的重要手段，是企业安全生产管理工作的一项重要内容。通过安全检查可以发现企业及生产过程中的危险因素，以便有计划地采取措施，保证安全生产。

（2）安全检查的方式。检查方式有企业组织的定期安全检查，各级管理人员的日常巡回安全检查，专业性安全检查，季节性安全检查，节假日前后的安全检查，班组自检、互检、交接检查，不定期安全检查等。

（3）安全检查的内容。包括查思想、查管理、查隐患、查整改、查伤亡事故处理等。安全检查的重点是检查"三违"和安全责任制的落实。检查后应编写安全检查报告，报告应包括已达标项目，未达标项目，存在问题，原因分析，纠正和预防措施等内容。

（4）安全隐患的处理程序。对检查出的安全隐患，不能立即整改的，要制定整改计划，定人、定措施、定经费、定完成日期。在未消除安全隐患前，必须采取可靠的防范措施，如有危及人身安全的紧急险情，应立即停工。并应按照"登记—整改—复查—销案"的程序处理安全隐患。

**11. 生产安全事故报告和调查处理制度**

关于生产安全事故报告和调查处理制度,《中华人民共和国安全生产法》《中华人民共和国建筑法》《建设工程安全生产管理条例》《生产安全事故报告和调查处理条例》《特种设备安全监察条例》等法律法规都对此作出相应规定。

《中华人民共和国安全生产法》第八十条规定:"生产经营单位发生生产安全事故后,事故现场有关人员应当立即报告本单位负责人。单位负责人接到事故报告后,应当迅速采取有效措施,组织抢救,防止事故扩大,减少人员伤亡和财产损失,并按照国家有关规定立即如实报告当地负有安全生产监督管理职责的部门,不得隐瞒不报、谎报或者拖延不报,不得故意破坏事故现场、毁灭有关证据。"

《中华人民共和国建筑法》第五十一条规定:"施工中发生事故时,建筑施工企业应当采取紧急措施减少人员伤亡和事故损失,并按照国家有关规定及时向有关部门报告。"

《建设工程安全生产管理条例》第五十条规定:"施工单位发生生产安全事故,应当按照国家有关伤亡事故报告和调查处理的规定,及时、如实地向负责安全生产监督管理的部门、住房城乡建设主管部门或者其他有关部门报告。特种设备发生事故的,还应当同时向特种设备安全监督管理部门报告。接到报告的部门应当按照国家有关规定,如实上报。"本条是关于发生伤亡事故时的报告义务的规定。一旦发生安全事故,及时报告有关部门是及时组织抢救的基础,也是认真进行调查分清责任的基础。因此,施工单位在发生安全事故时,不能隐瞒事故情况。

《特种设备安全监察条例》第六十六条规定:"特种设备发生事故,事故发生单位应当迅速采取有效措施,组织抢救,防止事故扩大,减少人员伤亡和财产损失,并按照国家有关规定,及时、如实地向负有安全生产监督管理职责的部门和特种设备安全监督管理部门等有关部门报告。不得隐瞒不报、谎报或者拖延不报。"条例规定在特种设备发生事故时,应当同时向特种设备安全监督管理部门报告。这是因为特种设备的事故救援和调查处理专业性、技术性更强,因此,由特种设备安全监督部门组织有关救援和调查处理更方便一些。

2007年6月1日起实施的《生产安全事故报告和调查处理条例》对生产安全事故报告和调查处理制度作了更加明确的规定。

**12."三同时"制度**

"三同时"制度是指凡是我国境内新建、改建、扩建的基本建设项目(工程),技术改建项目(工程)和引进的建设项目,其安全生产设施必须符合国家规定的标准,技术主体工程同时设计、同时施工、同时投入生产和使用。安全生产设施主要是指安全技术方面的设施、职业卫生方面的设施、生产辅助性设施。

《中华人民共和国劳动法》第五十三条规定:新建、改建、扩建工程的劳动安全卫生设施必须与主体工程同时设计、同时施工、同时投入生产和使用。

《中华人民共和国安全生产法》第二十八条规定:"生产经营单位新建、改建、扩建工程项目的安全设施,必须与主体工程同时设计、同时施工、同时投入生产和使用。安全设施投资应当纳入建设项目概算。"

新建、改建、扩建工程的初步设计要经过行业主管部门、安全生产管理部门、卫生部门和工会的审查,同意后方可进行施工。工程项目完成后,必须经过主管部门、安全生产管理行政部门、卫生部门和工会的竣工检验。

中华人民共和国
安全生产法

建设工程项目投产后，不得将安全设施闲置不用，生产设施必须和安全设施同时使用。

**13. 安全预评价制度**

安全预评价是根据建设项目可行性研究报告内容，分析和预测该建设项目可能存在的危险、有害因素的种类和程度，提出合理可行的安全对策措施及建议。

开展安全预评价工作，是贯彻落实"安全第一、预防为主"方针的重要手段，是企业实施科学化、规范化安全管理的工作基础。科学、系统地开展安全评价工作，不仅直接起到了消除危险有害因素、减少事故发生的作用，有利于全面提高企业的安全管理水平，而且有利于系统地、有针对性地加强对不安全状况的治理、改造，最大限度地降低安全生产风险。

**14. 工伤和意外伤害保险制度**

根据2010年12月20日修订后重新公布的《工伤保险条例》规定，工伤保险是属于法定的强制性保险。工伤保险费的征缴按照《社会保险费征缴暂行条例》关于基本养老保险费、基本医疗保险费、失业保险费的征缴规定执行。而自2019年4月23日起实施的新《中华人民共和国建筑法》第四十八条规定："建筑施工企业应当依法为职工参加工伤保险缴纳工伤保险费。鼓励企业为从事危险作业的职工办理意外伤害保险，支付保险费。"修正后的《中华人民共和国建筑法》与修订后的《中华人民共和国社会保险法》和《工伤保险条例》等法律法规的规定保持一致，明确了建筑施工企业作为用人单位，为职工参加工伤保险并交纳工伤保险费是其应尽的法定义务，但为从事危险作业的职工投保意外伤害险并非强制性规定，是否投保意外伤害险由建筑施工企业自主决定。

# 9.4 安全生产管理预警体系的建立和运行

**1. 安全生产管理预警体系的要素**

事故的发生和发展是人的不安全行为、物的不安全状态以及管理的缺陷等方面相互作用的结果，因此，在事故预防管理上，可针对事故特点建立事故预警体系。各种类型事故预警的管理过程可能不同，但预警的模式具有一致性。在构建预警体系时，需遵循信息论、控制论、决策论以及系统论的思想和方法，科学建立标准化的预警体系，保证预警的上下统一和协调。

一个完整的预警体系应由外部环境预警系统、内部管理不良预警系统、预警信息管理系统和事故预警系统四部分构成。

(1)外部环境预警系统。

1)自然环境突变的预警。生产活动所处的自然环境突变诱发的事故主要是自然灾害以及人类活动造成的破坏。

2)政策法规变化的预警。国家对行业政策的调整、法规体系的修正和变更，对安全生产管理的影响非常大，应经常予以监测。

3)技术变化的预警。现代安全生产的一个重要标志是对科学技术进步的依赖越来越大，因而预警体系也应当关注技术创新、技术标准变动。

(2)内部管理不良预警系统。

1)质量管理预警。企业质量管理的目的是生产出合格的产品(工程)，其基本任务是确定企业的质量目标、制定企业规划和建立健全企业的质量保证体系。

2）设备管理预警。设备管理预警的对象是生产过程中的各种设备的维修、操作、保养等活动。

3）人的行为活动管理预警。事故发生的诱因之一是人的不安全行为，人的行为活动管理预警的对象主要是思想上的疏忽、知识和技能的欠缺、性格上的缺陷、心理和生理弱点等。

（3）预警信息管理系统。预警信息管理系统以管理信息系统（MIS）为基础，专用于预警管理的信息管理，主要是监测外部环境与内部管理的信息。预警信息的管理包括信息的收集、处理、辨伪、存储、推断等过程。

（4）事故预警系统。事故预警系统是综合运用事故致因理论（如系统安全理论）、安全生产管理原理（如预防原理），以事故预防和控制为目的，通过对生产活动和安全管理过程中各种事故征兆的监测、识别、诊断与评价，以及对事故严重程度和发生可能性的判别给出安全风险预警级别，并根据预警分析的结果对事故征兆的不良趋势进行矫正、预防与控制。当事故难以控制时，及时作出警告，并提供对策措施和建议。

**2. 预警体系的建立**

预警体系是以事故现象的成因、特征及其发展作为研究对象，运用现代系统理论和预警理论，构建对灾害事故能够起到"免疫"，并能够预防和"矫正"各种事故现象的一种"自组织"系统。它是以警报为导向，以"矫正"为手段，以"免疫"为目的的防错、纠错系统。

（1）预警体系建立的原则。

1）及时性。预警体系的出发点就是当事故还在萌芽状态时，就通过细致的观察、分析，提前做好各种防范的准备，及时发现、及时报告、及时采取有效措施加以控制和消除。

2）全面性。对生产过程中人、物、环境、管理等各个方面进行全面监督，及时发现各方面的异常情况，以便采取合理对策。

3）高效性。预警必须有高效率，只有如此，才能对各种隐患和事故进行及时预告，并制定合理适当的应急措施，迅速改变不利局面。

4）客观性。在生产运行中，隐患存在是客观的，必须正确引导有关单位和个人，不能因为可能涉及形象或负面影响隐匿有关信息，要积极主动地应对。

（2）预警体系实现的功能。预警体系功能的实现主要依赖于预警分析和预控对策两大子系统作用的发挥。

预警分析主要由预警监测、预警信息管理、预警评价指标体系的构建和评价等工作内容组成。

1）预警监测。实现和完成与事故有关的外部环境与内部管理状况的监测任务，并将采集的原始信息实时存入计算机，供预警信息系统分析使用。

2）预警信息管理。预警信息管理是一个系统性的动态管理过程，包括信息的收集、处理、辨伪、存储和推断等管理工作。

3）预警评价指标体系的构建。预警评价指标能敏感地反映危险状态及存在问题的指标，是预警体系开展识别、诊断、预控等活动的前提，也是预警管理活动中的关键环节之一。构建预警评价指标体系的目的是使信息定量化、条理化和可操作化。

4）预警评价。预警评价包括确定评价的对象、内容和方法，建立相应的预测系统，确定预警级别和预警信号标准等工作。评价对象是导致事故发生的人、机、环、管等方面的因素，预测系统建立的目的是实现必要的未来预测和预警。预警信号一般采用国际通用的颜色表示不同的安全状况，如：

Ⅰ级预警，表示安全状况特别严重，用红色表示。

Ⅱ级预警，表示受到事故的严重威胁，用橙色表示。

Ⅲ级预警，表示处于事故的上升阶段，用黄色表示。

Ⅳ级预警，表示生产活动处于正常状态，用蓝色表示。

预警的目标是实现对各种事故现象的早期预防与控制，并能对事故实施危机管理。预警是制定预控对策的前提。预控对策是根据具体的警情确定控制方案，尽早采取必要的预防和控制措施，避免事故的发生和人员的伤亡，减少财产损失等。预控对策一般包括组织准备、日常监控和事故危机管理三个活动阶段。

1) 组织准备。组织准备的目的在于预警分析以及对预控对策的实施提供组织保障，其任务为：一是确定预警体系的组织构成、职能分配及运行方式；二是为事故状态下预警体系的运行和管理提供组织保障，确保预控对策的实施。

2) 日常监控。日常监控是对预警分析所确定的主要事故征兆（现象）进行特别监视与控制的管理活动，包括培训员工的预警知识和各种逆境的预测，模拟预警管理方案，总结预警监控活动的经验或教训，在特别状态时提出建议供决策层采纳等。

3) 事故危机管理。事故危机管理是在日常监控活动无法有效扭转危险状态时的管理对策，是预警管理活动陷入危机状态时采取的一种特殊性质的管理，是只有在特殊情况下才采用的特别管理方式。

预警分析和预控对策的活动内容是不同的，前者主要是对系统隐患的辨识，后者是对事故征兆的不良趋势进行纠错、治错的管理活动，但两者相辅相成，是明确的时间顺序关系和逻辑顺序关系。预警分析是预警体系完成其职能的前提和基础，预控对策是预警体系职能活动的目标，两者缺少任何一个方面，预警体系都无法完整实现其功能，也难以很好地实施事故预警。

预警分析和预控对策活动的对象是有差异的，前者的对象是在正常生产活动中的安全管理过程，后者的对象则是已被确认的事故现象。但如果工程已处于事故状态，那么两者的活动对象是一致的，都是事故状态中的生产现象。另外，不论生产活动是处于正常状态还是事故状态，预警分析的活动对象总是包容预控对策的活动对象，或者说，预控活动的对象总是预警分析活动对象中的主要矛盾。

**3. 预警体系的运行**

完善的预警体系为事故预警提供了物质基础。预警体系通过预警分析和预控对策实现事故的预警和控制，预警分析完成监测、识别、诊断与评价功能，而预控对策完成对事故征兆的不良趋势进行纠错和治错的功能。

(1) 监测。监测是预警活动的前提，监测的任务包括两个方面：一是对生产中的薄弱环节和重要环节进行全方位、全过程的监测；二是利用预警信息管理系统对大量的监测信息进行处理（整理、分类、存储、传输）并建立信息档案。通过对前后数据、实时数据的收集、整理、分析、存储和比较，建立预警信息档案。信息档案中的信息是整个预警系统共享的，它将监测信息及时、准确地输入下一预警环节。

(2) 识别。识别是运用评价指标体系对监测信息进行分析，以识别生产活动中各类事故征兆、事故诱因，以及将要发生的事故活动趋势。识别的主要任务是应用适宜的识别指标，判断已经发生的异常征兆、可能的连锁反应。

(3)诊断。对已被识别的各种事故现象，进行成因过程的分析和发展趋势预测。诊断的主要任务是在诸多致灾因素中找出危险性最高、危险程度最严重的主要因素，并对其成因进行分析，对发展过程及可能的发展趋势进行准确定量的描述。诊断的工具是企业特性和行业安全生产共性相统一的评价指标体系。

(4)评价。对已被确认的主要事故征兆进行描述性评价，以明确生产活动在这些事故征兆现象的冲击下会遭受什么样的打击，通过预警评价判断此时生产所处状态是正常、警戒，还是危险、极度危险、危机状态，并把握其发展趋势，在必要时准确报警。

监测、识别、诊断、评价这四个环节的预警活动，是前后顺序的因果联系。其中，监测活动的检测信息系统，是整个预警管理系统所共享的，识别、诊断、评价这三个环节的活动结果将以信息方式存入预警信息管理系统中。另外，这四个环节活动所使用的评价指标，也具有共享性和统一性。

## 项目小结

职业健康安全管理体系是企业总体管理体系的一部分。作为我国推荐性标准的职业健康安全管理体系标准，目前被企业普遍采用，用以建立职业健康安全管理体系。职业健康安全管理体系包括17个基本要素，这17个要素的相互关系、相互作用，共同有机地构成了职业健康安全管理体系的整体。

职业健康安全管理的目的是在生产活动中，通过职业健康安全生产的管理活动，对影响生产的具体因素进行状态控制，使生产因素中的不安全行为和状态尽可能减少或消除，且不引发事故，以保证生产活动中人员的健康和安全。

由于建筑工程规模大、周期长、参与人数多、环境复杂多变，安全生产的难度很大。因此，通过建立各项制度，规范建筑工程的生产行为，对提高建筑工程安全生产水平是非常重要的。

事故的发生和发展是人的不安全行为、物的不安全状态以及管理的缺陷等方面相互作用的结果，因此，在事故预防管理上，可针对事故特点建立事故预警体系。

## 复习思考题

9—1 职业健康安全管理体系包括哪几个基本要素？
9—2 建筑工程职业健康安全管理的目的是什么？
9—3 建筑工程职业健康安全管理有何特点？
9—4 安全生产责任制度的主要内容有哪些？
9—5 企业取得安全生产许可证，应当具备哪些条件？
9—6 企业安全生产教育培训一般包括哪些内容？
9—7 安全措施计划的范围有哪些？
9—8 何谓特种作业人员？其有何基本要求？
9—9 安全检查的目的、方式、内容有哪些？

9—10 何谓"三同时"？
9—11 预警体系建立的原则是什么？
9—12 预警体系的运行程序如何？

## ▶ 专项实训

### 认识建筑工程安全管理制度

实训目的：体验建筑工程安全管理氛围，熟悉建筑工程安全管理制度。
材料准备：①采访本。
②交通工具。
③录音笔。
④联系当地建筑工程项目负责人。
⑤设计采访参观过程。
实训步骤：划分小组→分配走访任务→走访建筑工程项目实体→进行资料整理→完成走访报告。
实训结果：①熟悉建筑工程安全管理氛围。
②掌握建筑工程安全管理制度。
③编制走访报告。
注意事项：①学生角色扮演真实。
②走访程序设计合理。
③充分发挥学生的积极性、主动性与创造性。

# 项目 10　建筑工程施工安全措施

**项目描述**

本项目主要介绍建筑工程施工安全技术措施、安全技术交底、安全生产检查监督、基坑作业安全技术、脚手架工程施工安全技术、高处作业施工安全技术、施工机械与临时用电安全技术、施工现场防火安全管理等内容。

建筑工程
施工安全措施

**学习目标**

通过本项目的学习，学生能够了解建筑工程施工安全技术措施、安全技术交底、安全生产检查监督等知识，掌握基坑作业安全技术、脚手架工程施工安全技术、高处作业施工安全技术、施工机械与临时用电安全技术、施工现场防火安全管理。

**素质目标**

党的二十大报告提出，"坚持安全第一、预防为主，建立大安全大应急框架，完善公共安全体系，推动公共安全治理模式向事前预防转型。""推进安全生产风险专项整治，加强重点行业、重点领域安全监管。"通过本项目的学习，培养学生认真负责、科学严谨的工作习惯，从而确保工程建设过程中的施工安全。

**项目导入**

为了加强施工安全管理、维护人身和财产的安全，保障工程施工顺利进行，在施工中必须严格执行有关安全标准化现场管理规定，按标准化要求组织施工，牢固树立安全施工意识，确保本工程安全目标的实现，杜绝安全事故的发生。

## 10.1　建筑工程施工安全技术措施

**1. 施工安全控制**

（1）安全控制的概念。安全控制是生产过程中涉及的计划、组织、监控、调节和改进等一系列致力于满足生产安全所进行的管理活动。

（2）安全控制的目标。安全控制的目标是减少和消除生产过程中的事故，保证人员健康安全和财产免受损失。具体应包括：

1）减少或消除人的不安全行为的目标；

2）减少或消除设备、材料的不安全状态的目标；

3)改善生产环境和保护自然环境的目标。

(3)施工安全控制的特点。建筑工程施工安全控制的特点主要有以下几个方面:

1)控制面广。由于建筑工程规模较大,生产工艺复杂、工序多,在建造过程中流动作业多,高处作业多,作业位置多变,遇到的不确定因素多,所以安全控制工作涉及范围大,控制面广。

2)控制的动态性。建筑工程项目的单件性,使得每项工程所处的条件不同,所面临的危险因素和防范措施也会有所改变,员工在转移工地后,熟悉一个新的工作环境需要一定的时间,有些工作制度和安全技术措施也会有所调整,员工同样有个熟悉的过程。

由于建筑工程项目施工的分散性,现场施工分散于施工现场的各个部位,尽管有各种规章制度和安全技术交底的环节,但是面对具体的生产环境,仍然需要自己的判断和处理,有经验的人员还必须适应不断变化的情况。

3)控制系统交叉性。建筑工程项目是开放系统,受自然环境和社会环境影响很大,同时也会对社会和环境造成影响,安全控制需要把工程系统、环境系统及社会系统结合起来。

4)控制的严谨性。由于建筑工程施工的危害因素复杂、风险程度高、伤亡事故多,所以预防控制措施必须严谨,如有疏漏,就可能发展到失控状态而酿成事故,造成损失和伤害。

(4)施工安全的控制程序。

1)确定每项具体建筑工程项目的安全目标。按"目标管理"方法在以项目经理为首的项目管理系统内进行分解,从而确定每个岗位的安全目标,实现全员安全控制。

2)编制建筑工程项目安全技术措施计划。工程施工安全技术措施计划是对生产过程中的不安全因素,用技术手段加以消除和控制的文件,是落实"预防为主"方针的具体体现,是进行工程项目安全控制的指导性文件。

3)安全技术措施计划的落实和实施。安全技术措施计划的落实和实施包括建立健全安全生产责任制,设置安全生产设施,采用安全技术和应急措施,进行安全教育和培训,安全检查,事故处理,沟通和交流信息,通过一系列安全措施的贯彻,使生产作业的安全状况处于受控状态。

4)安全技术措施计划的验证。安全技术措施计划的验证是通过施工过程中对安全技术措施计划实施情况的安全检查,纠正不符合安全技术措施计划的情况,保证安全技术措施的贯彻和实施。

5)持续改进根据安全技术措施计划的验证结果,对不适宜的安全技术措施计划进行修改、补充和完善。

**2. 施工安全技术措施的一般要求**

(1)施工安全技术措施必须在工程开工前制定。施工安全技术措施是施工组织设计的重要组成部分,应在工程开工前与施工组织设计一同编制。为保证各项安全设施的落实,在工程图纸会审时,就应特别注意考虑安全施工的问题,并在开工前制定好安全技术措施,使得用于该工程的各种安全设施有较充分的时间进行采购、制作和维护等准备工作。

(2)施工安全技术措施要有全面性。按照有关法律法规的要求,在编制工程施工组织设计时,应当根据工程特点制定相应的施工安全技术措施。对于大中型工程项目、结构复杂的重点工程,除必须在施工组织设计中编制施工安全技术措施外,还应编制专项工程施工安全技术措施，详细说明有关安全方面的防护要求和措施，确保单位工程或分部分项工程的施工安全。对爆破、拆除、起重吊装、水下、基坑支护和降水、土方开挖、脚手架、模板等危险性较大的作业，必须编制专项安全施工技术方案。

(3)施工安全技术措施要有针对性。施工安全技术措施是针对每项工程的特点制定的，编制安全技术措施的技术人员必须掌握工程概况、施工方法、施工环境、条件等一手资料，并熟悉安全法规、标准等，从而制定有针对性的安全技术措施。

(4)施工安全技术措施应力求全面、具体、可靠。施工安全技术措施应把可能出现的各种不安全因素考虑周全，制订的对策、措施、方案应力求全面、具体、可靠，这样才能真正做到预防事故的发生。但是，全面具体不等于罗列一般通常的操作工艺、施工方法以及日常安全工作制度、安全纪律等。这些制度性规定，安全技术措施中不需要再作抄录，但必须严格执行。

对大型群体工程或一些面积大、结构复杂的重点工程，除必须在施工组织总设计中编制施工安全技术总体措施外，还应编制单位工程或分部分项工程安全技术措施，详细地制定出有关安全方面的防护要求和措施，确保该单位工程或分部分项工程的安全施工。

(5)施工安全技术措施必须包括应急预案。由于施工安全技术措施是在相应的工程施工实施之前制定的，其所涉及的施工条件和危险情况大都是建立在可预测的基础上，而建筑工程施工过程是开放的过程，在施工期间的变化是经常发生的，还可能出现预测不到的突发事件或灾害(如地震、火灾、台风、洪水等)。所以，施工技术措施计划必须包括面对突发事件或紧急状态的各种应急设施、人员逃生和救援预案，以便在紧急情况下，能及时启动应急预案，减少损失，保护人员安全。

(6)施工安全技术措施要有可行性和可操作性。施工安全技术措施应能够在每个施工工序之中得到贯彻实施，既要考虑保证安全要求，又要考虑现场环境条件和施工技术条件能够做达到。

**3. 施工安全技术措施的主要内容**

(1)进入施工现场的安全规定；
(2)地面及深槽作业的防护；
(3)高处及立体交叉作业的防护；
(4)施工用电安全；
(5)施工机械设备的安全使用；
(6)在采取"四新"技术时，有针对性的专门安全技术措施；
(7)有针对自然灾害预防的安全措施；
(8)预防有毒、有害、易燃、易爆等作业所造成的危害的安全技术措施；
(9)现场消防措施。

安全技术措施中必须包含施工总平面图，在图中必须对危险的油库、易燃材料库、变电设备、材料和构配件的堆放位置、塔式起重机、物料提升机(井架、龙门架)、施工用电梯、垂直运输设备的位置、搅拌台的位置等按照施工需求和安全规程的要求明确定位，并提出具体要求。

结构复杂、危险性大、特性较多的分部分项工程，应编制专项施工方案和安全措施。如基坑支护与降水工程、土方开挖工程、模板工程、起重吊装工程、脚手架工程、拆除工程、爆破工程等，必须编制单项的安全技术措施，并要有设计依据、有计算、有详图、有文字要求。

季节性施工安全技术措施,就是考虑暑期、雨期、冬期等不同季节的气候对施工生产带来的不安全因素可能造成的各种突发性事故,而从防护上、技术上、管理上采取的防护措施。一般工程可在施工组织设计或施工方案的安全技术措施中编制季节性施工安全措施;危险性大、高温期长的工程,应单独编制季节性的施工安全措施。

## 10.2 安全技术交底

**1. 安全技术交底的内容**

安全技术交底是一项技术性很强的工作,对于贯彻设计意图、严格实施技术方案、按图施工、循规操作、保证施工质量和施工安全至关重要。安全技术交底的主要内容如下:

(1)本施工项目的施工作业特点和危险点;
(2)针对危险点的具体预防措施;
(3)应注意的安全事项;
(4)相应的安全操作规程和标准;
(5)发生事故后应及时采取的避难和急救措施。

**2. 安全技术交底的要求**

(1)项目经理部必须实行逐级安全技术交底制度,纵向延伸到班组全体作业人员;
(2)技术交底必须具体、明确,针对性强;
(3)技术交底的内容应针对分部分项工程施工中给作业人员带来的潜在危险因素和存在的问题;
(4)应优先采用新的安全技术措施;
(5)对于涉及"四新"项目或技术含量高、技术难度大的单项技术设计,必须经过两个阶段的技术交底,即初步设计技术交底和实施性施工图技术设计交底;
(6)应将工程概况、施工方法、施工程序、安全技术措施等向工长、班组长进行详细交底;
(7)定期向由两个以上作业队和多工种进行交叉施工的作业队伍进行书面交底;
(8)保存书面安全技术交底签字记录。

**3. 安全技术交底的作用**

(1)让一线作业人员了解和掌握该作业项目的安全技术操作规程和注意事项,能减小因违章操作而导致事故的可能性;
(2)安全技术交底是安全管理人员在项目安全管理工作中的重要环节;
(3)安全技术交底是安全管理内业的内容要求;同时,做好安全技术交底也是安全管理人员自我保护的手段。

## 10.3 安全生产检查监督

工程项目安全检查的目的是清除隐患、防止事故、改善劳动条件及

安全生产检查监督

提高员工的安全生产意识,是安全控制工作的一项重要内容。通过安全检查,可以发现工程中的危险因素,以便有计划地采取措施,保证安全生产。施工项目的安全检查应由项目经理组织,定期进行。

**1. 安全生产检查监督的主要类型**

(1)全面安全检查。全面安全检查应包括职业健康安全管理方针、管理组织机构及其安全管理的职责、安全设施、操作环境、防护用品、卫生条件、运输管理、危险品管理、火灾预防、安全教育和安全检查制度等内容。对全面安全检查的结果必须进行汇总分析,详细探讨所出现的问题及相应对策。

(2)经常性安全检查。工程项目和班组应开展经常性安全检查,及时排除事故隐患。工作人员必须在工作前,对所用的机械设备和工具进行仔细的检查,发现问题立即上报。下班前,还必须进行班后检查,做好设备的维修保养和清整场地等工作,保证交接安全。

(3)专业或专职安全管理人员的专业安全检查。由于操作人员在进行设备的检查时,往往是根据其自身的安全知识和经验进行主观判断,因而有很大的局限性,不能反映出客观情况,流于形式。而专业或专职安全管理人员则有较丰富的安全知识和经验,通过其认真检查,就能够得到较为理想的效果。专业或专职安全管理人员在进行安全检查时,必须不徇私情,按章检查,发现违章操作情况要立即纠正,发现隐患及时指出并提出相应防护措施,并及时上报检查结果。

(4)季节性安全检查。要对防风防沙、防涝抗旱、防雷电、防暑防害等工作进行季节性的检查,根据各个季节自然灾害的发生规律,及时采取相应的防护措施。

(5)节假日检查。在节假日,坚持上班的人员较少,人们往往放松思想警惕,容易发生意外,而一旦发生意外事故,也难以进行有效的救援和控制。因此,节假日必须安排专业安全管理人员进行安全检查,对重点部位要进行巡视。同时,配备一定数量的安全保卫人员,搞好安全保卫工作,绝不能麻痹大意。

(6)要害部门重点安全检查。对于企业的要害部门和重要设备,必须进行重点检查。由于其重要性和特殊性,一旦发生意外,会造成大的伤害,给企业的经济效益和社会效益带来不良的影响。为了确保安全,对设备的运转和零件的状况应定时进行检查,发现损伤立刻更换,绝不能让设备"带病"作业;设备一过有效年限即使没有故障,也应该予以更新,不能因小失大。

**2. 安全生产检查监督的主要内容**

(1)查思想。检查企业领导和员工对安全生产方针的认识程度、对建立健全安全生产管理和安全生产规章制度的重视程度、对安全检查中发现的安全问题或安全隐患的处理态度等。

(2)查制度。为了实施安全生产管理制度,工程承包企业应结合本身的实际情况,建立健全一整套本企业的安全生产规章制度,并落实到具体的工程项目施工任务中。在安全检查时,应对企业的施工安全生产规章制度进行检查。施工安全生产规章制度一般应包括以下内容:

1)安全生产责任制度;
2)安全生产许可证制度;
3)安全生产教育培训制度;
4)安全措施计划制度;

5)特种作业人员持证上岗制度;
6)专项施工方案专家论证制度;
7)危及施工安全的工艺、设备、材料淘汰制度;
8)施工起重机械使用登记制度;
9)生产安全事故报告和调查处理制度;
10)各种安全技术操作规程;
11)危险作业管理审批制度;
12)易燃、易爆、剧毒、放射性、腐蚀性等危险物品生产、储运、使用的安全管理制度;
13)防护物品的发放和使用制度;
14)安全用电制度;
15)危险场所动火作业审批制度;
16)防火、防爆、防雷、防静电制度;
17)危险岗位巡回检查制度;
18)安全标志管理制度。

(3)查管理。主要检查安全生产管理是否有效,安全生产管理和规章制度是否真正得到落实。

(4)查隐患。主要检查生产作业现场是否符合安全生产要求,检查人员应深入作业现场,检查工人的劳动条件、卫生设施、安全通道,零部件的存放,防护设施状况,电气设备、压力容器、化学用品的储存,粉尘及有毒有害作业部位点的达标情况,车间内的通风照明设施,个人劳动防护用品的使用是否符合规定等。要特别注意对一些要害部位和设备加强检查,如锅炉房,变电所,各种剧毒、易燃、易爆等场所。

(5)查整改。主要检查对过去提出的安全问题是否得到了解决发生过安全生产事故及具有安全隐患的部门是否采取了安全技术措施和安全管理措施,进行整改的效果如何。

(6)查事故处理。检查对伤亡事故是否及时报告,对责任人是否已经作出严肃处理。在安全检查中必须成立一个适应安全检查工作需要的检查组,配备适当的人力、物力。检查结束后应编写安全检查报告,说明已达标项目、未达标项目、存在问题、原因分析,给出纠正和预防措施的建议。

**3. 安全检查的注意事项**

(1)安全检查要深入基层、紧紧依靠职工,坚持领导与群众相结合的原则,组织好检查工作。

(2)建立检查的组织领导机构,配备适当的检查力量,挑选具有较高技术业务水平的专业人员参加。

(3)做好检查的各项准备工作,包括思想、业务知识、法规政策和物资、奖金准备。

(4)明确检查的目的和要求。既要严格要求,又要防止一刀切,要从实际出发,分清主、次矛盾,力求实效。

(5)把自查与互查有机结合起来。基层以自查为主,企业内相应部门间互相检查,取长补短,相互学习和借鉴。

(6)坚持查改结合。检查不是目的,只是一种手段,整改才是最终目的。发现问题,要及时采取切实有效的防范措施。

(7)建立检查档案。结合安全检查表的实施,逐步建立健全检查档案,收集基本的数据,掌握基本安全状况,为及时消除隐患提供数据,同时也为以后的职业健康安全检查奠定基础。

(8)在制定安全检查表时,应根据用途和目的,具体确定安全检查表的种类。安全检查表的主要种类有设计用安全检查表、厂级安全检查表、车间安全检查表、班组及岗位安全检查表、专业安全检查表等。要在安全技术部门的指导下制定安全检查表,充分依靠职工来进行。初步制定出来的检查表,要经过群众的讨论,反复试行,再加以修订,最后由安全技术部门审定后方可正式实行。

**4. 建筑工程安全隐患**

建筑工程安全隐患包括三个部分的不安全因素:人的不安全因素、物的不安全状态和组织管理上的不安全因素。

(1)人的不安全因素。人的不安全因素有能够使系统发生故障或发生性能不良事件的个人不安全因素和违背安全要求的错误行为。

个人的不安全因素包括人员的心理、生理、能力中所具有不能适应工作、作业岗位要求的影响安全的因素。

1)心理上的不安全因素有影响安全的性格、气质和情绪(如急躁、懒散、粗心等)。

2)生理上的不安全因素大致有5个方面:

①视觉、听觉等感觉器官不能适应作业岗位要求的因素;

②体能不能适应作业岗位要求的因素;

③年龄不能适应作业岗位要求的因素;

④有不适合作业岗位要求的疾病;

⑤疲劳和酒醉或感觉朦胧。

3)能力上的不安全因素包括知识技能、应变能力、资格等不能适应工作和作业岗位要求的影响因素。

人的不安全行为是指能造成事故的人为错误,是人为地使系统发生故障或发生性能不良事件,是违背设计和操作规程的错误行为。人的不安全行为的类型有:

①操作失误、忽视安全、忽视警告;

②造成安全装置失效;

③使用不安全设备;

④手代替工具操作;

⑤物体存放不当;

⑥冒险进入危险场所;

⑦攀坐不安全位置;

⑧在起吊物下作业、停留;

⑨在机器运转时进行检查、维修、保养;

⑩有分散注意力的行为;

⑪未正确使用个人防护用品、用具;

⑫不安全装束;

⑬对易燃易爆等危险物品处理错误。

(2)物的不安全状态。物的不安全状态是指能导致事故发生的物质条件,包括机械设备或环境所存在的不安全因素。

物的不安全状态的内容包括：
1）物本身存在的缺陷；
2）防护保险方面的缺陷；
3）物的放置方法的缺陷；
4）作业环境场所的缺陷；
5）外部的和自然界的不安全状态；
6）作业方法导致的物的不安全状态；
7）保护器具信号、标志和个体防护用品的缺陷。

物的不安全状态的类型包括：
1）防护等装置缺陷；
2）设备、设施等缺陷；
3）个人防护用品缺陷；
4）生产场地环境的缺陷。

(3)组织管理上的不安全因素。组织管理上的缺陷，也是事故潜在的不安全因素，其作为间接的原因有以下几个方面：
1）技术上的缺陷；
2）教育上的缺陷；
3）生理上的缺陷；
4）心理上的缺陷；
5）管理工作上的缺陷；
6）学校教育和社会、历史的原因造成的缺陷。

**5. 建筑工程安全隐患的处理**

在工程建筑过程中，安全事故隐患是难以避免的，但要尽可能预防和消除安全事故隐患的发生。首先，需要项目参与各方加强安全意识，做好事前控制，建立健全各项安全生产管理制度，落实安全生产责任制，注重安全生产教育培训，保证安全生产条件所需资金的投入，将安全隐患消除在萌芽之中；其次，要根据工程的特点确保各项安全施工措施的落实，加强对工程安全生产的检查监督，及时发现安全事故隐患；最后，要对发现的安全事故隐患及时进行处理，查找原因，防止事故隐患的进一步扩大。

(1)安全事故隐患治理原则。

1）冗余安全度治理原则。为确保安全，在治理事故隐患时应考虑设置多道防线，即使有一、两道防线无效，还有冗余的防线可以控制事故隐患。例如，道路上有一个坑，既要设防护栏及警示牌，又要设照明及夜间警示红灯。

2）单项隐患综合治理原则。人、机、料、法、环境任一个环节产生安全事故隐患，都要从五者安全匹配的角度考虑，调整匹配的方法，提高匹配的可靠性。一件单项隐患问题的整改需综合(多角度)治理。人的隐患，既要治人，也要治机具及生产环境等各环节。例如，某工地发生触电事故，一方面要进行人的安全用电操作教育，另一方面在现场也要设置漏电开关，对配电箱、用电线路进行防护改造，也要严禁非专业电工乱接、乱拉电线。

3）事故直接隐患与间接隐患并治原则。在对人、机、环境系统进行安全治理的同时，还需治理安全管理措施。

4) 预防与减灾并重治理原则。治理安全事故隐患时，需尽可能减少发生事故的可能性，如果不能安全控制事故的发生，也要设法将事故等级减低。但是不论预防措施如何完善，都不能保证事故绝对不会发生，还必须对事故减灾作好充分准备，研究应急技术操作规范，如及时切断供料及能源的操作方法；及时降压、降温、降速以及停止运行的方法；及时排放毒物的方法；及时疏散及抢救的方法；及时请求救援的方法等。还应定期组织训练和演习，使该生产环境中每名干部及工人都真正掌握这些减灾技术。

5) 重点治理原则。按对隐患的分析评价结果实行危险点分级治理，也可以用安全检查表打分，对隐患危险程度分级。

6) 动态治理原则。动态治理就是对生产过程进行动态随机安全化治理，在生产过程中发现问题及时治理，这既可以及时消除隐患，又可以避免小的隐患发展成大的隐患。

(2) 安全事故隐患的处理。在建筑工程中，安全事故隐患的发现可以来自各参与方，包括建筑单位、设计单位、监理单位、施工单位、供货商、工程监管部门等。各方对事故安全隐患处理的义务和责任，以及相关的处理程序在《建设工程安全生产管理条例》中已有明确的界定。这里仅从施工单位的角度谈其对事故安全隐患的处理方法。

1) 当场指正，限期纠正，预防隐患发生。对于违章指挥和违章作业行为，检查人员应当场指出，并限期纠正，预防事故的发生。

2) 做好记录，及时整改，消除安全隐患。对检查中发现的各类安全事故隐患，应做好记录，分析安全隐患产生的原因，制定消除隐患的纠正措施，报相关方审查批准后进行整改，及时消除隐患。对重大安全事故隐患排除前或者排除过程中无法保证安全的，责令从危险区域内撤出作业人员或者暂时停止施工，待隐患消除再行施工。

3) 分析统计，查找原因，制定预防措施。对于反复发生的安全隐患，应通过分析其是属于多个部位存在的同类型隐患（即"通病"）还是属于重复出现的隐患（即"顽症"），查找产生"通病"和"顽症"的原因，修订和完善安全管理措施，制定预防措施，从源头上消除安全事故隐患的发生。

4) 跟踪验证。检查单位应对受检单位的纠正和预防措施的实施过程和实施效果，进行跟踪验证，并保存验证记录。

# 10.4 基坑作业安全技术

**1. 基坑作业安全技术基础知识**

(1) 一般要求。

1) 基坑开挖之前，要按照土质情况、基坑深度以及周边环境确定支护方案，其内容应包括放坡要求、支护结构设计、机械选择、开挖时间、开挖顺序、分层开挖深度、坡道位置、车辆进出道路、降水措施及监测要求等。

2) 施工方案的制定必须针对施工工艺结合作业条件，对施工过程中可能造成的坍塌因素和作业条件的安全及防止周边建筑、道路等产生不均匀沉降，设计制定具体可行措施，并在施工中付诸实施。

3) 高层建筑的箱形基础，实际上形成了建筑的地下室，随着上层建筑荷载的加大，常要求在地面以下设置三层或四层地下室，基坑的深度常超过 $5\sim 6\ m$，且面积较大，这给基础工程施工带来很大困难和危险，因而必须认真制定安全措施以防止发生事故。

①工程场地狭窄、邻近建筑物多、大面积基坑的开挖，常使这些旧建筑物发生裂缝或不均匀沉降；

②基坑的深度不同，主楼较深，裙房较浅，因而需仔细进行施工程序安排，有时先挖一部分浅坑，再加支撑或采用悬臂板桩；

③合理采用降水措施，以减少板桩上的土压力；

④当采用钢板桩时，要合理解决位移和弯曲；

⑤除降低地下水位外，基坑内还需设置明沟和集水并排除因暴雨突然而来的明水；

⑥大面积基坑应考虑配两路电源，当一路电源发生故障时，可以及时采取另一路电源，防止因停止降水而发生事故。

总之，由于基坑加深，土侧压力再加上地下水的出现，必须做专项支护设计以确保施工安全。

4) 支护设计方案合理与否，不但直接影响施工的工期、造价，更主要的是，还直接决定施工过程安全与否，所以必须经上级审批。

(2) 临边防护。当基坑施工深度达到 2 m 时，对坑边作业已构成危险，按照高处作业和临边作业的规定，应搭设临边防护设施。

基坑周边搭抗的防护栏杆，其选材、搭设方式及牢固程度都应符合《建筑施工高处作业安全技术规范》(JGJ 80—2016)的规定。

(3) 基坑支护。基坑支护的作用主要有以下几个方面：保护相邻已有建筑物和地下设施的安全；利用支护结构进行地下水控制，施工降水可能导致相邻建筑物产生过大的沉降而影响其正常使用功能，此时需采用局部回灌工艺；节约施工空间，在施工现场不允许放坡时，使用支护结构可将开挖空间限制在主体结构基础平面周边不大的范围内；减小基础底部隆起，由于开挖卸荷，基坑和其周围的土体会发生回弹变形和隆起，严重时可造成基底坑隆起失效，合理地设计和施工支护结构，可使这种变形大大减小；利用永久性结构作为支护结构的一部分，如作为主体结构地下室的外墙等。

基坑支护结构侧壁安全等级及重要性系数可以分为：

1) 安全等级一级。破坏后果为支护结构破坏、土体失稳或过大变形对基坑周边环境及地下结构施工影响很严重，此时重要性系数 $r_0$ 取 1.1。

2) 安全等级二级。破坏后果为支护结构破坏、土体失稳或过大变形对基坑周边环境及地下结构施工影响一般，此时重要性系数 $r_0$ 取 1.0。

3) 安全等级三级。破坏后果为支护结构破坏、土体失稳或过大变形对基坑周边环境及地下结构施工影响不严重，此时重要性系数 $r_0$ 取 0.9。

不同深度的基坑和作业条件，所采取的支护方式也不同。

1) 原状土放坡。一般基坑深度小于 3 m 时，可采用一次性放坡。当深度达到 4~5 m 时，也可采用分级放坡。明挖放坡必须保证边坡的稳定，对浅基坑的类别进行稳定计算以确定安全系数。原状土放坡适用于较浅的基坑，对于深基坑，可采用打桩、土钉墙或地下连续墙方法来确保边坡的稳定。

2) 排桩(护坡桩)。当周边无条件放坡时，可设计成挡土墙结构。可以采用预制桩或灌注桩，预制桩有钢筋混凝土和钢桩，当采用间隔排桩时，将桩与桩之间的土体固化形成桩墙挡土结构。

土体的固化方法可采用高压施喷或深层搅拌法。固化后的土体整体性好，同时可以阻止地下水渗入基坑形成隔渗结构。桩墙结构实际上是利用桩的入土深度形成悬臂结构，当基础较深时，可采用坑外拉锚或坑内支撑来保持护桩的稳定。

3）坑外拉锚与坑内支撑。

①坑外拉锚。用锚具将锚杆固定在桩的悬臂部分，将锚杆的另一端伸向基坑边坡上层内锚固，以增加桩的稳定性。土锚杆由锚头、自由段和锚固段三部分组成，锚杆必须有足够长度，锚固段不能设置在土层的滑动面之内。锚杆应经设计并通过现场试验确定抗拔力。锚杆可以设计成一层或多层，采用坑外拉锚较采用坑内支撑法有较好的机械开挖环境。

②坑内支撑。为提高桩的稳定性，也可采用在坑内加设支撑的方法。坑内支撑可采用单层平面或多层支撑，支撑材料可采用型钢或钢筋混凝土，设计支撑的结构形式和节点做法，必须注意支撑安装及拆除顺序。尤其对多层支撑要加强管理，混凝土支撑必须在上道支撑强度达80%时才可挖下层。对钢支撑，严禁在负荷状态下焊接。

③地下连续墙。地下连续墙就是在深层地下浇筑一道钢筋混凝土墙，其既可挡土护壁又可起隔渗作用，也可以成为工程主体结构的一部分，还可以代替地下室墙外模板。地下连续墙简称为地连墙。地连墙施工是利用成槽机械，按照建筑平面挖出一条长槽，用膨润土泥浆护壁，在槽内放入钢筋笼，然后浇筑混凝土。施工时，可以分成若干段（5~8 m一段），最后对各段进行接头连接，形成一道地下连续墙。

④逆作法施工。逆作法的施工工艺和一般正常施工相反，一般基础施工先挖至设计深度，然后自下向上施工到正负零标高，然后继续施工上部主体。逆作法是先施工地下一层（离地面最近的一层），在打完第一层楼板时，进行养护，在养护期间可以向上部施工主体，当第一层楼板达到强度时，可继续施工地下二层（同时向上方施工），此时的地下主体结构梁板体系就作为挡土结构的支撑体系，地下室的墙体又是基坑的护壁。这时梁板的施工只需在地面上挖出坑槽入模板钢筋，不设支撑，在梁的底部将伸出筋插入土中，作为柱子钢筋，梁板施工完毕后再挖土方施工柱子。第一层楼板以下部分由于楼板的封闭，只能采用人工挖土，可利用电梯间作垂直运输通道。逆作法不但节省工料，上下同时施工缩短工期，还因利用工程梁板结构作内支撑，从而避免装拆临时支撑所造成的土体变形。

（4）基坑开挖与支护监测。

1）监测规定。

①基坑开挖前，应作出系统的开挖监测方案，内容包括监测目的、监测项目、监测报警装置、监测方法及精度要求、监测点的布置、监测周期、工序管理和记录制度以及信息反馈系统等。系统的监测措施是安全的重要保证。

②监测点的布置应满足监测的要求，基坑边缘以外1~2倍开挖深度范围内需要保护的结构与设施均应作为监测对象。具体范围应根据土质条件、周围保护物的重要性等确定。

③位移观测基准点数量不应少于两点，且应设置在影响范围以外。

④监测项目在基坑开挖前应测得初始值，且不应少于两次。

⑤基坑监测项目的监测报警值，应根据监测对象的有关规范及支护机构设计要求确定。

⑥各项监测的时间间隔可根据施工进程确定。当变形超过有关标准或监测结果变化速率较大时，应加密观测次数，当有事故征兆时，应连续监测。

⑦基坑开挖监测过程中，应根据设计要求提交阶段性监测结果报告。工程结束时应提交完整的监测报告。

报告包含以下内容：工程概况、监测项目和各测点的平面和立面布置图、所采用仪器的种类和监测方法、监测数据处理方法和监测结果过程曲线、监测结果评价。

⑧应该采用可靠实用的监测仪器，在监测期间保护好监测点。

2）监测内容。

①支护结构顶部水平位移监测。作为最关键部位的监测，一般每隔5~8m设一监测点，在重要部位加密布点。

②支护结构倾斜监测。掌握支护结构在各个施工阶段的倾斜变化情况，及时提出支护结构深度、水平位移、时间的变化曲线及分析结果。

③支护结构沉降监测。可按常规方法用水平仪对支护结构的关键部位进行监测。

④支护结构应力监测。用钢筋应力计对桩身钢筋和桩顶圈梁钢筋中较大应力断面处的应力进行监测，以防发生结构性破坏。

⑤支撑结构受力监测。施工前进行锚杆抗拔试验，施工中用测力计监测锚杆的实际受力。对钢支撑，可用测压应力传感器或应变仪等监测受力变化。

⑥对邻近构筑物、道路、地下管网设施的沉降及变化的监测。

3）监测结果分析。基坑支护工程监测的意义在于通过监测获得准确数据后，进行定量分析与评价，并及时进行险情预报，提出建议和措施，进一步加固处理，直到问题解决。

①对支护结构顶部水平位移分析，包括位移速率和累计位移计算。

②对沉降和沉降速率进行计算分析，沉降要区分由支护结构水平位移引起的或由地下水位变化引起的。

③对各项监测结果进行综合分析并相互验证和比较，判断原有设计和施工方案的合理性。

④根据监测结果，全面分析基坑开挖对周围环境影响和支护的效果。

⑤检测原设计计算方法的适宜性，预测后续工程开挖中可能出现的新问题。

⑥经过分析评价、险情报警后，应及时提出处理措施，调整方案，排除险情并跟踪监测加固处理后的效果。

⑦监测点必须牢固，标志醒目，并要求现场各施工单位给予配合，确保监测点在监测阶段不被破坏。

（5）坑边荷载。

1）坑边堆置土方和材料包括沿挖土方边缘移动运输工具和机械不应离槽边过近，堆置土方距坑槽上部边缘不小于1.2m，弃土堆置高度不超过1.5m。

2）大中型施工机具距坑、槽边距离，应根据设备重量、基坑支护情况、土质情况经计算确定。规范规定"基坑周边严禁超堆荷载"。土方开挖如有超载和不可避免的边坡堆载，包括挖土机平台位置等，应在施工方案中进行设计计算确认。

3）周边有条件时，可采用坑外降水，以减少墙体后面的水压力。

（6）基坑降水。基坑施工常遇地下水，尤其深基施工处理不好不但影响基坑施工，还会给周边建筑造成沉降不均的危险。对地下水的控制方法一般有排水、井点降水、隔渗，下面仅介绍前两者。

1）排水。当基坑开挖深度较小时，碎石土、砂土及黏性土地基，可在基坑内或基坑外设置排水沟水井，用抽水设备将地下水排出。

施工方法是，当基坑开挖接近地下水位时，沿基坑底部四周挖排水沟并设置集水井。

采用基坑内明沟排水时，基坑分层开挖。当挖土面接近排水沟底附近时，加深排水沟和集水井。要求集水井井底低于排水沟底 0.5 m 左右，排水沟底要低于挖土面 0.3～0.4 m。

排水沟和集水井应设置在基础轮廓线以外，并留有适当的距离，防止地基土的结构遭到破坏。集水井的容量应保证停止抽水 10～15 min 后井中的水不外溢。

当土中水的渗出量较大、施工现场较宽时，可在距坑边 3～6 m 外挖大型排水沟，沟底要比基坑底面低 0.5～1.0 m。

2) 井点降水。井点降水是在基坑外面或基坑里面通过井(孔)将地下水降低到所要求的水位。井点降水常用的四种方法是电渗法降水、轻型井点降水、喷射井点降水和深井井点降水。

①电渗法降水。电渗法降水是将井点管本身作为阴极，将井点管沿基坑外侧布置，将金属管(直径为 50～75 mm)或用直径约为 20 mm 的钢筋作为阳极埋设在基坑内侧，与井点管并行交错排列，间距为 0.8～1.0 m。阳极露出地面 0.2～0.4 m，其入土深度大于井点管深度约 0.5 m。阴、阳极分别用直径约为 10 mm 的电线接成电路，然后分别与直流发电机的相应电极连接。通电后，地下水流向井点管，再从井点管抽水，地下水位下降。

②轻型井点降水。井点管由滤管和井管两部分组成，可用水冲法或钻孔法埋设。若要求降水深度大于 5.0 m，可采用两级或多级降水。

井点的平面布置由基坑的平面形状、大小和所要求的降水深度及土的性质等因素确定。井点距坑边 0.5～1.0 m，当降水深度不大于 5.0 m 且基坑宽度小于 6.0 m 时，可采用单排井点，当基坑宽度大于 6.0 m 时，宜采用双排井点或环形布置井点。当基坑宽度大于抽水半径的两倍时，可在中间加设一排井点。井点管间距根据土质和所要求的降水深度而定，或通过现场试验确定，一般为 0.8～1.6 m，最大为 3.0 m。

③喷射井点降水。喷射井点降水是在井点管内，利用高压泵或空气压缩机和排水泵等组成一个抽水系统，将地下水抽出。

当基坑宽度小于 10 m 时，井点可单排布置。当基坑宽度大于 10 m 时，井点可双排布置，当基坑面积较大时，宜环形布置。井点间距一般为 2～3 m，孔深比滤管底深 0.5 m，井点管设于地下后，灌入粗砂，在距顶面 1.5 m 的范围内用黏土封口。

④深井井点降水。深井井点降水是在基坑内或外成井，每井设泵抽水，将地下水抽出。

井点抽水量、降深、井数、井距等最好由现场试验确定，计算降深应大于工程要求的降深 0.5～1.0 m，实际井点数应为计算量的 1.1 倍，并应有一定数量的观测孔，必要时还应进行地面应力、地面变形及孔隙压力的观测。

**2. 土石方开挖安全技术**

(1)基坑开挖时，两人操作间距应大于 3.0 m，不得对头挖土；挖土面积较大时，每人工作面不应小于 6 $m^2$。挖土应由上而下，分层分段按顺序进行，严禁先挖坡脚或逆坡挖土，或采用底部掏空塌土方法挖土。

(2)挖土方不得在危岩、孤石的下边或贴近未加固的危险建筑物的下面进行。

(3)基坑开挖应严格按要求放坡，操作时应随时注意土壁的变动情况，如发现有裂纹或部分坍塌现象，应及时进行支撑或放坡，并注意支撑的稳固和土壁的变化。当采取不放坡开挖时，应设置临时支护，各种支护应根据土质及基坑深度经计算确定。

(4)机械多台阶同时开挖，应验算边坡的稳定，挖土机离边坡应有一定的安全距离，以防塌方，造成翻机事故。

(5)在有支撑的基坑槽中使用机械挖土时,应防止破坏支撑。在坑槽边使用机械挖土时,应计算支撑强度,必要时应加强支撑。

(6)基坑槽和管沟回填土时,下方不得有人,对所使用的打夯机等要检查电气线路,以防止漏电、触电,停机时要关闭电闸。

(7)拆除护壁支撑时,应按照回填顺序,从下而上逐步拆除,更换支撑时,必须先安装新的,再拆除旧的。

(8)爆破施工前,应做好安全爆破的准备工作,画好安全距离,设置警戒哨。闪电鸣雷时,禁止装药、接线,施工操作时严格按安全操作规程办事。

(9)炮眼深度超过 4 m 时,需用两个雷管起爆,如深度超过 10 m,则不得用火花起爆,若爆破时发现拒爆,必须先查清原因后再进行处理。

**3. 桩基础工程安全技术**

(1)打(沉)桩。

1)打(沉)桩前,应对邻近施工范围内的原有建筑物、地下管线等进行检查,对有影响的工程,应采取有效的加固防护措施或隔振措施,施工时加强观测,以确保施工安全。

2)打桩机行走道路必须平整、坚实,必要时铺设道碴,经压路机碾压密实。

3)打(沉)桩前应先全面检查机械各个部件及润滑情况及钢丝绳是否完好,发现问题应及时解决;检查后要进行试运转,严禁带病工作。

4)打(沉)桩机架安设应铺垫平稳、牢固。吊桩就位时,桩必须达到 100% 强度,起吊点必须符合设计要求。

5)打桩时桩头垫料严禁用手拨正,不得在桩锤未打到桩顶就起锤或过早刹车,以免损坏桩机设备。

6)在夜间施工时,必须有足够的照明设施。

(2)灌注桩。

1)施工前,应认真查清邻近建筑物的情况,采取有效的防振措施。

2)灌注桩成孔机械操作时应保持垂直平稳,防止成孔时突然倾倒或冲(桩)锤突然下落,造成人员伤亡或设备损坏。

3)冲击锤(落锤)操作时,距锤 6 m 范围内不得有人员行走或进行其他作业,非工作人员不得进入施工区域内。

4)灌注桩在已成孔尚未灌注混凝土前,应用盖板封严或设置护栏,以防掉土或人员坠入孔内,造成重大人身安全事故。

5)进行高空作业时,应系好安全带,灌注混凝土时,装、拆导管人员必须戴安全帽。

(3)人工挖孔桩。

1)井口应有专人操作垂直运输设备,井内照明、通风、通信设备应齐全。

2)要随时与井底人员联系,不得任意离开岗位。

3)挖孔施工人员下入桩孔内需戴安全帽,连续工作不宜超过 4 h。

4)挖出的弃土应及时运至堆土场堆放。

**4. 地基处理安全技术**

(1)在灰土垫层、灰土桩等施工中,粉化石灰和石灰过筛时,必须戴口罩、风镜、手套、套袖等防护用品,并站在上风头;向坑槽、孔内夯填灰土前,应先检查电线绝缘是否良好,接地线、开关应符合要求,夯打时严禁夯击电线。

(2)夯实地基时，起重机应支垫平稳，遇软弱地基，需用长枕木或路基板支垫。提升夯锤前应卡牢回转刹车，以防夯锤起吊后吊机转动失稳，发生倾翻事故。

(3)夯实地基时，现场操作人员要戴安全帽；夯锤起吊后，吊臂和夯锤下15 m内不得站人，非工作人员应远离夯击点30 m以外，以防夯击时飞石伤人。

(4)在用深层搅拌机进行入土切削和提升搅拌时，一旦发生卡钻或停钻现象，应切断电源，将搅拌机强制提起之后，才能启动电动机。

(5)已成的孔尚未夯填填料之前，应加盖板，以免人员或物件掉入孔内。

(6)当使用交流电源时应特别注意各用电设施的接地防护装置；施工现场附近有高压线通过时，必须根据机具的高度、线路的电压，详细测定其安全距离，防止高压放电而发生触电事故；夜班作业时，应有足够的照明以及备用安全电源。

### 5. 地下建筑防水安全技术

(1)防水混凝土施工。现场施工负责人和施工员必须十分重视安全生产，牢固树立安全促进生产、生产必须安全的思想，切实做好预防工作。所有施工人员必须经安全培训，考核合格后方可上岗。

1)施工员在下达施工计划的同时，应下达具体的安全措施，每天出工前，施工员要针对当天的施工情况，布置施工安全工作，并讲明安全注意事项。

2)落实安全施工责任制度、安全施工教育制度、安全施工交底制度、施工机具设备安全管理制度等，并落实到岗位，责任到人。

3)防水混凝土施工期间应以漏电保护、防机械事故和保护为安全工作重点，切实做好防护措施。

4)遵章守纪，杜绝违章指挥和违章作业，现场设立安全措施及有针对性的安全宣传牌、标语和安全警示标志。

5)进入施工现场必须佩戴安全帽，作业人员衣着灵活紧身，禁止穿硬底鞋、高跟鞋作业，高空作业人员应系好安全带，禁止酒后操作、吸烟和打架斗殴。

(2)水泥砂浆防水层施工。

1)现场施工负责人和施工员必须十分重视安全生产，牢固树立安全促进生产、生产必须安全的思想，切实做好预防工作。

2)施工员在下达施工计划的同时，应下达具体的安全措施，每天出工前，施工员要针对当天的施工情况，布置施工安全工作，并讲明安全注意事项。

3)落实安全施工责任制度、安全施工教育制度、安全施工交底制度、施工机具设备安全管理制度等。

4)特殊工种必须持证上岗。

5)遵章守纪，杜绝违章指挥和违章作业，现场设立安全措施及有针对性的安全宣传牌、标语和安全警示标志。

6)进入施工现场必须佩戴安全帽，作业人员衣着灵活紧身，禁止穿硬底鞋、高跟鞋作业，高空作业人员应系好安全带，禁止酒后操作、吸烟和打架斗殴。

(3)卷材防水工程施工。

1)由于卷材中某些组成材料和胶粘剂具有一定的毒性和易燃性，因此，在材料保管、运输、施工过程中，要注意防火和预防职业中毒、烫伤事故发生。

2)在施工过程中做好基坑和地下结构的临边防护，防止出现坠落事故。

3）高温天气施工，要有防暑降温措施。

4）施工中的废弃物要及时清理，外运至指定地点，避免污染环境。

（4）涂料防水工程施工。

1）配料在施工现场应有安全及防火措施，所有施工人员都必须严格遵守操作要求。

2）着重强调临边安全，防止抛物和滑坡。

3）在高温天气施工需做好防暑降温措施。

4）涂料在储存、使用的全过程中应注意防火。

5）在清扫及砂浆拌和过程中要避免灰尘飞扬。

6）施工中生成的建筑垃圾要及时清理、清运。

（5）金属板防水层工程施工。

1）施工人员作业时，必须戴安全帽、系安全带并配备工具袋。

2）现场焊接时，在焊接下方应设防火斗。

3）在高温天气施工需做好防暑降温措施。

4）施工中产生的建筑垃圾应及时清理干净。

## 10.5 脚手架工程施工安全技术

**1. 一般规定**

（1）施工脚手架的材料与构配件选用、设计、搭设、使用、拆除、检查与验收必须执行《施工脚手架通用规范》（GB 55023—2022）的要求。

（2）脚手架应稳固可靠，保证工程建设的顺利实施与安全，并应遵循下列原则：

1）符合国家资源节约利用、环保、防灾减灾、应急管理等政策。

2）保障人身、财产和公共安全。

3）鼓励脚手架的技术创新和管理创新。

（3）工程建设所采用的技术方法和措施是否符合《施工脚手架通用规范》（GB 55023—2022）的要求，由相关责任主体判定。其中，创新性的技术方法和措施，应进行论证并符合规范有关性能的要求。

（4）脚手架性能应符合下列规定：

1）脚手架应满足承载力设计要求。

2）脚手架不应发生影响正常使用的变形。

3）脚手架应满足使用要求，并应具有安全防护功能。

4）附着或支承在工程结构上的脚手架，不应使所附着的工程结构或支承脚手架的工程结构受到损害。

（5）脚手架应根据使用功能和环境进行设计。

（6）脚手架搭设和拆除作业以前，应根据工程特点编制脚手架专项施工方案，并应经审批后实施。脚手架专项施工方案应包括下列主要内容：

1）工程概况和编制依据。

2）脚手架类型选择。

3）所用材料、构配件类型及规格。

4)结构与构造设计施工图。
5)结构设计计算书。
6)搭设、拆除施工计划。
7)搭设、拆除技术要求。
8)质量控制措施。
9)安全控制措施。
10)应急预案。

(7)脚手架搭设和拆除作业前,应将脚手架专项施工方案向施工现场管理人员及作业人员进行安全技术交底。

(8)脚手架使用过程中,不应改变其结构体系。

(9)当脚手架专项施工方案需要修改时,修改后的方案应经审批后实施。

**2. 材料与构配件**

(1)脚手架材料与构配件的性能指标应满足脚手架使用的需要,质量应符合国家现行相关标准的规定。

(2)脚手架材料与构配件应有产品质量合格证明文件。

(3)脚手架所用杆件和构配件应配套使用,并应满足组架方式及构造要求。(4)脚手架材料与构配件在使用周期内,应及时检查、分类、维护、保养,对不合格品应及时报废,并应形成文件记录。

(5)对于无法通过结构分析、外观检查和测量检查确定性能的材料与构配件,应通过试验确定其受力性能。

**3. 脚手架设计**

(1)一般规定。

1)脚手架设计应采用以概率理论为基础的极限状态设计方法,并应以分项系数设计表达式进行计算。

2)脚手架结构应按承载能力极限状态和正常使用极限状态进行设计。

3)脚手架地基应符合下列规定:

①应平整坚实,应满足承载力和变形要求。

②应设置排水措施,搭设场地不应积水。

③冬期施工应采取防冻胀措施。

4)应对支撑脚手架的工程结构和脚手架所附着的工程结构进行强度和变形验算,当验算不能满足安全承载要求时,应根据验算结果采取相应的加固措施。

(2)荷载。

1)脚手架承受的荷载应包括永久荷载和可变荷载。

2)脚手架的永久荷载应包括下列内容:

①脚手架结构件自重。

②脚手板、安全网、栏杆等附件的自重。

③支撑脚手架所支撑的物体自重。

④其他永久荷载。

3)脚手架的可变荷载应包括下列内容:

①施工荷载;

②风荷载。
③其他可变荷载。
4)脚手架可变荷载标准值的取值应符合下列规定：
①应根据实际情况确定作业脚手架上的施工荷载标准值，且不应低于表10-1的规定。

表10-1 作业脚手架施工荷载标准值

| 序号 | 作业脚手架用途 | 施工荷载标准值/kN·m² |
|---|---|---|
| 1 | 砌筑工程作业 | 3.0 |
| 2 | 其他主体结构工程作业 | 2.0 |
| 3 | 装饰装修作业 | 2.0 |
| 4 | 防护 | 1.0 |

②当作业脚手架上存在2个及以上作业层同时作业时，在同一跨距内各操作层的施工荷载标准值总和取值不应小于5.0 kN/m²；
③应根据实际情况确定支撑脚手架上的施工荷载标准值，且不应低于表10-2的规定

表10-2 支撑脚手架施工荷载标准值

| 类别 | | 施工荷载标准值/kN·m² |
|---|---|---|
| 混凝土结构模板支撑脚手架 | 一般 | 2.5 |
| | 有水平泵管设置 | 4.0 |
| 钢结构安装支撑脚手架 | 轻钢结构、轻钢空间网架结构 | 2.0 |
| | 普通钢结构 | 3.0 |
| | 重型钢结构 | 3.5 |

④支撑脚手架上移动的设备、工具等物品应按其自重计算可变荷载标准值。

5)在计算水平风荷载标准值时，高耸塔式结构、悬臂结构等特殊脚手架结构应计入风荷载的脉动增大效应。

6)对于脚手架上的动力荷载，应将振动、冲击物体的自重乘以动力系数1.35后计入可变荷载标准值。

7)脚手架设计时，荷载应按承载能力极限状态和正常使用极限状态计算的需要分别进行组合，并应根据正常搭设、使用或拆除过程中在脚手架上可能同时出现的荷载，取最不利的荷载组合。

（4）结构设计。
1)脚手架设计计算应根据工程实际施工工况进行，结果应满足对脚手架强度、刚度、稳定性的要求。
2)脚手架结构设计计算应依据施工工况选择具有代表性的最不利杆件及构配件，以其最不利截面和最不利工况作为计算条件，计算单元的选取应符合下列规定：
①应选取受力最大的杆件、构配件。
②应选取跨距、间距变化和几何形状、承力特性改变部位的杆件、构配件。
③应选取架体构造变化处或薄弱处的杆件、构配件。
④当脚手架上有集中荷载作用时，尚应选取集中荷载作用范围内受力最大的杆件、构配件。

3）脚手架杆件和构配件强度应按净截面计算；杆件和构配件稳定性、变形应按毛截面计算。

4）当脚手架按承载能力极限状态设计时，应采用荷载基本组合和材料强度设计值计算。当脚手架按正常使用极限状态设计时，应采用荷载标准组合和变形限值进行计算。

5）脚手架受弯构件容许挠度应符合表 10-3 的规定。

表 10-3　脚手架受弯构件容许挠度

| 构件类别 | 容许挠度/mm |
| --- | --- |
| 脚手板、水平杆件 | $L/150$ 与 10 取较小值 |
| 作业脚手架悬挑受弯构件 | $L/400$ |
| 模板支撑脚手架受弯构件 | $L/400$ |

注：$L$ 为受弯构件的计算跨度，对悬挑构件为悬挑长度的 2 倍。

6）模板支撑脚手架应根据施工工况对连续支撑进行设计计算，并应按最不利的工况计算确定支撑层数。

(4) 构造要求。

1）脚手架构造措施应合理、齐全、完整，并应保证架体传力清晰、受力均匀。

2）脚手架杆件连接节点应具备足够强度和转动刚度，架体在使用期内节点应无松动。

3）脚手架立杆间距、步距应通过设计确定。

4）脚手架作业层应采取安全防护措施，并应符合下列规定：①作业脚手架、满堂支撑脚手架、附着式升降脚手架作业层应满铺脚手板，并应满足稳固可靠的要求。当作业层边缘与结构外表面的距离大于 150 mm 时，应采取防护措施。

②采用挂钩连接的钢脚手板，应带有自锁装置且与作业层水平杆锁紧。

③木脚手板、竹串片脚手板、竹芭脚手板应有可靠的水平杆支承，并应绑扎稳固。

④脚手架作业层外边缘应设置防护栏杆和挡脚板。

⑤作业脚手架底层脚手板应采取封闭措施。

⑥沿所施工建筑物每 3 层或高度不大于 10 m 处应设置一层水平防护。

⑦作业层外侧应采用安全网封闭。当采用密目安全网封闭时，密目安全网应满足阻燃要求。

⑧脚手板伸出横向水平杆以外的部分不应大于 200 mm。

5）脚手架底部立杆应设置纵向和横向扫地杆，扫地杆应与相邻立杆连接稳固。

6）作业脚手架应按设计计算和构造要求设置连墙件，并应符合下列要求：

①连墙件应采用能承受压力和拉力的刚性构件，并应与工程结构和架体连接牢固。

②连墙点的水平间距不得超过 3 跨，竖向间距不得超过 3 步，连墙点之上架体的悬臂高度不应超过 2 步。

③在架体的转角处、开口型作业脚手架端部应增设连墙件，连墙件竖向间距不应大于建筑物层高，且不应大于 4 m。

7）作业脚手架的纵向外侧立面上应设置竖向剪刀撑，并应符合下列规定：

①每道剪刀撑的宽度应为 4～6 跨，且不应小于 6 m，也不应大于 9 m；剪刀撑斜杆与

水平面的倾角应在 45°～60°之间。

②当搭设高度在 24 m 以下时，应在架体两端、转角及中间每隔不超过 15 各设置一道剪刀撑，并应由底至顶连续设置；当搭设高度在 24 及以上时，应在全外侧立面上由底至顶连续设置。

③悬挑脚手架、附着式升降脚手架应在全外侧立面上由底至顶连续设置。

8）悬挑脚手架立杆底部应与悬挑支承结构可靠连接；应在立杆底部设置纵向扫地杆，并应间断设置水平剪刀撑或水平斜撑杆。

9）附着式升降脚手架应符合下列规定：

①竖向主框架、水平支承桁架应采用桁架或刚架结构，杆件应采用焊接或螺栓连接。

②应设有防倾、防坠、停层、荷载、同步升降控制装置，各类装置应灵敏可靠。

③在竖向主框架所覆盖的每个楼层均应设置一道附墙支座；每道附墙支座应能承担竖向主框架的全部荷载。

④当采用电动升降设备时，电动升降设备连续升降距离应大于一个楼层高度，并应有制动和定位功能。

10）应对下列部位的作业脚手架采取可靠的构造加强措施：

①附着、支承于工程结构的连接处。

②平面布置的转角处。

③塔式起重机、施工升降机、物料平台等设施断开或开洞处。

④楼面高度大于连墙件设置竖向高度的部位。

⑤工程结构突出物影响架体正常布置处。

11）临街作业脚手架的外侧立面、转角处应采取有效硬防护措施。

12）支撑脚手架独立架体高宽比不应大于 3.0。

13）支撑脚手架应设置竖向和水平剪刀撑，并应符合下列规定：

①剪刀撑的设置应均匀、对称。

②每道竖向剪刀撑的宽度应为 6～9 m，剪刀撑斜杆的倾角应在 45°～60°之间。

14）支撑脚手架的水平杆应按步距沿纵向和横向通长连续设置，且应与相邻立杆连接稳固。

15）脚手架可调底座和可调托撑调节螺杆插入脚手架立杆内的长度不应小于 150 mm，且调节螺杆伸出长度应经计算确定，并应符合下列规定：

①当插入的立杆钢管直径为 42 mm 时，伸出长度不应大于 200 mm。

②当插入的立杆钢管直径为 48.3 mm 及以上时，伸出长度不应大于 500 mm。

16）可调底座和可调托撑螺杆插入脚手架立杆钢管内的间隙不应大于 2.5 mm。

**4. 搭设、使用与拆除**

(1)个人防护。

1）搭设和拆除脚手架作业应有相应的安全措施，操作人员应佩戴个人防护用品，应穿防滑鞋。

2）在搭设和拆除脚手架作业时，应设置安全警戒线、警戒标志，并应由专人监护，严禁非作业人员入内。

3)当在脚手架上架设临时施工用电线路时,应有绝缘措施,操作人员应穿绝缘防滑鞋;脚手架与架空输电线路之间应设有安全距离,并应设置接地、防雷设施。

4)当在狭小空间或空气不流通空间进行搭设、使用和拆除脚手架作业时,应采取保证足够的氧气供应措施,并应防止有毒有害、易燃易爆物质积聚。

(2)脚手架搭设。

1)脚手架应按顺序搭设,并应符合下列规定:

①落地作业脚手架、悬挑脚手架的搭设应与主体结构工程施工同步,一次搭设高度不应超过最上层连墙件2步,且自由高度不应大于4 m。

②剪刀撑、斜撑杆等加固杆件应随架体同步搭设。

③构件组装类脚手架的搭设应自一端向另一端延伸,应自下而上按步逐层搭设;并应逐层改变搭设方向。

④每搭设完一步距架体后,应及时校正立杆间距、步距、垂直度及水平杆的水平度。

2)作业脚手架连墙件安装应符合下列规定:

①连墙件的安装应随作业脚手架搭设同步进行。

②当作业脚手架操作层高出相邻连墙件2个步距及以上时,在上层连墙件安装完毕前,应采取临时拉结措施。

3)悬挑脚手架、附着式升降脚手架在搭设时,悬挑支承结构、附着支座的锚固应稳固可靠。

4)脚手架安全防护网和防护栏杆等防护设施应随架体搭设同步安装到位。

(3)脚手架使用。

1)脚手架作业层上的荷载不得超过荷载设计值。

2)雷雨天气、6级及以上大风天气应停止架上作业;雨、雪、雾天气应停止脚手架的搭设和拆除作业,雨、雪、霜后上架作业应采取有效的防滑措施,雪天应清除积雪。

3)严禁将支撑脚手架、缆风绳、混凝土输送泵管、卸料平台及大型设备的支承件等固定在作业脚手架上。严禁在作业脚手架上悬挂起重设备。

4)脚手架在使用过程中,应定期进行检查并形成记录,脚手架工作状态应符合下列规定:

①主要受力杆件、剪刀撑等加固杆件和连墙件应无缺失、无松动,架体应无明显变形。

②场地应无积水,立杆底端应无松动、无悬空。

③安全防护设施应齐全、有效,应无损坏缺失。

④附着式升降脚手架支座应稳固,防倾、防坠、停层、荷载、同步升降控制装置应处于良好工作状态,架体升降应正常平稳。

⑤悬挑脚手架的悬挑支承结构应稳固。

5)当遇到下列情况之一时,应对脚手架进行检查并应形成记录,确认安全后方可继续使用:

①承受偶然荷载后。

②遇有6级及以上强风后。

③大雨及以上降水后。

④冻结的地基土解冻后。

⑤停用超过1个月。

⑥架体部分拆除。

⑦其他特殊情况。

6)脚手架在使用过程中出现安全隐患时,应及时排除;当出现下列状态之一时,应立即撤离作业人员,并应及时组织检查处置:

①杆件、连接件因超过材料强度破坏,或因连接节点产生滑移,或因过度变形而不适于继续承载。

②脚手架部分结构失去平衡。

③脚手架结构杆件发生失稳。

④脚手架发生整体倾斜。

⑤地基部分失去继续承载的能力。

7)支撑脚手架在浇筑混凝土、工程结构件安装等施加荷载的过程中,架体下严禁有人。

8)在脚手架内进行电焊、气焊和其他动火作业时,应在动火申请批准后进行作业,并应采取设置接火斗、配置灭火器、移开易燃物等防火措施,同时应设专人监护。

9)脚手架使用期间,严禁在脚手架立杆基础下方及附近实施挖掘作业。

10)附着式升降脚手架在使用过程中不得拆除防倾、防坠、停层、荷载、同步升降控制装置。

11)当附着式升降脚手架在升降作业时或外挂防护架在提升作业时,架体上严禁有人,架体下方不得进行交叉作业。

(4)脚手架拆除。

1)脚手架拆除前,应清除作业层上的堆放物。

2)脚手架的拆除作业应符合下列规定:

①架体拆除应按自上而下的顺序按步逐层进行,不应上下同时作业。

②同层杆件和构配件应按先外后内的顺序拆除;剪刀撑、斜撑杆等加固杆件应在拆卸至该部位杆件时拆除。

③作业脚手架连墙件应随架体逐层、同步拆除,不应先将连墙件整层或数层拆除后再拆架体。

④作业脚手架拆除作业过程中,当架体悬臂段高度超过2步时,应加设临时拉结。

3)作业脚手架分段拆除时,应先对未拆除部分采取加固处理措施后再进行架体拆除。

4)架体拆除作业应统一组织,并应设专人指挥,不得交叉作业。

5)严禁高空抛掷拆除后的脚手架材料与构配件。

**5. 脚手架检查与验收**

(1)对搭设脚手架的材料、构配件质量,应按进场批次分品种、规格进行检验,检验合格后方可使用。

(2)脚手架材料、构配件质量现场检验应采用随机抽样的方法进行外观质量、实测实量检验。

(3)附着式升降脚手架支座及防倾、防坠、荷载控制装置、悬挑脚手架悬挑结构件等涉及架体使用安全的构配件应全数检验。

(4)脚手架搭设过程中,应在下列阶段进行检查,检查合格后方可使用;不合格应进行整改,整改合格后方可使用:

1)基础完工后及脚手架搭设前。
2)首层水平杆搭设后。
3)作业脚手架每搭设一个楼层高度。
4)附着式升降脚手架支座、悬挑脚手架悬挑结构搭设固定后。
5)附着式升降脚手架在每次提升前、提升就位后,以及每次下降前、下降就位后。
6)外挂防护架在首次安装完毕、每次提升前、提升就位后。
7)搭设支撑脚手架,高度每 2~4 步或不大于 6 m。

(5)脚手架搭设达到设计高度或安装就位后,应进行验收,验收不合格的,不得使用。脚手架的验收应包括下列内容:

1)材料与构配件质量。
2)搭设场地、支承结构件的固定。
3)架体搭设质量。
4)专项施工方案、产品合格证、使用说明及检测报告、检查记录、测试记录等技术资料。

## 10.6 高处作业施工安全技术

国家标准规定"凡在坠落高度基准面 2 m 以上(含 2 m),有可能坠落的高处进行的作业称为高处作业"。高处作业包括临边、洞口、攀登、悬空、操作平台及交叉等项作业,也包括各类洞、坑、沟、槽等工程施工的其他高处作业。高处作业主要名词释义见表 10-4。

表 10-4 高处作业主要名词释义

| 名词 | 说明 |
| --- | --- |
| 临边 | 施工现场中,工作面边沿无围护设施或围护设施高度低于 80 cm 时的高处作业 |
| 孔 | 楼板、屋面、平台等面上,短边尺寸小于 25 cm 的孔洞;墙上,高度小于 75 cm 的孔洞 |
| 洞 | 楼板、屋面、平台等面上,短边尺寸等于或大于 25 cm 的孔洞;墙上,高度等于或大于 75 cm,宽度大于 45 cm 的孔洞 |
| 洞口 | 孔与洞边口旁的高处作业,包括施工现场及通道旁深度在 2 m 及 2 m 以上的桩孔、入孔、沟槽与管道、孔洞等边沿上的作业 |
| 攀登 | 借助登高用具或登高设施,在攀登条件下进行的高处作业 |
| 悬空 | 在周边临空状态下进行的高处作业 |

续表

| 名词 | 说明 |
|---|---|
| 操作平台 | 现场施工中用以站人、载料并可进行操作的平台 |
| 移动式操作平台 | 可以搬移的用于结构施工、室内装饰和水电安装等的操作平台 |
| 悬挑式钢平台 | 可以吊运和搁置于楼层边的用于接送物料和转运模板等的悬挑形式的操作平台,通常采用钢构件制作 |
| 交叉 | 在施工现场的上下不同层次,于空间贯通状态下同时进行的高处作业 |
| 三宝 | 安全帽、安全带、安全网 |
| 四口 | 楼梯口、电梯口、预留洞口、通道口 |
| 五临边 | 楼层周边、屋顶周边、阳台及平台周边、基坑周边、楼梯周边 |

**1. 基本规定**

(1)高处作业的安全技术措施及其所需料具,必须列入工程的施工组织设计。

(2)单位工程施工负责人应对工程的高处作业安全技术负责并建立相应的责任制。施工前,应逐级进行安全技术教育及交底,落实所有安全技术措施和人身防护用品,未经落实时不得进行施工。

(3)高处作业中的安全标志、工具、仪表、电气设施和各种设备,必须在施工前加以检查,确认其完好,方能投入使用。

(4)攀登和悬空高处作业人员以及搭设高处作业安全设施的人员,必须经过专业技术培训及专业考试合格,持证上岗,并必须定期进行体格检查。

(5)施工中对高处作业的安全技术设施,发现有缺陷和隐患时,必须及时解决;危及人身安全时,必须停止作业。

(6)施工作业场所有有坠落可能的物件,应一律先行撤除或加以固定。

高处作业中所用的物料,均应堆放平稳,不妨碍通行和装卸。工具应随手放入工具袋;作业中的走道、通道板和登高用具,应随时清扫干净;拆卸下的物件、余料和废料均应及时清理运走,不得任意乱置或向下丢弃。传递物件禁止抛掷。

(7)雨天和雪天进行高处作业时,必须采取可靠的防滑、防寒和防冻措施。凡水、冰、霜、雪均应及时清除。对进行高处作业的高耸建筑物,应事先设置避雷设施。遇有六级以上强风、浓雾等恶劣天气时,不得进行露天攀登与悬空高处作业。暴风雪及台风暴雨后,应对高处作业安全设施逐一加以检查,发现有松动、变形、损坏或脱落等现象,应立即修理完善。

(8)因作业必需,临时拆除或变动安全防护设施时,必须经施工负责人同意,并采取相应的可靠措施,作业后应立即恢复。

(9)防护棚搭设与拆除时,应设警戒区,并应派专人监护。严禁上下同时拆除。

(10)高处作业安全设施的主要受力杆件,力学计算按一般结构力学公式,强度及挠度计算按现行有关规范进行,但钢受弯构件的强度计算不考虑塑性影响,构造上应符合现行相应规范的要求。

**2. 临边作业安全防护**

(1)对临边高处作业，必须设置防护措施，并符合下列规定：

1)基坑周边，尚未安装栏杆或栏板的阳台、料台与挑平台周边，雨篷与挑檐边，无外脚手架的屋面与楼层周边及水箱与水塔周边等处，都必须设置防护栏杆。

2)头层墙高度超过3.2 m的二层楼面周边，以及无外脚手架的高度超过3.2 m的楼层周边，必须在外围架设安全平网一道。

3)分层施工的楼梯口和梯段边，必须安装临时护栏。顶层楼梯口应随工程结构进度安装正式防护栏杆。

4)井架与施工用电梯和脚手架等与建筑物通道的两侧边，必须设防护栏杆。地面通道上部应装设安全防护棚。双笼井架通道中间，应予分隔封闭。

5)各种垂直运输接料平台，除两侧设防护栏杆外，平台口还应设置安全门或活动防护栏杆。

(2)临边防护栏杆杆件的规格及连接应符合下列规定：

1)毛竹横杆小头有效直径不应小于72 mm，栏杆柱小头直径不应小于80 mm，并须用不小于16号的镀锌钢丝绑扎，不应少于3圈，并无泻滑。

2)原木横杆上杆梢径不应小于70 mm，下杆梢径不应小于60 mm，栏杆柱梢径不应小于75 mm，并须用相应长度的圆钉钉紧，或用不小于12号的镀锌钢丝绑扎，要求表面平顺和稳固无动摇。

3)钢筋横杆上杆直径不应小于16 mm，下杆直径不应小于14 mm，栏杆柱直径不应小于18 mm，采用电焊或镀锌钢丝绑扎固定。

4)钢管横杆及栏杆柱均采用$\phi 48\times(2.75\sim 3.5)$mm的管材，以扣件或电焊固定。

5)以其他钢材如角钢等作防护栏杆杆件时，应选用强度相当的规格，以电焊固定。

(3)搭设临边防护栏杆时，必须符合下列要求：

1)防护栏杆应由上、下两道横杆及栏杆柱组成，上杆离地高度为1.0～1.2 m，下杆离地高度为0.5～0.6 m。坡度大于1：22的屋面，防护栏杆应高1.5 m，并加挂安全立网。除经设计计算外，横杆长度大于2 m时，必须加设栏杆柱。

2)栏杆柱的固定应符合下列要求：

①当在基坑四周固定时，可采用钢管并打入地面50～70 cm深。钢管离边口的距离不应小于50 cm。当基坑周边采用板桩时，钢管可打在板桩外侧。

②当在混凝土楼面、屋面或墙面固定时，可用预埋件与钢管或钢筋焊牢。采用竹、木栏杆时，可在预埋件上焊接30 cm长的∟50×5角钢，其上、下各钻一孔，然后用1 mm螺栓与竹、木杆件拴牢。

③当在砖或砌块等砌体上固定时，可预先砌入规格相适应的80×6弯转扁钢作预埋铁的混凝土块，然后用上项方法固定。

3)栏杆柱的固定及其与横杆的连接，其整体构造应使防护栏杆在上杆任何处，能经受任何方向的1 000 N外力。当栏杆所处位置有发生人群拥挤、车辆冲击或物件碰撞等可能时，应加大横杆截面或加密柱距。

4)防护栏杆必须自上而下用安全立网封闭，或在栏杆下边设置严密固定的高度不低于 18 cm 的挡脚板或 40 cm 的挡脚笆。挡脚板与挡脚笆上如有孔眼，不应大于 25 mm。板与笆下边距离底面的空隙不应大于 10 mm。

卸料平台两侧的栏杆，必须自上而下加挂安全立网或满扎竹笆。

5)当临边的外侧面临街道时，除防护栏杆外，敞口立面必须满挂安全网或采取其他可靠措施作全封闭处理。

(4)临边防护栏杆的力学计算及构造形式符合规范要求。

**3. 洞口作业安全防护**

(1)进行洞口作业以及在因工程和工序需要而产生的，使人与物有坠落危险或危及人身安全的其他洞口进行高处作业时，必须按下列规定设置防护设施：

1)板与墙的洞口必须设置牢固的盖板、防护栏杆、安全网或其他防坠落的防护设施。

2)电梯井口必须设防护栏杆或固定栅门；电梯井内应每隔两层并最多隔 10 m 设一道安全网。

3)钢管桩、钻孔桩等桩孔上口，杯形、条形基础上口，未填土的坑槽，以及人孔、天窗、地板门等处，均应按洞口防护设置稳固的盖件。

4)施工现场通道附近的各类洞口与坑槽等处，除设置防护设施与安全标志外，夜间还应设红灯示警。

(2)洞口根据具体情况采取设防护栏杆、加盖件、张挂安全网与装栅门等措施时，必须符合下列要求：

1)楼板、屋面和平台等面上短边尺寸小于 25 cm 但大于 2.5 cm 的孔口，必须用坚实的盖板盖没。盖板应能防止挪动移位。

2)楼板面等处边长为 25～50 cm 的洞口、安装预制构件时的洞口以及缺件临时形成的洞口，可用竹、木等作盖板，盖住洞口。盖板须能保持四周搁置均衡，并有固定其位置的措施。

3)边长为 50～150 cm 的洞口，必须设置以扣件扣接钢管而成的网格，并在其上满铺竹笆或脚手板。也可采用贯穿于混凝土板内的钢筋构成防护网，钢筋网格间距不得大于 20 cm。

4)边长在 150 cm 以上的洞口，四周设防护栏杆，洞口下张设安全平网。

5)垃圾井道和烟道应随楼层的砌筑或安装而消除洞口，或参照预留洞口作防护。管道井施工时，除按上述要求办理外，还应加设明显的标志。如有临时性拆移，需经施工负责人核准，工作完毕后必须恢复防护设施。

6)位于车辆行驶道旁的洞口、深沟与管道坑、槽，所加盖板应能承受不小于当地额定卡车后轮有效承载力 2 倍的荷载。

7)墙面等处的竖向洞口，凡落地的洞口应加装开关式、工具式或固定式的防护门，门栅网格的间距不应大于 15 cm，也可采用防护栏杆，下设挡脚板(笆)。

8)下边沿至楼板或底面低于 80 cm 的窗台等竖向洞口，如侧边落差大于 2 m，应加设

1.2 m 高的临时护栏。

9)对邻近的人与物有坠落危险性的其他竖向的孔、洞口,均应设盖板或加以防护,并有固定其位置的措施。

(3)洞口防护栏杆的杆件及其搭设应符合规范规定。防护栏杆的力学计算、防护设施的构造应符合规范规定。

**4. 攀登作业安全防护**

(1)在施工组织设计中应确定用于现场施工的登高和攀登设施。现场登高应借助建筑结构或脚手架上的登高设施,也可采用载人的垂直运输设备。进行攀登作业时可使用梯子或采用其他攀登设施。

(2)柱、梁和行车梁等构件吊装所需的直爬梯及其他登高用拉攀件,应在构件施工图或说明内作出规定。

(3)攀登的用具,在结构构造上必须牢固可靠。供人上下的踏板的使用荷载不应大于1 100 N。当梯面上有特殊作业,重量超过上述荷载时,应按实际情况加以验算。

(4)移动式梯子均应按现行的国家标准验收其质量。

(5)梯脚底部应坚实,不得垫高使用。梯子的上端应有固定措施。立梯工作角度以75°±5°为宜,踏板上、下间距以 30 cm 为宜,不得有缺挡。

(6)梯子如需接长使用,必须有可靠的连接措施,且接头不得超过1处。连接后梯梁的强度不应低于单梯梯梁的强度。

(7)折梯使用时上部夹角以 35°~45°为宜,铰链必须牢固,并应有可靠的拉撑措施。

(8)固定式直爬梯应用金属材料制成。梯宽不应大于 50 cm,支撑应采用不小于∟70×6的角钢,埋设与焊接均必须牢固。梯子顶端的踏棍应与攀登的顶面齐平,并加设 1~1.5 m 高的扶手。使用直爬梯进行攀登作业时,攀登高度以 5 m 为宜。超过 2 m 时,宜加设护笼,超过 8 m 时,必须设置梯间平台。

(9)作业人员应从规定的通道上下,不得在阳台之间等非规定通道进行攀登,也不得任意利用吊车臂架等施工设备进行攀登。上、下梯子时,必须面向梯子,且不得手持器物。

(10)钢柱安装登高时,应使用钢挂梯或设置在钢柱上的爬梯。钢柱的接柱应使用梯子或操作台。操作台横杆高度,当无电焊防风要求时,不宜小于 1 m,有电焊防风要求时,不宜小于 1.8 m。

(11)登高安装钢梁时,应视钢梁高度,在两端设置挂梯或搭设钢管脚手架。梁面上需行走时,其一侧的临时护栏横杆可采用钢索,当改用扶手绳时,绳的自然下垂度不应大于1/20,并应控制在 10 cm 以内。

(12)钢屋架的安装,应遵守下列规定:

1)在屋架上下弦登高操作时,三角形屋架应在屋脊处,梯形屋架应在两端设置攀登时上下的梯架。材料可选用毛竹或原木,踏步间距不应大于 40 cm,毛竹梢径不应小于 70 mm。

2)屋架吊装以前,应在上弦设置防护栏杆。

3)屋架吊装以前,应预先在下弦挂设安全网;吊装完毕后,即将安全网铺设固定。

**5. 悬空作业安全防护**

(1)悬空作业处应有牢靠的立足处，并必须视具体情况配置防护栏网、栏杆或其他安全设施。

(2)悬空作业所用的索具、脚手板、吊篮、吊笼、平台等设备，均需经过技术鉴定或检验方可使用。

(3)构件吊装和管道安装时的悬空作业，必须遵守下列规定：

1)钢结构的吊装，构件应尽可能在地面组装，并应搭设进行临时固定、电焊、高强度螺栓连接等工序的高空安全设施，随构件同时上吊就位。拆卸时的安全措施也应一并考虑和落实。高空吊装预应力钢筋混凝土屋架、桁架等大型构件前，也应搭设悬空作业中所需的安全设施。

2)悬空安装大模板、吊装第一块预制构件、吊装单独的大中型预制构件时，必须站在操作平台上操作。吊装中的大模板和预制构件以及石棉水泥板等屋面板上，严禁站人和行走。

3)安装管道时必须有已完结构或操作平台为立足点，严禁在安装中的管道上站立行走。

(4)模板支撑和拆卸时的悬空作业，必须遵守下列规定：

1)支模应按规定的作业程序进行，模板未固定前不得进行下一道工序。严禁在连接件和支撑件上攀登上下，并严禁在上、下同一垂直面上装、拆模板。结构复杂的模板，装、拆应严格按照施工组织设计的措施进行。

2)支设高度在3m以上的柱模板，四周应设斜撑，并应设立操作平台。低于3m的可使用马凳操作。

3)支设悬挑形式的模板时，应有稳固的立足点。支设临空构筑物模板时，应搭设支架或脚手架。模板上有预留洞时，应在安装后将洞盖设于混凝土板上，拆模后形成的临边或洞口，应按规范有关章节进行防护。

拆模高处作业，应配置登高用具或搭设支架。

(5)钢筋绑扎时的悬空作业，必须遵守下列规定：

1)绑扎钢筋和安装钢筋骨架时，必须搭设脚手架和马道。

2)绑扎圈梁、挑梁、挑檐、外墙和边柱等钢筋时，应搭设操作台架和张挂安全网。悬空大梁钢筋的绑扎，必须在满铺脚手板的支架或操作平台上操作。

3)绑扎立柱和墙体钢筋时，不得站在钢筋骨架上或攀登骨架上下。3m以内的柱钢筋，可在地面或楼面上绑扎，整体竖立。绑扎3m以上的柱钢筋，必须搭设操作平台。

(6)混凝土浇筑时的悬空作业，必须遵守下列规定：

1)浇筑离地2m以上框架、过梁、雨篷和小平台时，应设操作平台，不得直接站在模板或支撑件上操作。

2)浇筑拱形结构，应自两边拱脚对称地相向进行。浇筑储仓，下口应先行封闭，并搭设脚手架以防人员坠落。

3)特殊情况下如无可靠的安全设施，必须系好安全带并扣好保险钩，或架设安全网。

(7)进行预应力张拉的悬空作业时，必须遵守下列规定：

1)进行预应力张拉时,应搭设站立操作人员和设置张拉设备用的牢固可靠的脚手架或操作平台。雨天张拉时,还应架设防雨棚。

2)预应力张拉区域应标示明显的安全标志,禁止非操作人员进入。张拉钢筋的两端必须设置挡板。挡板应距所张拉钢筋的端部1.5~2 m,且应高出最上一组张拉钢筋0.5 m,其宽度应距张拉钢筋两外侧各不小于1 m。

3)孔道灌浆应按预应力张拉安全设施的有关规定进行。

(8)悬空进行门窗作业时,必须遵守下列规定:

1)安装门、窗,油漆及安装玻璃时,严禁操作人员站在橙子、阳台栏板上操作。门、窗临时固定,封填材料未达到强度,以及电焊时,严禁手拉门、窗进行攀登。

2)在高处外墙安装门、窗,无外脚手架时,应张挂安全网。无安全网时,操作人员应系好安全带,其保险钩应挂在操作人员上方的可靠物件上。

3)进行各项窗口作业时,操作人员的重心应位于室内,不得在窗台上站立,必要时应系好安全带进行操作。

**6. 操作平台安全防护**

(1)移动式操作平台必须符合下列规定:

1)操作平台应由专业技术人员按现行的相应规范进行设计,计算书及图纸应编入施工组织设计。

2)操作平台的面积不应超过10 $m^2$,高度不应超过5 m。还应进行稳定验算,并采取措施减少立柱的长细比。

3)装设轮子的移动式操作平台,轮子与平台的接合处应牢固可靠,立柱底端离地面不得超过80 mm。

4)操作平台可采用$\phi(48\sim51)\times3.5$ mm钢管以扣件连接,也可采用门架式或承插式钢管脚手架部件,按产品使用要求进行组装。平台的次梁,间距不应大于40 cm;台面应满铺3 cm厚的木板或竹笆。

5)操作平台四周必须按临边作业要求设置防护栏杆,并应布置登高扶梯。

(2)悬挑式钢平台,必须符合下列规定:

1)悬挑式钢平台应按现行的相应规范进行设计,其结构构造应能防止左右晃动,计算书及图纸应编入施工组织设计。

2)悬挑式钢平台的搁置点与上部拉结点,必须位于建筑物上,不得设置在脚手架等施工设备上。

3)斜拉杆或钢丝绳,构造上宜两边各设前后两道,两道中的每一道均应作单道受力计算。

4)应设置4个经过验算的吊环。吊运平台时应使用卡环,不得使吊钩直接钩挂吊环。吊环应用甲类3号沸腾钢制作。

5)钢平台安装时,钢丝绳应采用专用的挂钩挂牢,采取其他方式时,卡头的卡子不得少于3个。建筑物锐角利口围系钢丝绳处应加衬软垫物,钢平台外口应略高于内口。

6)钢平台左、右两侧必须装置固定的防护栏杆。

7)钢平台吊装,需待横梁支撑点电焊固定,接好钢丝绳,调整完毕,经过检查验收,方可松卸起重吊钩,上、下操作。

8)钢平台使用时,应有专人进行检查,若发现钢丝绳有锈蚀损坏应及时调换,焊缝脱焊的应及时修复。

(3)操作平台上应显著地标明容许荷载值。操作平台上人员和物料的总重量,严禁超过设计的容许荷载。应配备专人加以监督。

(4)操作平台的力学计算与构造型式应符合规范要求。

**7. 交叉作业安全防护**

(1)支模、粉刷、砌墙等各工种进行上下立体交叉作业时,不得在同一垂直方向上操作。下层作业的位置,必须处于依上层高度确定的可能坠落范围半径之外。不符合以上条件时,应设置安全防护层。

(2)钢模板、脚手架等拆除时,下方不得有其他操作人员。

(3)钢模板部件拆除后,临时堆放处离楼层边沿不应小于1 m,堆放高度不得超过1 m。楼层边口、通道口、脚手架边缘等处,严禁堆放任何拆下的物件。

(4)结构施工自二层起,凡人员进出的通道口(包括井架、施工用电梯的进出通道口),均应搭设安全防护棚。高度超过24 m的层上的交叉作业,应设双层防护。

(5)由于上方施工可能坠落物件或处于起重机把杆回转范围之内的通道,在其受影响的范围内,必须搭设顶部能防止穿透的双层防护廊。

(6)交叉作业通道防护的构造形式应符合规范要求。

## 10.7 施工机械与临时用电安全技术

**1. 施工机械安全技术**

(1)施工机械安全管理。

1)施工企业技术部门应在工程项目开工前编制包括主要施工机械设备安装防护技术的安全技术措施,并报工程项目监理单位审查批准。

2)施工企业应认真贯彻执行经审查批准的安全技术措施。

3)施工项目总承包单位应对分包单位、机械租赁方执行安全技术措施的情况进行监督。分包单位、机械租赁方应接受项目经理部的统一管理,严格履行各自在机械设备安全技术管理方面的职责。

(2)施工机械设备的安装与验收。

1)施工单位应对进入施工现场的机械设备的安全装置和操作人员的资质进行审验,不合格的机械和人员不得进入施工现场。

2)大型机械、塔式起重机等设备安装前,施工单位应根据设备租赁方提供的参数进行安装设计架设。经验收合格后的机械设备,可由资质等级合格的设备安装单位组织安装。

3)设备安装单位完成安装工程后,报请当地行政主管部门验收,验收合格后方可办理移交手续。应严格执行先验收、后使用的规定。

4)中、小型机械由分包单位组织安装后,施工企业机械管理部门组织验收,验收合格后方可使用。

5)所有机械设备验收资料均由机械管理部门统一保存,并交安全管理部门一份备案。

(3)施工机械管理与定期检查。

1)施工企业应根据机械使用规模,设置机械设备管理部门。机械管理人员应具备一定的专业管理能力,并熟悉掌握机械安全使用的有关规定与标准。

2)机械操作人员应经过专门的技术培训,并按规定取得安全操作证后,方可上岗作业;学员或取得学习证的操作人员,必须在持操作证人员的监护下方准上岗。

3)机械管理部门应根据有关安全规程、标准制定项目机械安全管理制度并组织实施。

4)施工企业的机械管理部门应对现场机械设备组织定期检查,发现违章操作行为应立即纠正;对查出的隐患,要落实责任,限期整改。

5)施工企业机械管理部门负责组织落实上级管理部门和政府执法检查时下达的隐患整改指令。

(4)塔式起重机的安全防护。

1)塔式起重机的基本参数。塔式起重机的基本参数包括起重力矩、起重量、工作幅度、起升高度、轨距等。

2)工作机构和安装装置。

①行走机构和行程限位装置。行走机构由4个行走台车组成。行走机构没有制动装置,以避免刹车引起的振动和倾斜,司机停车采取由高速挡转换到低速挡,再到零位后滑行的方法。行程限位装置一般安装在主动台车内侧,装一个可以拨动扳把的行程开关,另在轨道的尽端(在塔式起重机运行限定的位置)安装一固定的极限位置挡板,当塔式起重机向前运行到达限定位置时,极限挡板即拨动行程开关的扳把,切断行走控制电源,当开关再闭合时,塔式起重机只能向相反方向行走。

②起重机构超高限位,钢丝绳脱槽限位,超载保险装置。超载保险装置安装在司机室内,下边与浮动卷扬机连杆相连。当吊起重物时,钢丝绳的张力拉着卷扬架上升,托起连杆压缩限位器的弹簧。当达到预先调定的限位时,推动杠杆撞板使限位器动作,切断至控制线路,使卷扬机停车。司机应在起重臂变幅后,及时按吨位标志调整限定起重量值。

③转动机构。起重机旋转部分与固定部分的相对转动,是借助电动机驱动的单独机构来实现的。

④变幅机构与幅度限位装置。变幅机构有两个用途,一是改变起重高度,二是改变吊物的回转半径。

此装置装在塔帽轴的外端架子上,由一活动半圆形盘、抱杆及两个限位开关组成。抱杆与起重臂同时转动,电刷根据不同角度分别接通指示灯触点,将角度位置通过指示灯光信号传递到操作室指示盘上,根据指示灯信号,可知起重臂的仰角,由此可查出相应起重臂。当臂杆变化到两个极限位置(上、下限)时,则分别压下限位开关,切断主控制线路,变幅电动机停车。

3）塔式起重机安全技术。

①起重机应由受过专业训练的专职司机操作。

②作业中遇六级及以上大风或雷雨天时应立即停止作业，锁紧夹轨器，松开回转机构的制动器，起重臂能随风摆动；遇八级以上大风警报，应另拉缆风绳与地面或建筑物固定。

③起重机必须有可靠接地，所有电气设备外壳都应与机体妥善连接。

④起重机安装好后，应重新调试好各种安全保护装置和限位开关。

⑤起重机行驶轨道不得有障碍或下沉，轨道末端 1 m 处必须设有限位器撞杆和车挡。

⑥起重机必须严格按额定起重量起吊，不得超载，不准吊运人员斜拉重物、拔除地下埋物。

⑦夜间作业应有足够的照明。

⑧作业后，起重机应开到轨道中间停放，断开各路开关，切断总电源，打开高空指示灯。

(5)龙门架、"井"字架垂直升降机的安全防护。

1）安全停靠装置。必须在吊篮到位时，有一种安全装置，使吊篮稳定停靠，使人员在进入吊篮内作业时有安全感。目前，各地区停靠装置形式不一，有自动型和手动型，即吊篮到位后，由弹簧控制或由人工搬动，使支承杠伸到架体的承托架上，其荷载全部由停靠装置承担，此时钢丝绳不受力，只起保险作用。

2）断绳保护装置。当钢丝绳突然断开时，此装置即弹出，两端将吊篮卡在架体上，使吊篮不坠落，保护吊篮内作业人员不受伤害。

3）吊篮安全门。安全门在吊篮运行中起防护作用，最好制成自动开启型，即当吊篮落地时，安全门自动开启，吊篮上升时，安全门自行关闭，这样可避免因操作人员忘记关闭，安全门失效。

4）楼层口停靠栏杆。升降机与各层进料口的结合处搭设了运料通道以运送材料，当吊篮上、下运行时，各通道口处于危险的边缘，卸料人员在此等候运料时应给予封闭，以防发生高处坠落事故。此护栏（或门）应呈封闭状，待吊篮运行到位停靠时，方可开启。

5）上料口防护棚。升降机地面进料口是运料人员经常出入和停留的地方，易发生落物伤人事故。为此要在距离地面一定高度处搭设护棚，其材料需能承受一定的冲击荷载。尤其当建筑物较高时，其尺寸不能小于坠落半径的规定。

6）超高限位装置。当因司机误操作或机械电气故障而引起吊篮失控时，为防止吊篮上升与天梁碰撞事故的发生应安装超高限位装置，需按提升高度进行调试。

7）下极限限位装置。它主要用于高架升降机，以防止吊笼下行时不停机，压迫缓冲装置造成事故。安装时将下限位调试到碰撞缓冲器之前，可自动切断电源以保证安全运行。

8）超载限位器。它是为防止装料过多以及司机难以估计各类散状重物的重量所造成的超载运行而设置的。当吊笼内荷载达到额定荷载的 90% 时发出信号，达到 100% 时切断起升电源。

9）通信装置。使用高架升降机或利用建筑物内通道运行升降机时，司机因视线障碍不能清楚地看到各楼层，故需增加通信装置。司机与各层运料人员靠通信装置及信号装置进行联系来确定吊篮的实际运行情况。

**2. 施工临时用电安全技术**

(1)施工现场用电的保护接地与防雷接地应符合下列规定：

①保护接地导体(PE)、接地导体和保护联结导体应确保自身可靠连接。

②采用剩余电流动作保护电器时应装设保护接地导体(PE)。

③共用接地装置的电阻值应满足各种接地的最小电阻值的要求。

(2)施工用电的发电机组电源应与其他电源互相闭锁，严禁并列运行。

(3)施工现场配电线路应符合下列规定：

①线缆敷设应采取有效保护措施，防止对线路的导体造成机械损伤和介质腐蚀。

②电缆中应包含全部工作芯线、中性导体(N)及保护接地导体(PE)或保护中性导体(PEN)；保护接地导体(PE)及保护中性导体(PEN)外绝缘层应为黄绿双色；中性导体(N)外绝缘层应为淡蓝色；不同功能导体外绝缘色不应混用。

(4)施工现场的特殊场所照明应符合下列规定：

①手持式灯具应采用供电电压不大于 36 V 的安全特低电压(SELV)供电；

②照明变压器应使用双绕组型安全隔离变压器，严禁采用自耦变压器。

③安全隔离变压器严禁带入金属容器或金属管道内使用。

(5)电气设备和线路检修应符合下列规定：

①电气设备检修、线路维修时，严禁带电作业。应切断并隔离相关配电回路及设备的电源，并应检验、确认电源被切除，对应配电间的门、配电箱或切断电源的开关上锁，及应在锁具或其箱门、墙壁等醒目位置设置警示标识牌。

②电气设备发生故障时，应采用验电器检验，确认断电后方可检修，并在控制开关明显部位悬挂"禁止合闸、有人工作"停电标识牌。停送电必须由专人负责。

③线路和设备作业严禁预约停送电。

(6)管道、容器内进行焊接作业时，应采取可靠的绝缘或接地措施，并应保障通风。

# 10.8　施工现场防火安全管理

**1. 施工现场防火安全管理的一般规定**

(1)施工现场防火工作，必须认真贯彻"以防为主，防消结合"的方针，立足于自防自救，坚持安全第一，实行"谁主管，谁负责"的原则，在防火业务上要接受当地行政主管部门和当地公安消防机构的监督和指导。

(2)施工单位应对职工进行经常性的防火宣传教育，普及消防知识，增强消防观念，自觉遵守各项防火规章制度。

(3)施工应根据工程的特点和要求，在制订施工方案或施工组织设计的时候制订消防防火方案，并按规定程序实行审批。

(4)施工现场必须设置防火警示标志，施工现场办公室内应挂有防火责任人、防火领导小组成员名单、防火制度。

(5)施工现场实行层级消防责任制，落实各级防火责任人，各负其责，项目经理是施工现场防火负责人，全面负责施工现场的防火工作，由公司发给任命书，施工现场必须成立防火领导小组，由防火负责人任组长，成员由项目相关职能部门人员组成，防火领导小组定期召开防火工作会议。

(6)施工单位必须建立健全岗位防火责任制，明确各岗位的防火负责区和职责，使职工懂得本岗位的火灾危险性，懂得防火措施，懂得灭火方法，会报警，会使用灭火器材，会处理事故苗头。

(7)按规定实施防火安全检查，对查出的火险隐患及时整改，本部门难以解决的要及时上报。

(8)施工现场必须根据防火的需要，配置相应种类、数量的消防器材、设备和设施。

**2. 施工现场防火安全管理的要求**

严格执行临时动火"三级"审批制度，领取动火作业许可证后，方能动火作业。动火作业必须做到"八不""四要""一清理"。

(1)"三级"动火审批制度。

1)一级动火，即可能发生一般火灾事故的。

2)二级动火，即可能发生重大火灾事故的。

3)三级动火，即可能发生特大火灾事故的。

(2)动火前"八不"。

1)防火、灭火措施不落实不动火；

2)周围的易燃物未清除不动火；

3)附近难以移动的易燃结构未采取安全防范措施不动火；

4)盛装过油类等易燃液体的容器、管道，未经洗刷干净、排除残存的油质不动火；

5)盛装过气体，受热膨胀并有爆炸危险的容器和管道未清除不动火；

6)储存有易燃、易爆物品的车间、仓库和场所，未经排除易燃、易爆危险的不动火；

7)在高处进行焊接或切割作业时，下面的可燃物品未清理或未采取安全防护措施的不动火；

8)没有配备相应的灭火器材不动火。

(3)动火中"四要"。

1)动火前要指定现场安全负责人；

2)现场安全负责人和动火人员必须经常注意动火情况，发现不安全苗头时要立即停止动火；

3)发生火灾、爆炸事故时，要及时补救；

4)动火人员要严格执行安全操作规程。

(4)动火后"一清理"。

1)动火人员和现场安全责任人在动火后，应在彻底清理现场火种后才能离开现场。

2)在高处进行焊、割作业时要有专人监焊，必须落实防止焊渣飞溅、切割物下跌的安全措施。

3)动火作业前、后要告知防火检查员或值班人员。

4)装修工程施工期间,在施工范围内不准吸烟,严禁油漆及木制作业与动火作业同时进行。

5)乙炔气瓶应直立放置,使用时不得靠近热源,应距明火点不小于10 m,与氧气瓶应保持不小于5 m的距离,不得露天存放、暴晒。

**3. 电气防火技术**

(1)施工现场的一切电气线路、设备必须由持有上岗操作证的电工安装、维修,并严格执行《建设工程施工现场供用电安全规范》(GB 50194—2014)和《施工现场临时用电安全技术规范》(JGJ 46—2005)的规定。

(2)电线绝缘层老化、破损时要及时更换。

(3)严禁在外脚手架上架设电线和使用碘钨灯,因施工需要在其他位置使用碘钨灯时,架设要牢固,碘钨灯距易燃物不小于50 cm,且不得直接照射易燃物。当间距不够时,应采取隔热措施,施工完毕要及时拆除。

(4)临时建筑设施的电气安装要求:

1)电线必须与铁制烟囱保持不小于50 cm的距离。

2)电气设备和电线不准超过安全负荷,接头处要牢固,保持绝缘性良好;室内外电线架设应有瓷管或瓷瓶与其他物体隔离,室内电线不得直接敷设在可燃物、金属物上,要套防火绝缘线管。

3)照明灯具下方一般不准堆放物品,其垂直下方与堆放物品的水平距离不得小于50 cm。

4)临时建筑设施内的照明必须做到"一灯一制一保险",不准使用60 W以上的照明灯具;宿舍内照明应按每10 m²有一盏功率不低于40 W的照明灯具的原则布设,并安装带保险的插座。

5)每栋临时建筑以及临时建筑内每个单元的用电必须设有电源总开关和漏电保护开关,做到人离电断。

6)凡是能够产生静电,引起爆炸或火灾的设备容器,必须设置消除静电的装置。

**4. 电焊、气割防火技术**

(1)从事电焊、气割的操作人员,应经过专门培训,掌握焊割的安全技术、操作规程,考试合格,取得操作合格证后方可持证上岗。学徒工不能单独操作,应在师傅的监护下进行作业。

(2)严格执行用火审批程序和制度,操作前应办理动火申请手续,经单位领导同意及消防或安全技术部门检查批准,领取动火许可证后方可进行作业。

(3)用火审批人员要认真负责,严格把关。审批前要深入动火地点查看,确认无火险隐患后再行审批。批准动火应按照定时(时间)、定位(层、段、挡)、定人(操作人、看火人)、定措施(应采取的具体防火措施)的步骤进行,部位变动或仍需继续操作时,应事先更换动火证。动火证只限当日本人使用,并随身携带,以备消防保卫人员检查。

(4)进行电焊、气割前,应由施工员或班组长向操作、看火人员进行消防安全技术措施交底,任何领导不能以任何借口让电、气焊工人进行冒险操作。

(5)装过或有易燃、可燃液体、气体及化学危险物品的容器、管道和设备,在未彻底清洗干净前,不得进行焊割。

(6)严禁在有可燃气体、粉尘或禁止用火的危险性场所焊割。在这些场所附近进行焊割时,应按有关规定,保持防火距离。

(7)遇有5级以上大风天气时,应停止高空和露天焊割作业。

(8)要合理安排工艺和编制施工进度,在有可燃材料保温的部位,不准进行焊割作业。必要时,应在工艺安排和施工方法上采取严格的防火措施。焊割不准在油漆、喷漆、脱漆、木工等易燃、易爆物品和可燃物上作业。

(9)焊割结束或离开操作现场时,应切断电源、气源。赤热的焊嘴以及焊条头等,禁止放在易燃、易爆物品和可燃物上。

(10)禁止使用不合格的焊割工具和设备,电焊的导线不能与装有气体的设备接触,也不能与气焊的软管或气体的导管放在一起。焊把线和气焊的软管不得从生产、使用、储存易燃、易爆物品的场所或部位穿过。

(11)焊割现场应配备灭火器材,危险性较大的应有专人在现场监护。

(12)电焊工的操作要求:

1)电焊工在操作前,要严格检查所用工具(包括电焊机设备、线路敷设、电缆线的接点等),使用的工具均应符合标准,保持完好状态。

2)电焊机应有单独开关,装在防火、防雨的闸箱内,电焊机应设防雨棚(罩)。开关的保险丝容量应为该机的1.5倍。保险丝不准用铜丝或铁丝代替。

3)焊割部位应与氧气瓶、乙炔瓶、乙炔发生器及各种易燃、可燃材料隔离,两瓶之间的距离不得小于5 m,与明火之间的距离不得小于10 m。

4)电焊机应设专用接地线,直接放在焊件上,接地线不准在建筑物、机械设备、各种管道、避雷引下线和金属架上借路使用,以防止接触火花造成起火事故。

5)电焊机一、二次线应用线鼻子压接牢固,同时,应加装防护罩,防止松动、短路放弧、引燃可燃物。

6)严格执行防火规定和操作规程,操作时采取相应的防火措施,与看火人员密切配合,防止火灾。

**5. 易燃易爆物品防火技术**

(1)现场不应设立易燃易爆物品仓,如工程确需存放易燃易爆物品,应按照防火有关规定要求,经公司保卫处或消防部门审批同意后,方能存放,存放量不得超过3 d的使用总量。

(2)易燃易爆物品仓必须设专人看管,严格收发、回仓登记手续。

(3)易燃易爆物品严禁露天存放。严禁将化学性质或防护、灭火方法相抵触的化学易燃易爆物品在同一仓内存放。氧气和乙炔气要分别独立存放。

(4)使用化学易燃易爆物品,应实行限额领料并填写领料记录。在使用化学易燃易爆物品场所,严禁动火作业;禁止在作业场所内分装、调料。

(5)易燃易爆物品仓的照明必须使用防爆灯具、线路、开关、设备。

(6)严禁携带手机、对讲机等进入易燃易爆物品仓。

**6. 木工操作间防火技术**

(1)木工操作间建筑应采用阻燃材料搭建。

(2)冬季宜采用暖气(水暖)供暖,如用火炉取暖,应在四周采取挡火措施;不准燃烧劈柴、刨花代煤取暖。每个火炉都要有专人负责,下班时将余火熄灭。

(3)电气设备的安装要符合要求。抛光、电锯等部位的电气设备应采用密封式或防爆式。刨花、锯末较多部位的电动机,应安装防尘罩。

(4)木工操作间内严禁吸烟和用明火作业。

(5)木工操作间只能存放当班的用料,成品及半成品应及时运走。木器工厂应做到活完场地清,刨花、锯末下班时要打扫干净,堆放在指定的地点。

(6)严格遵守操作规程,旧木料经检查,起出铁钉等后,方可上锯。

(7)配电盘、刀闸下方不能堆放成品、半成品及废料。

(8)工作完毕后应拉闸断电,并经检查确定无火险后方可离开。

**7. 临时设施防火技术**

(1)临时建筑的围蔽和骨架必须使用不燃材料搭建(门、窗除外),厨房、茶水房、易燃易爆物品仓必须单独设置,用砖墙围蔽。施工现场材料仓宜搭建在门卫值班室旁。

(2)临时建筑必须整齐划一、牢固且远离火灾危险性大的场所,每栋临时建筑占地面积不宜大于 $200 m^2$,室内地面要平整,其四周应当修建排水明渠。

(3)每栋临时建筑的居住人数不准超过 50 人,每 25 人要有一个可以直接出入的门口。临时建筑的高度不低于 3 m,门窗要往外开。

(4)临时建筑一般不宜搭建两层,如确因施工用地所限,需搭建两层的宿舍,其围蔽必须用砖砌,楼面应使用不燃材料铺设,二层若住人则应每 50 人有一座疏散楼梯,楼梯的宽度不小于 1.2 m,坡度不大于 45°,栏杆扶手的高度不应低于 1 m。

(5)搭建两栋以上(含两栋)临时宿舍共用同一疏散通道时,其通道净宽应不小于 5 m,临时建筑与厨房、变电房之间的防火距离应不小于 3 m。

(6)储存、使用易燃易爆物品的设施要独立搭建,并远离其他临时建筑。

(7)临时建筑不要修建在高压架空电线下面,并距离高压架空电线的水平距离不小于 6 m。

搭建临时建筑必须先上报,经有关部门批准后建设。经批准搭建的临时建筑不得擅自更改位置、面积、结构和用途,如发生更改,必须重新报批。

**8. 防火资料档案管理**

施工现场必须建立健全施工现场防火资料档案,并有专人管理,其内容应有:

(1)工程建设项目和装修工程消防报批资料;

(2)工程消防方案;

(3)搭建临时建筑和外脚手架的消防报批许可证;

(4)防火机构人员名单(包括义务消防队员、专兼职防火检查员名单);

(5)对职工、外来工、义务消防队员的培训、教育计划及有关资料记录;

(6)每次防火会议记录和各级防火检查记录、隐患整改记录;

(7)各项防火制度;

(8)动火作业登记簿;

(9)消防器材的种类、数量、保养记录、期限、维修记录。

**9. 特殊施工场地防火**

(1)地下工程施工防火。

1)施工现场的临时电源线不宜直接敷设在墙壁或土墙上,应用绝缘材料架空安装。配电箱应采取防火措施,潮湿地段或渗水部位照明应安装防潮灯具。

2)施工现场应有不少于两个入口或坡道,长距离施工时应适当增加出入口的数量。施工区面积不超过 50 m²,施工人员不超过 20 人时,可设一个直通地上的安全出口。

3)安全出入口、疏散走道和楼梯的宽度应按其通过人数每 100 人不小于 1 m 的净宽计算。每个出入口的疏散人数不应超过 250 人。安全出入口、疏散走道、楼梯的最小净宽应不小于 1 m。

4)疏散通道、楼梯及坡道内,不应设置突出物或堆放施工材料和机具。

5)疏散通道、安全出入口、疏散楼梯、操作区域等部位,应设置火灾事故照明灯。

6)疏散通道及其交叉口、拐弯处、安全出口处应设置疏散指示标识灯。疏散指示标识灯的间距不宜过大,距地面高度应为 1～1.2 m。

7)火灾事故照明灯和疏散指示标识灯工作电源断电后,应能自动投合。

8)地下工程施工区域应设置消防给水管道和消火栓,消防给水管道可以与施工用水管道合用。地下工程不能设置消防用水管道时,应配备足够数量的轻便消防器材。

9)大面积油漆粉刷和喷漆应在地面施工,局部的粉刷可在地下工程内部进行,但一次粉刷的量不宜过多,同时在粉刷区域内禁止一切火源,加强通风。

10)制订应急的疏散计划。

(2)古建筑工程施工防火。

1)电源线、照明灯具不应直接敷设在古建筑的柱、梁上。照明灯具应安装在支架上或吊装,同时安装防护罩。

2)古建筑工程的修缮若是在雨期施工,应考虑安装避雷设备,以对古建筑及架子进行保护。

3)加强用火管理,对电,气焊实施动焊的审批管理制度。

4)室内油漆画时,应逐项进行,每次安排油漆彩画量不宜过大,以不达到局部形成爆炸极限为前提。油漆彩画时禁止一切火源。夏季对剩下的油皮子及时处理,防止因高温造成自燃。施工中的油棉丝、手套、油皮子等不要乱扔,应集中进行处理。

5)冬季进行油彩画时,不应使用炉火进行采暖,尽量使用暖气采暖。

6)古建筑施工中,剩余的刨花、锯末、贴金纸等可燃材料,应随时进行清理,做到活完料清。

7)易燃、可燃材料应选择在安全地点存放,不宜靠近树木等。

8)施工现场应设置消防给水设施、水池或消防水桶。

**10. 施工现场防火检查及灭火**

(1)施工现场防火检查。

1)防火检查内容。

①检查用火、用电和易燃易爆物品及其他重点部位生产、储存、运输过程中的防火安全情况和临建结构、平面布置、水源、道路是否符合防火要求。

②火险隐患整改情况。

③检查义务和专职消防队组织及活动情况。

④检查各级防火责任制、岗位责任制、八大工种责任书和各项防火安全制度的执行情况。

⑤检查"三级"动火审批及动火证、操作证、消防设施、器材管理及其使用情况。

⑥检查防火安全宣传教育、外包工管理等情况。

⑦检查十项标准是否落实、基础管理是否健全、防火档案资料是否齐全、发生事故是否按"三不放过"原则进行处理。

2)火险隐患整改的要求。

①领导重视。

②边查边改。

③对不能立即解决的火险隐患，检查人员逐件登记，定项、定人、定措施，限期整改，并建立立案、销案制度。

④对重大火险隐患，经施工单位自身的努力仍得不到解决的，公安消防监督机关应该督促他们及时向上级主管机关报告，求得解决，同时采取可靠的临时性措施。

⑤对遗留下来的建筑规划无消防通道、水源等方面的问题，一时确实无法解决的，公安消防监督机关应提请有关部门纳入建设规划，逐步加以解决。在没有解决前，要采取临时性的补救措施，以保证安全。

(2)施工现场灭火方法。

1)窒息灭火方法。阻止空气流入燃烧区，或用不燃物质(气体)冲淡空气，使燃烧物质断绝氧气的助燃而使火熄灭。

2)冷却灭火法。将灭火剂直接喷洒在燃烧物质上，使可燃物质的温度降低到燃点以下，以终止燃烧。

3)隔离灭火法。将燃烧物质与附近的可燃物质隔离或疏散开，使燃烧因失去可燃物质而停止。

4)抑制灭火法。与前三种灭火方法不同，它是使灭火剂参与燃烧反应过程，使燃烧过程中产生的游离基消失，从而形成稳定分子或低活性的游离基，使燃烧反应停止。

(3)消防设施的布置。

1)消防给水的设置原则。

根据火灾资料的统计及公安部关于建筑工地防火基本措施的规定，下列工程内应设置临时消防给水：

①高度超过24 m的工程；

②层数超过10层的工程；

③重要的及施工面积较大(超过施工现场内临时消火栓保护范围)的工程。

2)消防给水管网的布置。

①工程临时竖管不应少于两条，呈环状布置，每根竖管的直径应根据要求的水柱股数，按最上层消火栓出水计算，但不小于100 mm。

②高度小于50 m，每层面积不超过500 $m^2$ 的普通塔式住宅及公共建筑，可设一条临时竖管。

3)临时消火栓的布置。

①工程内临时消火栓应分设于各层明显且便于使用的地点，并保证消火栓的充实水柱能达到工程内的任何部位。栓口出水方向宜与墙壁呈90°角，离地面1.2 m。

②消火栓口径应为65 mm，配备的水带每节长度不宜超过20 m，水枪喷嘴口径不小于19 mm。每个消火栓处宜设启动消防水泵的按钮。

③临时消火栓的布置应保证充实水柱能到达工程内的任何部位。

4)施工现场灭火器的配备。

①一般临时设施区,每 100 m² 配备两个 10 L 灭火器,大型临时设施总面积超过 1 200 m² 的,应备有专供消防用的太平桶、积水桶(池)、黄砂池等器材设施。

②木工间、油漆间、机具间等每 25 m² 应配置一个合适的灭火器;油库、危险品仓库应配备足够数量、种类的灭火器。

③仓库或堆料场内,应根据灭火对象的特性,分组布置酸碱、泡沫、清水、二氧化碳等灭火器。每组灭火器不少于 4 个,每组灭火器之间的距离不大于 30 m。

5)施工现场灭火器的摆放。

①灭火器应摆放在明显和便于取用的地点,且不得影响安全疏散。

②灭火器应摆放稳固,其铭牌必须朝外。

③手提式灭火器应使用挂钩悬挂,或摆放在托架上、灭火箱内,其顶部离地面高度应小于 1.5 m,底部离地面高度宜大于 0.15 m。

④灭火器不应摆放在潮湿或强腐蚀性的地点,必须摆放时,应采取相应的保护措施。

⑤摆放在室外的灭火器应采取相应的保护措施。

⑥灭火器不得摆放在超出其使用温度范围以外的地点,灭火器的使用温度范围应符合规范规定。

## 项目小结

安全控制是生产过程中涉及的计划、组织、监控、调节和改进等一系列致力于满足生产安全所进行的管理活动。施工安全技术措施是施工组织设计的重要组成部分,应在工程开工前与施工组织设计一同编制。

安全技术交底是一项技术性很强的工作,对于贯彻设计意图、严格实施技术方案、按图施工、循规操作、保证施工质量和施工安全至关重要。

工程项目安全检查的目的是清除隐患、防止事故、改善劳动条件及提高员工的安全生产意识,是安全控制工作的一项重要内容。通过安全检查可以发现工程中的危险因素,以便有计划地采取措施,保证安全生产。施工项目的安全检查应由项目经理组织,定期进行。

由于基坑加深、土侧压力再加上地下水的出现,必须做专项支护设计以确保施工安全。

支搭脚手架以前,必须制订施工方案和进行安全技术交底。对于高大异形的架子,还应报请上级部门批准,向所有参加作业的人员进行书面交底。

国家标准规定"凡在坠落高度基准面 2 m 以上(含 2 m),有可能坠落的高处进行的作业称为高处作业"。高处作业包括临边、洞口、攀登、悬空、操作平台及交叉等项作业,也包括各类洞、坑、沟、槽等工程施工的其他高处作业。

施工企业技术部门应在工程项目开工前编制包括主要施工机械设备安装防护技术的安全技术措施,并报工程项目监理单位审查批准。为了与正式工程中的电气工程有所区别,将施工过程中所使用的施工用电称为"临时用电"。

施工现场防火工作,必须认真贯彻"以防为主,防消结合"的方针,立足于自防自救,坚持安全第一,实行"谁主管,谁负责"的原则,在防火业务上要接受当地行政主管部门和当地公安消防机构的监督和指导。

## 复习思考题

10—1 什么是安全控制？安全控制的目标是什么？
10—2 建筑工程施工安全控制的特点有哪几个方面？
10—3 施工安全技术措施的主要内容有哪些？
10—4 何谓安全技术交底？安全技术交底的要求有哪些？
10—5 安全生产检查监督的主要类型有哪些？
10—6 安全生产检查监督的主要内容有哪些？
10—7 建筑工程安全隐患有哪些？
10—8 基坑作业安全技术有哪些？
10—9 脚手架工程施工安全技术有哪些？
10—10 高处作业施工安全技术有哪些？
10—11 施工机械安全技术有哪些？
10—12 临时用电安全技术有哪些？
10—13 施工现场防火安全管理的一般规定有哪些？
10—14 施工现场防火安全管理的要求有哪些？
10—15 施工现场防火如何检查？

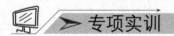

## 专项实训

### 编制建筑工程安全专项措施

实训目的：体验建筑工程安全管理氛围，熟悉建筑工程安全专项措施。

材料准备：①施工图纸。
②工地现场。
③安全规范。
④联系建筑工地负责人。
⑤设计工作过程。

实训步骤：划分小组→分配工作任务→识图→现场勘查实际情况→进行资料整理→完成建筑工程专项安全措施的编制。

实训结果：①熟悉建筑工程安全管理氛围。
②掌握建筑工程安全防护要点。
③编制建筑工程专项安全措施。

注意事项：①学生角色扮演真实。
②工作程序设计合理。
③充分发挥学生的积极性、主动性与创造性。

# 项目11　建筑工程职业健康安全事故的分类和处理

**项目描述**

本项目主要介绍建筑工程生产安全事故应急预案、职业健康安全事故的分类和处理、各工种安全技术操作规程等内容。

建筑工程职业健康安全
事故的预防与处理

**学习目标**

通过本项目的学习，学生能够了解建筑工程生产安全事故应急预案，掌握职业健康安全事故的分类和处理、各工种安全技术操作规程。

**素质目标**

建筑工程生产安全事故会造成重大的人身伤亡或者经济损失。通过本项目的学习，培养学生对安全事故的警觉性和责任感，树立安全第一，预防为主的工作意识。

**项目导入**

施工安全是指施工过程处于避免人身伤害及其他不可接受的损害风险的状态。其中，不可接受的损害风险通常是指：超出了法律、法规和规章的要求，超出了企业施工安全的方针目标要求，超出了人们普遍接受(通常是隐含)的要求。工程建设项目的施工安全管理内容主要围绕五大常见伤害(即坍塌、触电、高处坠落、物体打击和机械伤害)展开实施。

## 11.1　建筑工程生产安全事故应急预案

应急预案是在发生特定的潜在事件和紧急情况时所采取措施的计划安排，是应急响应的行动指南。编制应急预案的目的是防止紧急情况发生时出现混乱，使人们能够按照合理的响应流程采取适当的救援措施，预防和减少可能随之引发的职业健康安全和环境影响。

应急预案的制定，首先必须与重大环境因素和重大危险源相结合，特别是与这些环境因素和危险源控制失效可能导致的后果相适应，还要考虑在实施应急救援过程中可能产生的新的伤害和损失。

**1. 应急预案体系的构成**

应急预案应形成体系，针对各级各类可能发生的事故和所有危险源制定专项应急预案和制订现场应急处置方案,并明确事前、事发、事中、事后的各个过程中相关部门和有关人员的职责。生产规模小、危险因素少的生产经营单位,其综合应急预案和专项应急预案可以合并编写。

(1)综合应急预案。综合应急预案是从总体上阐述事故的应急方针、政策,应急组织结构及相关应急职责,应急行动、措施和保障等基本要求和程序,是应对各类事故的综合性文件。

(2)专项应急预案。专项应急预案是针对具体的事故类别(如基坑开挖、脚手架拆除等事故)、危险源和应急保障而制订的计划或方案,是综合应急预案的组成部分,应按照综合应急预案的程序和要求组织制定,并作为综合应急预案的附件。专项应急预案应制定明确的救援程序和具体的应急救援措施。

(3)现场处置方案。现场处置方案是针对具体的装置、场所或设施、岗位所制定的应急处置措施。现场处置方案应具体、简单、针对性强。现场处置方案应根据风险评估及危险性控制措施逐一编制,做到事故相关人员应知应会、熟练掌握,并通过应急演练,做到迅速反应、正确处置。

**2. 生产安全事故应急预案的编制要求**

(1)符合有关法律、法规、规章和标准的规定;
(2)结合本地区、本部门、本单位的安全生产实际情况;
(3)结合本地区、本部门、本单位的危险性分析情况;
(4)应急组织和人员的职责分工明确,并有具体的落实措施;
(5)有明确、具体的事故预防措施和应急程序,并与其应急能力相适应;
(6)有明确的应急保障措施,并能满足本地区、本部门、本单位的应急工作要求;
(7)预案的基本要素齐全、完整,预案附件提供的信息准确;
(8)预案内容与相关应急预案相互衔接。

**3. 生产安全事故应急预案编制的内容**

(1)综合应急预案编制的主要内容如下所示:

1 总则
1.1 编制目的
简述应急预案编制的目的、作用等。
1.2 编制依据
简述应急预案编制所依据的法律法规、规章,以及有关行业管理规定、技术规范和标准等。
1.3 适用范围
说明应急预案适用的区域范围,以及事故的类型、级别。
1.4 应急预案体系
说明本单位应急预案体系的构成情况。
1.5 应急工作原则
说明本单位应急工作的原则,内容应简明扼要、明确具体。
2 施工单位的危险性分析
2.1 施工单位概况
主要包括单位总体情况及生产活动特点等内容。

2.2 危险源与风险分析

主要阐述本单位存在的危险源及风险分析结果。

3 组织机构及职责

3.1 应急组织体系

明确应急组织形式、构成单位或人员,并尽可能以结构图的形式表示。

3.2 指挥机构及其职责

明确应急救援指挥机构的总指挥、副总指挥、各成员单位及其相应职责。应急救援指挥机构根据事故类型和应急工作需要,可以设置相应的应急救援工作小组,并明确各小组的工作任务及其职责。

4 预防与预警

4.1 危险源监控

明确本单位对危险源监测监控的方式、方法,以及采取的预防措施。

4.2 预警行动

明确事故预警的条件、方式、方法和信息的发布程序。

4.3 信息报告与处置

按照有关规定,明确事故及未遂伤亡事故信息的报告与处置办法。

5 应急响应

5.1 响应分级

针对事故的危害程度、影响范围和单位控制事态的能力,将事故分为不同的等级。按照分级负责的原则,明确应急响应级别。

5.2 响应程序

根据事故的大小和发展态势,明确应急指挥、应急行动、资源调配、应急避险、扩大应急等响应程序。

5.3 应急结束

明确应急终止的条件。事故现场得以控制,环境符合有关标准,导致的次生、衍生事故隐患消除后,经事故现场应急指挥机构批准后,现场应急结束。结束后应明确:事故情况上报事项、需向事故调查处理小组移交的相关事项、事故应急救援工作总结报告。

6 信息发布

明确事故信息发布的部门、发布原则。事故信息应由事故现场指挥部及时准确地向新闻媒体通报。

7 后期处置

后期处置主要包括污染物处理、事故后果影响消除、生产秩序恢复、善后赔偿、抢险过程和应急救援能力评估及应急预案的修订等内容。

8 保障措施

8.1 通信与信息保障

明确与应急工作相关联的单位或人员的通信联系方式和方法,并提供备用方案。建立信息通信系统及维护方案,确保应急期间信息通畅。

8.2 应急队伍保障

明确各类应急响应的人力资源,包括专业应急队伍、兼职应急队伍的组织与保障方案。

8.3 应急物资装备保障

明确应急救援需要使用的应急物资和装备的类型、数量、性能、存放位置、管理责任人及其联系方式等内容。

8.4 经费保障

明确应急专项经费来源、使用范围、数量和监督管理措施,保障应急状态时生产经营单位应急经费及时到位。

8.5 其他保障

根据本单位应急工作的需求而确定的其他相关保障措施(如交通运输保障、治安保障、技术保障、医疗保障、后勤保障等)。

9 培训与演练

9.1 培训

明确对本单位人员开展应急培训的计划、方式和要求。如果预案涉及社区和居民,要做好宣传教育和告知等工作。

9.2 演练

明确应急演练的规模、方式、频次、范围、内容、组织、评估、总结等内容。

10 奖惩

明确事故应急救援工作中奖励和处罚的条件和内容。

11 附则

11.1 术语和定义

对应急预案涉及的一些术语进行定义。

11.2 应急预案备案

明确本应急预案的报备部门。

11.3 维护和更新

明确应急预案维护和更新的基本要求,定期进行评审,实现可持续改进。

11.4 制定与解释

明确负责制定与解释应急预案的部门。

11.5 应急预案实施

明确应急预案实施的具体时间。

(2)专项应急预案编制的主要内容。

1)事故类型和危害程度分析。在危险源评估的基础上,对其可能发生的事故类型和可能发生的季节及事故的严重程度进行确定。

2)应急处置的基本原则。明确处置安全生产事故应当遵循的基本原则。

3)组织机构及其职责。

①应急组织体系。明确应急组织形式、构成单位或人员,并尽可能以结构图的形式表示。

②指挥机构及其职责。根据事故类型,明确应急救援指挥机构的总指挥、副总指挥以及各成员单位或人员的具体职责。应急救援指挥机构可以设置相应的应急救援工作小组,明确各小组的工作任务及主要负责人的职责。

4)预防与预警。

①危险源监控。明确本单位对危险源监测监控的方式、方法,以及采取的预防措施。

②预警行动。明确具体事故预警的条件、方式、方法和信息的发布程序。

5)信息报告程序。主要包括：

①确定报警系统及程序；

②确定现场报警方式，如电话、警报器等；

③确定24 h与相关部门的通信、联络方式；

④明确相互认可的通告、报警形式和内容；

⑤明确应急反应人员向外求援的方式。

6)应急处置。

①响应分级。针对事故的危害程度、影响范围和单位控制事态的能力，将事故分为不同的等级。按照分级负责的原则，明确应急响应级别。

②响应程序。根据事故的大小和发展态势，明确应急指挥、应急行动、资源调配、应急避险、扩大应急等响应程序。

③处置措施。针对本单位的事故类别和可能发生的事故的特点、危险性，制定应急处置措施（如煤矿瓦斯爆炸、冒顶片帮、火灾、透水等事故的应急处置措施，危险化学品火灾、爆炸、中毒等事故的应急处置措施）。

7)应急物资与装备保障。明确应急处置所需的物资与装备数量，以及相关管理维护和使用方法等。

(3)现场处置方案的主要内容。

1)事故特征。主要包括：

①危险性分析，可能发生的事故类型；

②事故发生的区域、地点或装置的名称；

③事故可能发生的季节和造成的危害程度；

④事故前可能出现的征兆。

2)应急组织与职责。主要包括：

①基层单位应急自救组织形式及人员构成情况；

②应急自救组织机构、人员的具体职责，应同单位或车间、班组人员工作职责紧密结合，明确相关岗位和人员的应急工作职责。

3)应急处置。主要包括：

①事故应急处置程序。根据可能发生的事故类别及现场情况，明确事故报警、各项应急措施启动、应急救护人员的引导、事故扩大及同企业应急预案衔接的程序。

②现场应急处置措施。针对可能发生的火灾、爆炸、危险化学品泄漏、坍塌、水患、机动车辆伤害等，从操作措施、工艺流程、现场处置、事故控制、人员救护、消防、现场恢复等方面制定明确的应急处置措施。

③报警电话及上级管理部门、相关应急救援单位的联络方式和联系人，事故报告的基本要求和内容。

4)注意事项。主要包括：

①佩戴个人防护器具方面的注意事项；

②使用抢险救援器材方面的注意事项；

③采取救援对策或措施方面的注意事项；

④现场自救和互救的注意事项；

⑤现场应急处置能力确认和人员安全防护等的注意事项；

⑥应急救援结束后的注意事项；
⑦其他需要特别警示的事项。

**4. 生产安全事故应急预案的管理**

建筑工程生产安全事故应急预案的管理包括应急预案的评审、备案、实施和奖惩。国家安全生产监督管理总局负责应急预案的综合协调管理工作。国务院其他负有安全生产监督管理职责的部门按照各自的职责负责本行业、本领域内应急预案的管理工作。

县级以上地方各级人民政府安全生产监督管理部门负责本行政区域内应急预案的综合协调管理工作。县级以上地方各级人民政府其他负有安全生产监督管理职责的部门按照各自的职责负责辖区内本行业、本领域应急预案的管理工作。

(1)应急预案的评审。地方各级安全生产监督管理部门应当组织有关专家对本部门编制的应急预案进行审定，必要时可以召开听证会，听取社会有关方面的意见。涉及相关部门职能或者需要有关部门配合的，应当征得有关部门同意。

参加应急预案评审的人员应当包括应急预案涉及的政府部门工作人员和有关安全生产及应急管理方面的专家。

评审人员与所评审预案的生产经营单位有利害关系的，应当回避。

应急预案的评审或者论证应当注重应急预案的实用性、基本要素的完整性、预防措施的针对性、组织体系的科学性、响应程序的操作性、应急保障措施的可行性、应急预案的衔接性等内容。

(2)应急预案的备案。地方各级安全生产监督管理部门的应急预案，应当报同级人民政府和上一级安全生产监督管理部门备案。

其他负有安全生产监督管理职责的部门的应急预案，应当抄送同级安全生产监督管理部门。

中央管理的总公司(总厂、集团公司、上市公司)的综合应急预案和专项应急预案，报国务院国有资产监督管理部门、国务院安全生产监督管理部门和国务院有关主管部门备案；其所属单位的应急预案分别抄送所在地的省、自治区、直辖市或者设区的市人民政府安全生产监督管理部门和有关主管部门备案。

上述规定以外的其他生产经营单位中涉及实行安全生产许可的，其综合应急预案和专项应急预案，按照隶属关系报所在地县级以上地方人民政府安全生产监督管理部门和有关主管部门备案；未实行安全生产许可的，其综合应急预案和专项应急预案的备案，由省、自治区、直辖市人民政府安全生产监督管理部门确定。

(3)应急预案的实施。各级安全生产监督管理部门、生产经营单位应当采取多种形式开展应急预案的宣传教育，普及生产安全事故预防、避险、自救和互救知识，提高从业人员的安全意识和应急处置技能。

生产经营单位应当制订本单位的应急预案演练计划，根据本单位的事故预防重点，每年至少组织一次综合应急预案演练或者专项应急预案演练，每半年至少组织一次现场处置方案演练。

有下列情形之一的，应急预案应当及时修订：
①生产经营单位因兼并、重组、转制等导致隶属关系、经营方式、法定代表人发生变化的；
②生产经营单位的生产工艺和技术发生变化的；

③周围环境发生变化,形成新的重大危险源的;
④应急组织指挥体系或者职责已经调整的;
⑤依据的法律、法规、规章和标准发生变化的;
⑥应急预案演练评估报告要求修订的;
⑦应急预案管理部门要求修订的。

生产经营单位应当及时向有关部门或者单位报告应急预案的修订情况,并按照有关应急预案报备程序重新备案。

(4)奖惩。生产经营单位应急预案未按照有关规定备案的,由县级以上安全生产监督管理部门给予警告,并处3万元以下罚款。

生产经营单位未制定应急预案或者未按照应急预案采取预防措施,导致事故救援不力或者造成严重后果的,由县级以上安全生产监督管理部门依照有关法律、法规和规章的规定,责令停产、停业整顿,并依法给予行政处罚。

## 11.2 职业健康安全事故的分类和处理

### 1. 职业伤害事故的分类

职业健康安全事故分两大类型,即职业伤害事故与职业病。职业伤害事故是指因生产过程及工作原因或与其相关的其他原因造成的伤亡事故。

(1)按照事故发生的原因分类。按照我国《企业职工伤亡事故分类》(GB 6441)的规定,职业伤害事故分为20类,其中与建筑业有关的有以下12类:

1)物体打击:指落物、滚石、锤击、碎裂、崩块、砸伤等造成的人身伤害,不包括因爆炸而引起的物体打击。

2)车辆伤害:指车辆挤、压、撞和车辆倾覆等造成的人身伤害。

3)机械伤害:指机械设备或工具绞、碾、碰、割、戳等造成的人身伤害,不包括车辆、起重设备引起的伤害。

4)起重伤害:指从事各种起重作业时发生的机械伤害事故,不包括上、下驾驶室时发生的坠落伤害,起重设备引起的触电及检修时制动失灵造成的伤害。

5)触电:指电流经过人体所导致的生理伤害,包括雷击伤害。

6)灼烫:指火焰引起的烧伤、高温物体引起的烫伤、强酸或强碱引起的灼伤、放射线引起的皮肤损伤,不包括电烧伤及火灾事故引起的烧伤。

7)火灾:火灾所造成的人体烧伤、窒息、中毒等。

8)高处坠落:由危险势能差引起的伤害,包括从架子、屋架上坠落以及从平地坠入坑内等。

9)坍塌:指建筑物、堆置物倒塌以及土石塌方等引起的伤害事故。

10)火药爆炸:指在火药的生产、运输、储藏过程中发生的爆炸事故。

11)中毒和窒息:指煤气、油气、沥青、化学、一氧化碳中毒等。

12)其他伤害:包括扭伤、跌伤、冻伤、野兽咬伤等。

以上12类职业伤害事故中,在建筑工程领域中最常见的是高处坠落、物体打击、机械伤害、触电、坍塌、中毒、火灾7类。

(2)按事故的严重程度分类。我国《企业职工伤亡事故分类》(GB 6441)规定,按事故的严重程度,事故分为:

1)轻伤事故,是指造成职工肢体或某些器官功能性或器质性轻度损伤,能引起劳动能力轻度或暂时丧失的伤害事故,一般每个受伤人员休息1个工作日以上(含1个工作日),105个工作日以下。

2)重伤事故,一般指受伤人员肢体残缺或视觉、听觉等器官受到严重损伤,能引起人体长期存在功能障碍或劳动能力有重大损失的伤害,或者造成每个受伤人员损失105工作日以上(含105个工作日)的失能伤害的事故。

3)死亡事故,其中,重大伤亡事故指一次死亡1~2人的事故;特大伤亡事故指死亡3人以上(含3人)的事故。

(3)按事故造成的人员伤亡或者直接经济损失分类。依据2007年6月1日起实施的《生产安全事故报告和调查处理条例》,按生产安全事故(以下简称事故)造成的人员伤亡或者直接经济损失,事故分为:

1)特别重大事故,是指造成30人以上死亡,或者100人以上重伤(包括急性工业中毒,下同),或者1亿元以上直接经济损失的事故;

2)重大事故,是指造成10人以上30人以下死亡,或者50人以上100人以下重伤,或者5 000万元以上1亿元以下直接经济损失的事故;

3)较大事故,是指造成3人以上10人以下死亡,或者10人以上50人以下重伤,或者1 000万元以上5 000万元以下直接经济损失的事故;

4)一般事故,是指造成3人以下死亡,或者10人以下重伤,或者1 000万元以下直接经济损失的事故。

目前,在建筑工程领域中,判别事故等级采用较多的是《生产安全事故报告和调查处理条例》。

**2. 建筑工程安全事故的处理**

一旦事故发生,应通过应急预案的实施,尽可能防止事态的扩大和减少事故的损失。通过事故处理程序,查明原因,制定相应的纠正和预防措施,避免类似事故的再次发生。

(1)事故处理的原则("四不放过"原则)。国家对发生事故后的"四不放过"处理原则,其具体内容如下:

1)事故原因未查清不放过。要求在调查处理伤亡事故时,首先把事故原因分析清楚,找出导致事故发生的真正原因,未找到真正原因绝不轻易放过。直到找到真正原因并搞清各因素之间的因果关系,才算达到事故原因分析的目的。

2)事故责任人未受到处理不放过。这是安全事故责任追究制度的具体体现,对事故责任者要严格按照安全事故责任追究的法律法规的规定进行严肃处理;不仅要追究事故直接责任人的责任,同时要追究有关负责人的领导责任。当然,处理事故责任者必须谨慎,避免事故责任追究的扩大化。

3)事故责任人和周围群众没有受到教育不放过。应使事故责任者和广大群众了解事故发生的原因及其所造成的危害,并深刻认识到搞好安全生产的重要性,从事故中吸取教训,提高安全意识,改进安全管理工作。

4)事故没有制定切实可行的整改措施不放过。必须针对事故发生的原因,提出防止相同或类似事故发生的切实可行的预防措施,并督促事故发生单位加以实施。只有这样,才算达到了事故调查和处理的最终目的。

(2)建筑工程安全事故处理措施。

1)按规定向有关部门报告事故情况。事故发生后,事故现场有关人员应当立即向本单位负责人报告;单位负责人接到报告后,应当于1h内向事故发生地县级以上人民政府安全生产监督管理部门和负有安全生产监督管理职责的有关部门报告,并有组织地抢救伤员、排除险情;应当防止人为或自然因素的破坏,以便于事故原因的调查。

由于建设行政主管部门是建筑安全生产的监督管理部门,对建筑安全生产实行的是统一的监督管理,因此,各个行业的建筑施工中出现了安全事故,都应当向建设行政主管部门报告。对于专业工程的施工中出现生产安全事故的,由于有关的专业主管部门也承担着对建筑安全生产的监督管理职能,因此,专业工程出现安全事故,还需要向有关行业主管部门报告。

情况紧急时,事故现场的有关人员可以直接向事故发生地县级以上人民政府安全生产监督管理部门和负有安全生产监督管理职责的有关部门报告。

安全生产监督管理部门和负有安全生产监督管理职责的有关部门接到事故报告后,应当依照下列规定上报事故情况,并通知公安机关、劳动保障行政部门、工会和人民检察院:特别重大事故、重大事故逐级上报至国务院安全生产监督管理部门和负有安全生产监督管理职责的有关部门;较大事故逐级上报至省、自治区、直辖市人民政府安全生产监督管理部门和负有安全生产监督管理职责的有关部门;一般事故上报至设区的市级人民政府安全生产监督管理部门和负有安全生产监督管理职责的有关部门。

安全生产监督管理部门和负有安全生产监督管理职责的有关部门依照前款规定上报事故情况,应当同时报告本级人民政府。国务院安全生产监督管理部门和负有安全生产监督管理职责的有关部门以及省级人民政府接到发生特别重大事故、重大事故的报告后,应当立即报告国务院。必要时,安全生产监督管理部门和负有安全生产监督管理职责的有关部门可以越级上报事故情况。

安全生产监督管理部门和负有安全生产监督管理职责的有关部门逐级上报事故情况,每级上报的时间不得超过2h。事故报告后出现新情况的,应当及时补报。

2)组织调查组,开展事故调查。特别重大事故由国务院或者国务院授权的有关部门组织事故调查组进行调查。重大事故、较大事故、一般事故分别由事故发生地省级人民政府、设区的市级人民政府、县级人民政府负责调查。省级人民政府、设区的市级人民政府,县级人民政府可以直接组织事故调查组进行调查,也可以授权或者委托有关部门组织事故调查组进行调查。未造成人员伤亡的一般事故,县级人民政府也可以委托事故发生单位组织事故调查组进行调查。

事故调查组有权向有关单位和个人了解与事故有关的情况,并要求其提供相关文件、资料,有关单位和个人不得拒绝。事故发生单位的负责人和有关人员在事故调查期间不得擅离职守,并应当随时接受事故调查组的询问,如实提供有关情况。事故调查中发现涉嫌犯罪的,事故调查组应当及时将有关材料或者其复印件移交司法机关处理。

3)现场勘查。事故发生后,调查组应迅速到现场进行及时、全面、准确和客观的勘查,包括现场笔录、现场拍照和现场绘图。

4)分析事故原因。通过调查分析,查明事故经过,按受伤部位、受伤性质、起因物、致害物、伤害方法、不安全状态、不安全行为等,查清事故原因,包括人、物、生产管理和技术管理等方面的原因。通过直接和间接的分析，确定事故的直接责任者、间接责任者和主要责任者。

5）制定预防措施。根据事故原因分析，制定防止类似事故再次发生的预防措施。根据事故后果和事故责任者应负的责任提出处理意见。

6）提交事故调查报告。事故调查组应当自事故发生之日起60 d内提交事故调查报告；特殊情况下，经负责事故调查的人民政府批准，提交事故调查报告的期限可以适当延长，但延长的期限最长不超过60 d。事故调查报告应当包括下列内容：

①事故发生单位概况；
②事故发生经过和事故救援情况；
③事故造成的人员伤亡和直接经济损失；
④事故发生的原因和事故性质；
⑤事故责任的认定以及对事故责任者的处理建议；
⑥事故防范和整改措施。

7）事故的审理和结案。重大事故、较大事故、一般事故，负责事故调查的人民政府应当自收到事故调查报告之日起15 d内作出批复；特别重大事故，在30 d内作出批复；特殊情况下，批复时间可以适当延长，但延长的时间最长不超过30 d。

有关机关应当按照人民政府的批复，依照法律、行政法规规定的权限和程序，对事故发生单位和有关人员进行行政处罚，对负有事故责任的国家工作人员进行处分。事故发生单位应当按照负责事故调查的人民政府的批复，对本单位负有事故责任的人员进行处理。

负有事故责任的人员涉嫌犯罪的，依法追究刑事责任。

事故处理的情况由负责事故调查的人民政府或者其授权的有关部门、机构向社会公布，依法应当保密的除外。事故调查处理的文件记录应长期、完整地保存。

**3. 安全事故统计规定**

国家安全生产监督管理总局制定的《生产安全事故统计报表制度》（安监总统计〔2012〕98号）有如下规定：

（1）报表的统计范围是在中华人民共和国领域内从事生产经营活动中发生的造成人身伤亡或者直接经济损失的事故。

（2）统计内容主要包括事故发生单位的基本情况、事故造成的死亡人数、受伤人数、急性工业中毒人数、单位经济类型、事故类别、事故原因、直接经济损失等。

（3）本统计报表由各级安全生产监督管理部门、煤矿安全监察机构负责组织实施，每月对本行政区内发生的生产安全事故进行全面统计。其中，火灾、道路交通、水上交通、民航飞行、铁路交通、农业机械、渔业船舶等事故由其主管部门统计，每月抄送同级安全生产监督管理部门。

（4）省级安全生产监督管理局和煤矿安全监察局，在每月5日前报送上月事故统计报表。国务院有关部门在每月5日前将上月事故统计报表抄送国家安全生产监督管理总局。

（5）各部门、各单位都要严格遵守《中华人民共和国统计法》，按照本统计报表制度的规定，全面、如实填报生产安全事故统计报表。对于不报，瞒报，迟报或伪造、篡改数字的要依法追究其责任。

## 11.3　各工种安全技术操作规程

**1. 电工安全操作规程**

(1) 所有绝缘、检查工具应妥善保管，严禁他用，并定期检查、校验。

(2) 现场施工用高、低电压设备及线路，应按照施工设计有关电气安全技术规程安装和架设。

(3) 禁止带负荷接电，并严禁带电操作。

(4) 有人触电，立即切断电源，进行急救；电气着火，立即将有关电源切断，并使用干粉灭火器或干砂灭火。

(5) 安装高压油开关、自动空气开关等有返回弹簧的开关设备时，应将开关置于断开位置。

(6) 用摇表测定绝缘电阻，应防止有人触及正被测的线路或设备。测定电容性或电感性设备、材料后，必须放电。雷电时禁止测定线路绝缘。

(7) 电流互感器禁止开路，电压互感器禁止短路或以升压方式运行。

(8) 电气材料或设备需放电时，应穿戴绝缘防护用品，用绝缘棒安全放电。

(9) 现场高压配电设备，不论带电与否，单人值班不准超越遮拦和从事修理工作。

**2. 架子工安全操作规程**

(1) 架子工属国家规定的特种作业人员，必须经有关部门培训，考试合格，持证上岗。应每年进行一次体检。凡患高血压、心脏病、贫血病、癫痫病以及不适应高处作业的不得从事架子作业。

(2) 架工班组接受任务后，必须根据任务的特点向班组全体人员进行安全技术交底，明确分工。悬挂挑式脚手架、门式、碗口式和工具式插口脚手架或其他新型脚手架，以及高度在 30 m 以上的落地式脚手架和其他非标准的架子，必须具有上级技术部门批准的设计图纸、计算书和安全技术交底书后才可搭设。

同时，搭设前架工班组长要组织全体人员熟悉施工技术和作业要求，确定搭设方法。搭脚手架前，班组长应带领架工对施工环境及所需的工具、安全防护设施等进行检查，消除隐患后方可开始作业。

(3) 架工作业要正确使用个人劳动防护用品。必须戴安全帽，佩戴安全带，衣着要灵便，穿软底防滑鞋，不得穿塑料底鞋、皮鞋、拖鞋和硬底或带钉易滑的鞋。

作业时要思想集中，团结协作，互相呼应，统一指挥。不准用抛扔方法上下传递工具、零件等。禁止打闹和开玩笑。休息时应下架子，在地面休息。严禁酒后上班。

(4) 架子要结合工程进度搭设，不宜一次搭得过高。未完成的脚手架，架工离开作业岗位时(如工间休息或下班时)，不得留有未固定构件，必须采取措施消除不安全因素和确保架子稳定。脚手架搭设后必须经施工员会同安全员验收合格后才能使用。在使用过程中，要经常进行检查，对长期停用的脚手架恢复使用前必须进行检查，鉴定合格后才能使用。

(5) 落地式多立杆外脚手架上均布荷载每平方米不得超过 270 kg，堆放标准砖只允许侧摆 3 层；集中荷载每平方米不得超过 150 kg。承受手推运输车及负载过重的脚手架及其他类型脚手架，荷载按设计规定。

(6)高层建筑施工工地井字架、脚手架等高出周围建筑时,需防雷击。若在相邻建筑物、构筑物防雷装置的保护范围以外,应安装防雷装置,可将井字架及钢管脚手架一侧高杆接长,使其高出顶端2 m作为接闪器,并在该高杆下端设置接地线。防雷装置冲击接地电阻值不得大于4 Ω。

**3. 电、气焊工安全操作规程**

(1)电焊机外壳必须接零接地良好,其电源的拆装应由电工进行。现场用的电焊机应设有可防雨、防潮、防晒的机棚,并备有消防器材。

(2)电焊机要设单独的开关,开关应放在防雨的闸箱内,拉合时应戴手套侧向操作。

(3)焊钳与把线必须绝缘良好,连接牢固,更换焊条时应戴手套,在潮湿地点工作,应站在绝缘胶板或木板上。

(4)严禁在带压力的容器或管道上施焊,焊接带电的设备应切断电源。

(5)更换场地移动焊线时,应切断电源,并不得用手持焊线爬梯登高。

(6)消除焊渣时,应戴防护眼镜或面罩,防止铁渣飞溅伤人。

(7)进行焊接预热工作时,应有石棉布或挡板等隔热措施。

(8)焊线、地线禁止与钢丝绳接触,不得用钢丝绳或机电设备代替零线,所有地线接头应连接牢固。

(9)多台焊机一起集中施焊时,焊接平台或焊件必须接零接地,并有隔光板。

(10)钍钨机要放置在密闭铅盒内,磨削钍钨机时,必须戴手套、口罩,将粉尘及时排除。

(11)二氧化碳气体预热器的外壳应绝缘,端电压不应大于36 V。

(12)雷雨时,应停止露天焊接。

(13)施焊场地周围应清除易燃易爆物品,或进行覆盖、隔离。

(14)必须在易燃易爆气体或液体扩散区施焊时,应经有关部门检查许可后,方可施焊。

(15)工作结束后,应切断焊机电源,并检查操作地点,确认无起火危险后,方可离开。

(16)氧气瓶、氧气表及焊割工具上,严禁沾染油脂。

(17)压力表及安全阀应定期校验。

(18)施工现场禁止使用乙炔发生器。

(19)点火时焊枪口不准对着人;正在燃烧的焊枪不得放在工件或地面上,带有乙炔和氧气时,不准放在金属容器内,以防气体溢出,发生燃烧事故。

(20)高空焊接或切割时,必须挂好安全带,焊接作业范围内应采取防火措施,并有专人监护。

**4. 塔式起重机司机安全操作规程**

(1)操作人员应经培训考试合格取得"特种作业人员操作证"后,凭操作证操作,严禁无证开机,严禁非驾驶人员进入驾驶室内。

(2)开机前应认真检查钢丝绳、吊钩、吊具有无磨损裂纹和损坏现象,传动连接部位螺栓是否松动,各部分电气元件是否良好,线路连接是否安全、可靠,传动部分、润滑部位是否正常并进行空运转,待一切正常后方可使用。行走式塔式起重机作业前,轨道应平直、无沉陷,轨道螺栓无松动,排除轨道上的障碍物。

(3)工作时应服从指挥,坚持岗位,集中精力,精心操作,严禁吊钩有重物时离开驾驶室,操作中应做到二慢一快,即起吊、下落慢,中间快。

(4)下降吊钩或起吊物件时,如遇信号不明,发现下面有人或吊钩前面有障碍物时应立即发出信号,服从指挥人员的信号指挥。

(5)操纵控制器时,应从停止点转动到第一挡,然后依次逐级增加速度,严禁越挡操作,提倡文明开机,开机时由慢到快,停机时由快到慢,机未停妥严禁变换行驶方向。

(6)驾驶员必须服从指挥员的信号指挥,操作前应先鸣号,后开机。

(7)吊运重物应高于前进方向所有障碍物2m。

(8)遇有下列情况严禁起吊:

1)起重指挥信号不明或乱指挥;

2)超负荷;

3)工件紧固不牢;

4)吊物上有人;

5)安全装置不灵;

6)工件埋在地下;

7)斜拉工件;

8)光线阴暗;

9)小配件或短料过盛、过满;

10)棱角物件没有采取包垫等护角措施。

(9)操作时发现塔式起重机工作不正常、安全装置失灵应立即停止操作,切断电源,汇报主管部门组织检修,待正常后使用。高空修理时,必须系好安全带。

(10)下班前将吊钩提升到离臂杆顶端2~3m处,松开回旋机构制动装置,使其顺风源自由摆动。

(11)下班前各操作处于断开位置,切断电源,离开驾驶室前必须加锁。

**5. 砌筑工安全操作规程**

(1)严格遵守现行标准、规范,认真执行安全操作规程和各项规章制度,严格按照安全技术交底的内容实施,搞好安全文明施工。

(2)进入施工现场的人员必须戴好安全帽,系好下颏带;按照作业要求正确穿戴个人防护用品,着装要整齐;在没有可靠安全防护设施的高处(2m以上)施工时,必须正确系好安全带;高处作业不得穿硬底和带钉易滑的鞋,不得向下投掷物料,严禁赤脚穿拖鞋、高跟鞋进入施工现场。

(3)冬期施工遇有霜、雪时,必须将脚手架上、沟槽内等作业环境内的霜、雪清除后方可作业。

(4)在深度超过1.5m的沟槽、基坑内作业时,必须检查槽帮有无裂缝、水浸或坍塌的危险隐患,确定无危险后方可作业。

(5)砌筑高度超过1.2m时,应搭设脚手架作业。在一层以上或高度超过4m时,若采用里脚手架必须支搭安全网,采用外脚手架应设护身栏杆和挡脚板后方可砌筑。

(6)脚手架上的堆料量不得超过规定荷载(均布荷载每平方米不得超过3kN,集中荷载不超过1.5kN)。脚手架上的堆砖高度不得超过3皮侧砖,同一块脚手板上的操作人员不应超过两人。

(7)不得在墙上行走,不准勉强在超过胸部以上的墙体上进行砌筑,以免将墙体碰撞倒塌或上料时失手掉下,造成安全事故。

(8)砌筑作业面下方不得有人,如在同一作业面交叉作业,必须设置安全隔离层。

(9)砌筑使用的工具应放在稳妥的地方。在架子上斩砖时,操作人员必须面向里,把砖头斩在架子上。挂线的坠物必须绑扎牢固。

(10)在屋面坡度大于25°时,作业必须使用移动板梯,板梯必须有牢固挂钩。檐口应搭设防护栏杆,并挂密目安全网。

(11)在石棉瓦等不能承重的轻型屋面上作业时,必须设临时走道板,并应在屋架下弦搭设水平安全网,严禁在石棉瓦上作业和行走。

(12)作业环境中的碎料、落地灰、杂物、工具集中清运,做到活儿完料净场地清。

**6. 模板工安全操作规程**

(1)模板支撑应不得使用腐朽、劈裂的材料。支撑要垂直,底端平整、坚实,并加以木垫。木垫要钉牢,并用横杆和剪刀撑拉牢。

(2)支模应严格检查,发现严重变形、螺栓松动等应及时修复。

(3)支模应按工序进行,模板没有固定前,不得进行下道工序,禁止利用拉杆、支撑攀登。

(4)支设4 m以上的立柱模板,四周必须顶牢,可搭设工作台,系安全带,不足4 m的,可使用马凳操作。

(5)支设独立梁模应设临时工作台,不得站在柱模上操作和在梁底模上行走。

(6)拆除模板应经施工技术人员同意。操作时应按顺序分段进行,严禁硬砸或大面积整体剥落和拉倒。不得留下松动和悬挂的模板,拆下的模板应及时运送到指定地点集中堆放,防止钉子扎脚。

(7)锯木机操作前应进行检查,锯片不得有裂口,螺栓应上紧。锯盘要有防护罩、防护挡板等安全装置,无人操作时要切断电源。

(8)操作前要戴防护眼镜,站在锯片一侧。禁止站在与锯片同一直线上,手臂不得跨过锯片。

(9)进料时必须紧贴垫靠,不得用力过猛,遇硬节应慢推。待料出锯片15 cm时方可接料,不得用手硬拉。

(10)短窄料应用棍推,接料使用挂钩。超过锯片半径的材料,禁止上锯。

(11)暴风、台风前后,要检查工地模板、支撑。若发现变形、下沉等现象,应及时修理加固。有严重危险的,立即排除。

(12)对现场道路应加强维护,斜道和脚手板应有防滑设施。

**7. 钢筋工安全操作规程**

(1)钢材、半成品等应按规格、品种分别堆放整齐,制作场地要平整,工作台要稳固,照明灯具必须加网罩。

(2)拉直钢筋,卡头要卡牢,地锚要结实、牢固,拉筋2 m区域内禁止行人。调直钢筋的直径时,应选用适当的调直块及传动速度,经调试合格方可送料,送料前应将不直的料头切去。

(3)展开圆盘钢筋要一头卡牢,防止回弹,切断时要先用脚踩紧。

(4)人工断料时,工具必须牢固。拿錾子和打锤要站成斜角,注意扔锤区域内的人和物体。切断小于30 cm的短钢筋时,应用钳子夹牢,禁止用手把扶,并在外侧设置防护笼罩。

(5)多人合运钢筋时,起、落、转、停动作要一致,工人上、下传送不得在同一垂直线上。钢筋在模板上堆放要分散、稳当,防止塌落。

(6)在高空、深坑绑扎钢筋和安装骨架时,需搭设脚手架和马道。绑扎立柱、墙体钢筋时,不准站在钢筋骨架上和攀登骨架上、下。柱在4 m以内,重量不大,可在地面或楼面上绑扎,整体柱在4 m以上,应搭设工作台。柱梁骨架应用临时支撑拉牢,以防倒塌。

(7)绑扎基础钢筋时,应按施工设计规定摆放钢筋支架或马凳架起上部钢筋,不得任意减少支架或马凳。

(8)绑扎高层建筑的圈梁、挑檐、外墙、柱边钢筋,应搭设外挂架或安全网。绑扎时挂好安全带。

(9)起吊钢筋骨架时,下方禁止站人,必须待架降落到离地面1 m以内方准靠近,就位支撑好方可摘钩。

(10)冷拉卷扬机前应设置防护挡板,没有挡板时,应就卷扬机与冷拉方向呈90°,并且应用封闭式导向滑轮。操作时要站在防护挡板后,冷拉场地不准站人和通行。

(11)冷拉钢筋要上好夹具,离开后再发开车信号。

(12)机械运转正常方准断料。断料时,手与刀口距离不得小于15 cm,活动刀片前进时禁止送料。

(13)切断钢筋刀口时不得超过机械负载能力,切低合金钢等特种钢筋时,要用高硬度刀片。

(14)切长钢筋时应有专人扶住,操作时动作要一致,不得任意拖拉。切短钢筋时需用套管或钳子夹料,不得用手直接送料。

(15)切断机旁应设放料台,机械运转中严禁用手直接清除刀口附近的断头和杂物。钢筋摆放范围内,非操作人员不得停留。

(16)机械上不准堆放物件,以防机械振动落入机体。

(17)钢筋装入压滚时,手与滚筒应保持一定距离。机器运转中不得调整滚筒。

(18)钢筋调直到末端时,人员必须躲开,以防钢筋甩开伤人。

(19)短于2 m或直径大于9 mm的钢筋调直,应低速加工。

(20)钢筋要紧内贴挡板,注意放入插头的位置和回转方向,不得错开。

(21)弯曲长钢筋时,应有专人扶住,并站在钢筋弯曲方向的外面,互相配合,不得拖拉。

(22)调头弯曲时,应防止碰撞人和物。更换芯轴、加油和清理,需停机后进行。

(23)焊机应设在干燥的地方,平衡牢固,要有可靠的接地装置,导线绝缘良好,并在开关箱内装有防漏电保护的空气开关。

(24)焊接前应戴防护面罩或眼镜和手套,并站在橡胶板或木板上。工作棚要用防火材料搭设,棚内严禁堆放易燃易爆物品,并备有灭火器材。

(25)对焊机接触器的接触点、电动机,要定期检查修理,冷却水管应保持畅通,不得漏水和超过规定温度。

(26)钢筋严禁碰、触、钩、压电源电线。

(27)作业后必须拉闸切断电源,锁好开关箱。

**8. 混凝土工安全操作规程**

(1)混凝土运输车向料斗倒料时,应有挡车措施,不得用力过猛和撒把。

(2)用井架运输时,小车把不得伸出吊篮外;车轮前后要挡牢,稳起稳落。

(3)浇灌混凝土使用的溜槽及串筒必须连接牢固。操作部位应有防护栏杆,不准直接在溜槽帮上操作。

(4)浇灌框架、梁、栏混凝土时,应设操作台,不得直接站在模板上或支撑上操作。

(5)浇圈梁、雨篷、阳台时,应设防护措施。

(6)不得在混凝土养护池边上站立和行走,并注意各处的盖板和地沟孔洞,防止失足坠落。

(7)使用振动棒、平板振动器时应穿绝缘胶鞋,湿手不得接触开关,电线不得有破皮、漏电现象,用电设备必须有漏电开关。

**9. 抹灰工安全操作规程**

(1)室内抹灰使用的木凳、金属支架应搭设平衡牢固,脚手板跨度不得大于 2 m。架上堆放材料不得过于集中,在同一跨度内不应超过两人。

(2)不准在门窗、暖气片、洗脸池等器物上搭设脚手架。搭设脚手架不得有跷头板,粉刷阳台部位时,外侧必须挂设安全网。严禁踩踏脚手架的护身栏杆和在阳台栏板上进行操作。

(3)进行机械喷灰喷涂作业时应戴防护用品,防止灰浆溅落眼内,压力表、安全阀应灵敏、可靠,输浆管各部接口应拧紧卡牢。管路摆放应顺直,避免折弯。

(4)输送砂浆应严格按照规定压力进行,超压和管道堵塞时,应卸压检修。

(5)贴面使用预制件、大理石、瓷砖等时,应堆放整齐、平稳,边用边运。安装时要稳拿稳放,待灌浆凝固稳定后,方可拆除临时支撑。

(6)使用磨石机,应戴绝缘手套、穿胶靴,电源线不得破皮、漏电,金刚石砂块安装必须牢固,经试运转正常,方可操作。

**10. 油漆工安全操作规程**

(1)严禁从高处向下或从低处向上投掷物料、工具。

(2)清理楼内物料时,应用榴槽或使用垃圾桶。

(3)手持电动工具和零星物料应随手放在工具袋内。

(4)安装或更换玻璃时要有防止玻璃坠落措施,严禁往下扔碎玻璃。

(5)各种油漆、材料(汽油、漆料、稀料)应单独存放在专用库房内,不得与其他材料混放。库房应通风良好,易挥发的汽油、稀料应装入密闭容器中,严禁在库房内吸烟和使用任何明火。

(6)油漆涂料的配制应遵守以下规定:

1)调制油漆应在通风良好的房间内进行。调制有害油漆涂料时,应戴好防毒口罩、护目镜,穿好与之相适应的个人防护用品,工作完毕后应冲洗干净。

2)工作完毕后,各种油漆涂料的溶剂桶(箱)要加盖封闭。

3)操作人员应进行体检,患有眼病、皮肤病、气管炎、结核病的患者不宜从事此项作业。

4)高处作业时必须支撑平台,平台下方不得站人。

(7)使用"人"字梯时应遵守以下规定:

1)在 2 m 以上高度作业(超过 2 m 按规定搭设脚手架)时所使用的"人"字梯应四脚落地,摆放平稳,梯脚应设防滑橡皮垫和拉链。

2)"人"字梯上搭铺脚手架板时,脚手架板两端搭接长度不得小于 20 cm。脚手架板中间不得同时两人操作。梯子挪动时,作业人员必须下来,严禁站在梯子上作踩高跷式挪动,"人"字梯顶部铰轴不准站人、不准铺设脚手架板。

3)"人"字梯应经常检查,若发现开裂、腐朽、榫头松动、缺档等则不得使用。

(8)临边作业必须采取防坠落措施。在外墙、外窗、外楼梯等高处作业时,应系好安全带。安全带应高挂低用,挂在牢靠处。油漆窗户时,严禁站在或骑在窗栏上作业。

(9)刷耐酸、耐腐蚀的过氧乙烯涂料时,应戴防毒口罩。打磨砂纸时必须戴口罩。

(10)刷模板等小构件的油漆时,必须将构件支放稳固。

1)在室内或容器内喷涂,必须保持良好的通风。喷涂时严禁对着喷嘴观看。

2)空气压缩机压力表和安全阀必须灵敏、有效。高压气管的各种接头应牢固,修理料斗气管时应关闭气门,试喷时不准对人。

3)喷涂人员作业时,若出现头痛、恶心、心闷和心悸等应停止作业,到户外通风换气。

4)作业后应及时清理现场遗料,并将其运到指定位置存放。

## 项目小结

应急预案是对特定的潜在事件和紧急情况所采取措施的计划安排,是应急响应的行动指南。编制应急预案的目的,是防止发生紧急情况时出现混乱,按照合理的响应流程采取适当的救援措施,预防和减少可能随之引发的职业健康安全和环境影响。

职业健康安全事故分两大类型,即职业伤害事故与职业病。职业伤害事故是指生产过程及工作原因或与其相关的其他原因所造成的伤亡事故。

按生产安全事故(以下简称"事故")所造成的人员伤亡或者直接经济损失,事故分为特别重大事故、重大事故、较大事故和一般事故。

一旦事故发生,应通过应急预案的实施,尽可能防止事态的扩大和减少事故的损失。通过事故处理程序查明原因,制定相应的纠正和预防措施,避免类似事故再次发生。

现场施工用高、低电压设备及线路,应按照施工设计中的有关电气安全技术规程安装和架设。

架子工属国家规定的特种作业人员,必须经有关部门培训,考试合格,持证上岗。

电焊机外壳必须接零接地良好,其电源的拆装应由电工进行。现场用的电焊机应设有可防雨、防潮、防晒的机棚,并备有消防器材。

塔吊操作人员应经培训考试合格取得"特种作业人员操作证"后,凭操作证操作,严禁无证开机,严禁非驾驶人员进入驾驶室内。

砌筑高度超过1.2 m时,应搭设脚手架作业。在一层以上或高度超过4 m时,采用里脚手架必须支搭安全网,采用外脚手架应设护身栏杆和挡脚板后方可砌筑。

模板支撑应不得使用腐朽、劈裂的材料。支撑要垂直,底端应平整、坚实,并加以木垫。木垫要钉牢,并用横杆和剪刀撑拉牢。

绑扎高层建筑的圈梁、挑檐、外墙、柱边钢筋,应搭设外挂架或安全网。绑扎时应挂好安全带。

不得在混凝土养护池边上站立和行走,并注意各处的盖板和地沟孔洞,防止失足坠落。

室内抹灰使用的木凳、金属支架应搭设平衡牢固,脚手板的跨度不得大于2 m。架上堆放材料不得过于集中，在同一跨度内不应超过两人。

各种油漆、材料(汽油、漆料、稀料)应单独存放在专用库房内，不得与其他材料混放。库房应通风良好，易挥发的汽油、稀料应装入密闭容器中，严禁在库房内吸烟和使用任何明火。

## 复习思考题

11—1　何谓应急预案？应急预案如何构成？
11—2　职业伤害事故如何分类？
11—3　建筑工程安全事故如何处理？
11—4　电工安全操作规程有哪些？
11—5　架子工安全操作规程有哪些？
11—6　电、气焊工安全操作规程有哪些？
11—7　塔式起重机司机安全操作规程有哪些？
11—8　砌筑工安全操作规程有哪些？
11—9　模板工安全操作规程有哪些？
11—10　钢筋工安全操作规程有哪些？
11—11　混凝土工安全操作规程有哪些？
11—12　抹灰工安全操作规程有哪些？
11—13　油漆工安全操作规程有哪些？

## 专项实训

### 走访施工企业，熟悉专业工种的安全操作管理

实训目的：体验建筑工程安全管理氛围，熟悉专业工种安全操作规程。
材料准备：①工程现场。
　　　　　②交通工具。
　　　　　③录音笔。
　　　　　④联系施工现场负责人。
　　　　　⑤设计采访参观过程。
实训步骤：划分小组→分配走访任务→走访施工现场→进行资料整理→完成走访报告。
实训结果：①熟悉建筑工程安全管理氛围。
　　　　　②掌握专业工种安全操作规程。
　　　　　③编制走访报告。
注意事项：①学生角色扮演真实。
　　　　　②走访程序设计合理。
　　　　　③充分发挥学生的积极性、主动性与创造性。

# 项目 12　建筑工程项目环境与绿色施工管理

**项目描述**

本项目主要介绍建筑工程文明施工管理、现场环境管理、绿色施工管理等内容。

建筑工程项目环境
与绿色施工管理

**学习目标**

通过本项目的学习，学生应掌握建筑工程文明施工管理、现场环境管理、绿色施工管理等基本点，熟悉建筑工程项目绿色施工的概念、原则和基本要求。

**素质目标**

建筑工程环境与绿色施工管理是现代施工管理的基本要求。通过本项目的学习，要求学生树立绿色环保的管理理念、对施工及生活环境保护的敏感性和责任感、文明施工的工作意识。

**项目导入**

绿色施工作为建筑全寿命周期中的一个重要阶段，是实现建筑领域资源节约和节能减排的关键环节。绿色施工是指工程建设中，在保证质量、安全等基本要求的前提下，通过科学管理和技术进步，最大限度地节约资源并减少对环境有负面影响的施工活动，实现节能、节地、节水、节材和环境保护（"四节一环保"）。实施绿色施工，应依据因地制宜的原则，贯彻执行国家、行业和地方相关的技术经济政策。

## 12.1　建筑工程文明施工管理

建筑工程文明
施工管理

### 12.1.1　施工现场文明施工的要求

文明施工是指保持施工现场良好的作业环境、卫生环境和工作秩序。因此，文明施工也是保护环境的一项重要措施。文明施工主要包括规范施工现场的场容，保持作业环境的整洁卫生；科学组织施工，使生产有序进行；减少施工对周围居民和环境的影响；遵守施工现场文明施工的规定和要求，保证职工的安全和身体健康。

文明施工可以适应现代化施工的客观要求，有利于员工的身心健康，有利于培养和提高施工队伍的整体素质，促进企业综合管理水平，提高企业的知名度和市场竞争力。

依据我国相关标准，文明施工的要求主要包括现场围挡、封闭管理、施工场地、材料堆放、现场住宿、现场防火、治安综合治理、施工现场标牌、生活设施、保健急救、社区服务11项内容。建设工程现场文明施工总体上应符合以下要求：

(1)有整套的施工组织设计或施工方案，施工总平面布置紧凑，施工场地规划合理，符合环保、市容、卫生的要求；

(2)有健全的施工组织管理机构和指挥系统，岗位分工明确，工序交叉合理，交接责任明确；

(3)有严格的成品保护措施和制度，大小临时设施和各种材料构件、半成品按平面布置堆放整齐；

(4)施工场地平整，道路畅通，排水设施得当，水电线路整齐，机具设备状况良好，使用合理，施工作业符合消防和安全要求；

(5)搞好环境卫生管理，包括施工区、生活区环境卫生和食堂卫生管理；

(6)文明施工应落实至施工结束后的清场。

实现文明施工，不仅要抓好现场的场容管理，而且还要做好现场材料、机械、安全、技术、保卫、消防和生活卫生等方面的工作。

### 12.1.2 建设工程现场文明施工的措施

**1. 加强现场文明施工的管理**

(1)建立文明施工的管理组织。应确立项目经理为现场文明施工的第一责任人，以各专业工程师、施工质量、安全、材料、保卫等现场项目经理部人员为成员的施工现场文明管理组织，共同负责本工程现场文明施工工作。

(2)健全文明施工的管理制度。包括建立各级文明施工岗位责任制、将文明施工工作考核列入经济责任制，建立定期的检查制度，实行自检、互检、交接检制度，建立奖惩制度，开展文明施工立功竞赛，加强文明施工教育培训等。

**2. 落实现场文明施工的各项管理措施**

针对现场文明施工的各项要求，落实相应的各项管理措施。

(1)施工平面的布置。施工总平面图是现场管理、实现文明施工的依据。施工总平面图应对施工机械设备、材料和构配件的堆场、现场加工场地，以及现场临时运输道路、临时供水供电线路和其他临时设施进行合理布置，并随工程实施的不同阶段进行场地布置和调整。

(2)现场围挡、标牌的设置。

1)施工现场必须实行封闭管理，设置进出口大门，制定门卫制度，严格执行外来人员进场登记制度。沿工地四周连续设置围挡，市区主要路段和其他涉及市容景观路段的工地设置围挡的高度不低于2.5 m，其他工地的围挡高度不低于1.8 m，围挡材料要求坚固、稳定、统一、整洁、美观。

2)施工现场必须设有"五牌一图"，即工程概况牌、管理人员名单及监督电话牌、消防保卫(防火责任)牌、安全生产牌、文明施工牌和施工现场总平面图。

3)施工现场应合理悬挂安全生产宣传和警示牌，标牌应悬挂得牢固、可靠，特别是主要施工部位、作业点和危险区域以及主要通道口都必须有针对性地悬挂醒目的安全警示牌。

(3)施工场地管理。

1)施工现场应积极推行硬地坪施工,作业区、生活区主干道地面必须用一定厚度的混凝土硬化,对场内其他道路地面也应进行硬化处理。

2)施工现场道路应畅通、平坦、整洁,无散落物。

3)施工现场应设置排水系统,排水畅通,不积水。

4)严禁泥浆、污水、废水外流或未经允许排入河道,严禁堵塞下水道和排水河道。

5)施工现场适当地方应设置吸烟处,作业区内禁止随意吸烟。

6)积极美化施工现场环境,根据季节变化,适当进行绿化布置。

(4)材料堆放、周转设备管理。

1)建筑材料、构配件、料具必须按施工现场总平面布置图堆放,布置合理。

2)建筑材料、构配件及其他料具等必须做到安全、整齐堆放(存放),不得超高。堆料应分门别类,悬挂标牌。标牌应统一制作,标明名称、品种、规格、数量等。

3)建立材料收发管理制度,仓库、工具间材料应堆放整齐,易燃易爆物品应分类堆放,由专人负责,以确保安全。

4)施工现场应建立清扫制度,落实到人,做到工完料尽场地清,车辆进出场应有防泥带出措施。建筑垃圾应及时清运,临时存放现场的也应集中堆放整齐,悬挂标牌。不用的施工机具和设备应及时出场。

5)施工设施、大模板、砖夹等应集中堆放整齐,大模板应成对放稳,角度正确。钢模及零配件、脚手扣件应分类、分规格,集中存放。竹木杂料应分类堆放,规则成方,不散不乱,不作他用。

(5)现场生活设施设置。

1)施工现场作业区与办公、生活区必须明显划分,确因场地狭窄不能划分的,要有可靠的隔离栏防护措施。

2)宿舍内应确保主体结构安全,设施完好。宿舍周围环境应保持整洁、安全。

3)宿舍内应有保暖、消暑、防煤气中毒、防蚊虫叮咬等措施。严禁使用煤气灶、煤油炉、电饭煲、热得快、电炒锅、电炉等器具。

4)食堂应有良好的通风和洁卫措施,保持卫生整洁,炊事员持健康证上岗。

5)建立现场卫生责任制,设卫生保洁员。

6)施工现场应设固定的男、女简易淋浴室和厕所,要保证结构稳定、牢固和防风雨,并实行专人管理,及时清扫,保持整洁,要有灭蚊、蝇的措施。

(6)现场消防、防火管理。

1)现场应建立消防管理制度,建立消防领导小组,落实消防责任制和责任人员,做到思想重视、措施跟上、管理到位。

2)定期对有关人员进行消防教育,落实消防措施。

3)现场必须有消防平面布置图,临时设施按消防条例的有关规定搭设,符合标准、规范的要求。

4)易燃易爆物品堆放间、油漆间、木工间、总配电室等消防防火重点部位要按规定设置灭火器和消防沙箱,并有专人负责,对违反消防条例的有关人员进行严肃处理。

5)施工现场若需用明火,应做到严格按动用明火的规定执行,审批手续齐全。

(7)医疗急救管理。展开卫生防病教育,准备必要的医疗设施,配备经过培训的急救人员,有急救措施、急救器材和保健医药箱。在现场办公室的显著位置张贴急救车和有关医院的电话号码等。

(8)社区服务管理。建立施工不扰民的措施。现场不得焚烧有毒、有害物质等。

(9)治安管理。

1)建立现场治安保卫领导小组，有专人管理。

2)对新入场的人员及时登记，做到合法用工。

3)按照治安管理条例和施工现场的治安管理规定搞好各项管理工作。

4)建立门卫值班管理制度，严禁无证人员和其他闲杂人员进入施工现场，避免安全事故和失盗事件的发生。

**3. 建立检查考核制度**

对于建设工程文明施工，国家和各地大多制定了标准或规定，也有比较成熟的经验。在实际工作中，项目应结合相关标准和规定建立文明施工考核制度，推进各项文明施工措施的落实。

**4. 抓好文明施工建设工作**

(1)建立宣传教育制度。现场宣传安全生产、文明施工、国家大事、社会形势、企业精神、优秀事迹等。

(2)坚持以人为本，加强管理人员和班组文明建设。教育职工遵纪守法，提高企业整体管理水平和文明素质。

(3)主动与有关单位配合，积极开展共建文明活动，树立企业良好的社会形象。

# 12.2 建筑工程施工现场环境管理

## 12.2.1 施工现场环境保护的要求

建设工程项目必须满足有关环境保护法律法规的要求，在施工过程中注意环境保护，这些都对企业发展、员工健康和社会文明有重要意义。

环境保护是按照法律法规、各级主管部门和企业的要求，保护和改善作业现场的环境，控制现场的各种粉尘、废水、废气、固体废弃物、噪声、振动等对环境的污染和危害。环境保护也是文明施工的重要内容之一。

**1. 建设工程施工现场环境保护的要求**

根据《中华人民共和国环境保护法》和《中华人民共和国环境影响评价法》的有关规定，建设工程项目对环境保护的基本要求如下：

(1)涉及依法划定的自然保护区、风景名胜区、生活饮用水水源保护区及其他需要特别保护的区域时，应当符合国家有关法律法规及该区域内建设工程项目环境管理的规定，不得建设污染环境的工业生产设施；建设的工程项目设施的污染物排放不得超过规定的排放标准。已经建成的设施，其污染物排放超过排放标准的，限期整改。

(2)开发利用自然资源的项目，必须采取措施保护生态环境。

(3)建设工程项目的选址、选线、布局应当符合区域、流域规划和城市总体规划。

(4)应满足项目所在区域环境质量、相应环境功能区划和生态功能区划的标准或要求。

（5）拟采取的污染防治措施应确保污染物排放达到国家和地方规定的排放标准，满足污染物总量控制要求；涉及可能产生放射性污染的，应采取有效预防和控制放射性污染措施。

（6）对于建设工程应当采用节能、节水等有利于环境与资源保护的建筑设计方案、建筑材料、装修材料、建筑构配件及设备。建筑材料和装修材料必须符合国家标准。禁止生产、销售和使用有毒、有害物质超过国家标准的建筑材料和装修材料。

（7）尽量减少建设工程施工中所产生的干扰周围生活环境的噪声。

（8）应采取生态保护措施，有效预防和控制生态破坏。

（9）对于对环境可能造成重大影响、应当编制环境影响报告书的建设工程项目，可能严重影响项目所在地居民生活环境质量的建设工程项目，以及存在重大意见分歧的建设工程项目，环保部门可以举行听证会，听取有关单位、专家和公众的意见，并公开听证结果，说明对有关意见采纳或不采纳的理由。

（10）建设工程项目中防治污染的设施，必须与主体工程同时设计、同时施工、同时投产使用。防治污染的设施经原审批环境影响报告书的环境保护行政主管部门验收合格后，该建设工程项目方可投入生产或者使用。不得擅自拆除或者闲置防治污染的设施，确有必要拆除或者闲置的，必须征得所在地的环境保护行政主管部门的同意。

（11）新建工业企业和现有工业企业的技术改造，应当采取资源利用率高、污染物排放量少的设备和工艺，采用经济、合理的废弃物综合利用技术和污染物处理技术。

（12）排放污染物的单位，必须依照国务院环境保护行政主管部门的规定申报登记。

（13）禁止引进不符合我国环境保护规定要求的技术和设备。

（14）任何单位不得将产生严重污染的生产设备转移给没有污染防治能力的单位使用。

《中华人民共和国海洋环境保护法》规定：在进行海岸工程建设和海洋石油勘探开发时，必须依照法律的规定，防止对海洋环境的污染损害。

**2. 建设工程施工现场环境保护的措施**

工程建设过程中的污染主要包括对施工场界内的污染和对周围环境的污染。对施工场界内的污染防治属于职业健康安全问题，而对周围环境的污染防治是环境保护的问题。

建设工程环境保护措施主要包括大气污染的防治、水污染的防治、噪声污染的防治、固体废弃物的处理等。

（1）大气污染的防治。

1）大气污染物的分类。大气污染物的种类有数千种，已发现有危害作用的有100多种，其中大部分是有机物。大气污染物通常以气体状态和粒子状态存在于空气中。

2）施工现场空气污染的防治措施。

①施工现场的垃圾渣土要及时清理出现场。

②在高大建筑中物清理施工垃圾时，要使用封闭式的容器或者采取其他措施处理高空废弃物，严禁凌空随意抛撒。

③施工现场道路应指定专人定期洒水清扫，形成制度，防止道路扬尘。

④对于细颗粒散体材料（如水泥、粉煤灰、白灰等）的运输、储存，要注意遮盖、密封，防止和减少扬尘。

⑤车辆开出工地时要做到不带泥沙，基本做到不撒土、不扬尘，减少对周围环境的污染。

⑥除设有符合规定的装置外，禁止在施工现场焚烧油毡、橡胶、塑料、皮革、树叶

枯草、各种包装物等废弃物品以及其他会产生有毒、有害烟尘和恶臭气体的物质。

⑦机动车都要安装减少尾气排放的装置，确保符合国家标准。

⑧工地茶炉应尽量采用电热水器。若只能使用烧煤茶炉和锅炉，应选用消烟除尘型茶炉和锅炉，大灶应选用消烟节能回风炉灶，使烟尘降至允许排放范围为止。

⑨大城市市区的建设工程已不容许搅拌混凝土。在容许设置搅拌站的工地，应将搅拌站严密封闭，并在进料仓上方安装除尘装置，采用可靠措施控制工地粉尘污染。

⑩拆除旧建筑物时，应适当洒水，防止扬尘。

(2) 水污染的防治。

1) 水污染物的主要来源。水污染的主要来源有以下几种：

①工业污染源：指各种工业废水向自然水体的排放。

②生活污染源：主要有食物废渣、食油、粪便、合成洗涤剂、杀虫剂、病原微生物等。

③农业污染源：主要有化肥、农药等。

施工现场废水和固体废物随水流流入水体部分，包括泥浆、水泥、油漆、各种油类、混凝土添加剂、重金属、酸碱盐、非金属无机毒物等。

2) 施工过程水污染的防治措施。施工过程水污染的防治措施有：

①禁止将有毒有害废弃物作土方回填。

②施工现场搅拌站废水、现制水磨石的污水、电石（碳化钙）的污水必须经沉淀池沉淀合格后再排放，最好将沉淀水用于工地洒水降尘或采取措施回收利用。

③现场存放油料的，必须对库房地面进行防渗处理，如采用防渗混凝土地面、铺油毡等措施。使用时，要采取防止油料跑、冒、滴、漏的措施，以免污染水体。

④施工现场 100 人以上的临时食堂，排放污水时可设置简易、有效的隔油池，定期清理，防止污染。

⑤工地临时厕所、化粪池应采取防渗漏措施。中心城市施工现场的临时厕所可采用水冲式厕所，并有防蝇灭蛆措施，防止污染水体和环境。

⑥化学用品、外加剂等要妥善保管，于库内存放，防止污染环境。

(3) 噪声污染的防治。

1) 噪声的分类。噪声按来源分为交通噪声（如汽车、火车、飞机等发出的声音）、工业噪声（如鼓风机、汽轮机、冲压设备等发出的声音）、建筑施工的噪声（如打桩机、推土机、混凝土搅拌机等发出的声音）、社会生活噪声（如高音喇叭、收音机等发出的声音）。噪声妨碍人们正常休息、学习和工作。为防止噪声扰民，应控制人为强噪声。

根据《建筑施工场界环境噪声排放标准》（GB 12523—2011）的要求，建筑施工场界噪声排放限值见表 12-1。

表 12-1 建筑施工场界噪声排放限值　　　　　　　　　　　　　　　　dB

| 昼间 | 夜间 |
| --- | --- |
| 70 | 55 |

2) 施工现场噪声的控制措施。噪声控制技术可从声源、传播途径、接收者防护等方面来考虑。

①声源的控制。

a. 从声源上降低噪声，这是防止噪声污染的最根本的措施。

b. 尽量采用低噪声设备和加工工艺代替高噪声设备与加工工艺，如低噪声振捣器、风机、电动空压机、电锯等。

c. 在声源处安装消声器消声，即在通风机、鼓风机、压缩机、燃气机、内燃机及各类排气放空装置等进出风管的适当位置设置消声器。

②传播途径的控制。

a. 吸声：利用吸声材料（大多由多孔材料制成）或由吸声结构形成的共振结构（金属或木质薄板钻孔制成的空腔体）吸收声能，降低噪声。

b. 隔声：应用隔声结构，阻碍噪声向空间传播，将接收者与噪声声源分隔。隔声结构包括隔声室、隔声罩、隔声屏障、隔声墙等。

c. 消声：利用消声器阻止传播。允许气流通过的消声降噪是防治空气动力性噪声的主要装置。

d. 减振降噪：对来自振动引起的噪声，通过降低机械振动减小噪声，如将阻尼材料涂在振动源上，或改变振动源与其他刚性结构的连接方式等。

③接收者的防护。让处于噪声环境下的人员使用耳塞、耳罩等防护用品，减少相关人员在噪声环境中的暴露时间，以减轻噪声对人体的危害。

④严格控制人为噪声。

a. 进入施工现场不得高声喊叫、无故甩打模板、乱吹哨，限制高声喇叭的使用，最大限度地减少噪声扰民。

b. 在人口稠密区进行强噪声作业时，需严格控制作业时间，一般晚10时到次日早6时之间停止强噪声作业。确系特殊情况必须昼夜施工时，尽量采取降低噪声措施，并会同建设单位找当地居委会、村委会或当地居民协调，发出安民告示，求得群众谅解。

(4)固体废物的处理。

1)建设工程施工工地上常见的固体废物。建设工程施工工地上常见的固体废物主要有：建筑渣土，包括砖瓦、碎石、渣土、混凝土碎块、废钢铁、碎玻璃、废屑、废弃装饰材料等；废弃的散装大宗建筑材料，包括水泥、石灰等；生活垃圾，包括炊厨废物、丢弃食品、废纸、生活用具、废电池、废日用品、玻璃、陶瓷碎片、废塑料制品、煤灰渣、废交通工具等；设备、材料等的包装材料；粪便等。

2)固体废物的处理和处置。固体废物处理的基本思想是：采取资源化、减量化和无害化的处理，对固体废物产生的全过程进行控制。固体废物的主要处理方法如下：

①回收利用。回收利用是对固体废物进行资源化的重要手段之一。粉煤灰在建设工程领域的广泛应用就是对固体废弃物进行资源化利用的典型范例。又如发达国家炼钢原料中有70%是利用回收的废钢铁，所以钢材可以看成可再生利用的建筑材料。

②减量化处理。减量化是对已经产生的固体废物进行分选、破碎、压实浓缩、脱水等减少其最终处置量，降低处理成本，减少对环境的污染。在减量化处理的过程中，也包括和其他处理技术相关的工艺方法，如焚烧、热解、堆肥等。

③焚烧。焚烧用于不适合再利用且不宜直接予以填埋处置的废物，除有符合规定的装置外，不得在施工现场熔化沥青和焚烧油毡、油漆，也不得焚烧其他可产生有毒有害和恶臭气体的废弃物。垃圾焚烧处理应使用符合环境要求的处理装置，避免对大气的二次污染。

④稳定和固化。稳定和固化处理是利用水泥、沥青等胶结材料，将松散的废物胶结包裹起来，减少有害物质从废物中向外迁移、扩散，使得废物对环境的污染减少。

⑤填埋。填埋是将固体废物经过无害化、减量化处理的废物残渣集中到填埋场进行处置。禁止将有毒有害废弃物现场填埋,填埋场应利用天然或人工屏障,尽量使需处置的废物与环境隔离,并注意废物的稳定性和长期安全性。

### 12.2.2 施工现场职业健康安全卫生的要求

为保障作业人员的身体健康和生命安全,改善作业人员的工作环境与生活环境,防止施工过程中各类疾病的发生,建设工程施工现场应加强卫生与防疫工作。

**1. 建设工程现场职业健康安全卫生的要求**

根据我国相关标准,施工现场职业健康安全卫生主要包括现场宿舍、现场食堂、现场厕所、其他卫生管理等内容。基本要符合以下要求:

(1)施工现场应设置办公室、宿舍、食堂、厕所、淋浴间、开水房、文体活动室、密闭式垃圾站(或容器)及盥洗设施等临时设施。临时设施所用建筑材料应符合环保、消防的要求。

(2)办公区和生活区应设密闭式垃圾容器。

(3)办公室内布局合理,文件资料宜归类存放,并应保持室内清洁卫生。

(4)施工企业应根据法律、法规的规定,制定施工现场的公共卫生突发事件应急预案。

(5)施工现场应配备常用药品及绷带、止血带、颈托、担架等急救器材。

(6)施工现场应设专职或兼职保洁员,负责卫生清扫和保洁。

(7)办公区和生活区应采取灭鼠、蚊、蝇、蟑螂等措施,并应定期投放和喷洒药物。

(8)施工企业应结合季节特点,做好作业人员的饮食卫生和防暑降温、防寒保暖、防煤气中毒、防疫等工作。

(9)施工现场必须建立环境卫生管理和检查制度,并应做好检查记录。

**2. 建设工程现场职业健康安全卫生的措施**

施工现场的卫生与防疫应由专人负责,其全面管理施工现场的卫生工作,监督和执行卫生法规规章、管理办法,落实各项卫生措施。

(1)现场宿舍的管理。

1)宿舍内应保证有必要的生活空间,室内净高不得小于 2.4 m,通道宽度不得小于 0.9 m,每间宿舍的居住人员不得超过 16 人。

2)施工现场宿舍必须设置可开启式窗户,宿舍内的床铺不得超过 2 层,严禁使用通铺。

3)宿舍内应设置生活用品专柜,有条件的宿舍宜设置生活用品储藏室。

4)宿舍内应设置垃圾桶,宿舍外宜设置鞋柜或鞋架,生活区内应提供为作业人员晾晒衣服的场地。

(2)现场食堂的管理。

1)食堂必须有卫生许可证,炊事人员必须持身体健康证上岗。

2)炊事人员上岗时应穿戴洁净的工作服、工作帽和口罩,并应保持个人卫生。不得穿工作服出食堂,非炊事人员不得随意进入制作间。

3)食堂炊具、餐具和公用饮水器具必须清洗消毒。

4)施工现场应加强对食品、原料的进货管理,食堂严禁出售变质食品。

5)食堂应设置在远离厕所、垃圾站、有毒有害场所等污染源的地方。

6)食堂应设置独立的制作间、储藏间,门扇下方应设置不低于0.2m的防鼠挡板。制作间灶台及其周边应贴瓷砖,所贴瓷砖高度不宜小于1.5m,地面应作硬化和防滑处理。粮食存放台距墙和地面应大于0.2m。

7)食堂应配备必要的排风设施和冷藏设施。

8)食堂的燃气罐应单独设置存放间,存放间应通风良好并严禁存放其他物品。

9)食堂制作间的炊具宜存放在封闭的橱柜内,刀、盆、案板等炊具应生熟分开。食品应有遮盖,遮盖物品应用正反面标识。各种作料和副食应存放在密闭器皿内,并应有标识。

10)食堂外应设置密闭式泔水桶,并应及时清运。

(3)现场厕所的管理。

1)施工现场应设置水冲式或移动式厕所,厕所地面应硬化,门窗应齐全。蹲位之间宜设置隔板,隔板高度不宜低于0.9m。

2)厕所大小应根据作业人员的数量设置。高层建筑施工超过8层以后,每隔四层宜设置临时厕所。厕所应设专人负责清扫、消毒、化粪池应及时清掏。

(4)其他临时设施的管理。

1)淋浴间应设置满足需要的淋浴喷头,可设置储衣柜或挂衣架。

2)盥洗间应设置满足作业人员使用的盥洗池,并应使用节水龙头。

3)生活区应设置开水炉、电热水器或饮用水保温桶;施工区应配备流动保温水桶。

4)文体活动室应配备电视机、书报、杂志等文体活动设施、用品。

5)施工现场作业人员发生法定传染病、食物中毒或急性职业中毒时,必须在2h内向施工现场所在地建设行政主管部门和有关部门报告,并应积极配合调查处理。

6)现场施工人员患有法定传染病时,应及时隔离,并由卫生防疫部门处置。

# 12.3 建筑工程绿色施工管理

## 12.3.1 绿色施工的概念

**1. 绿色施工的基本概念**

绿色施工是指工程建设中,通过施工策划、材料采购,在保证质量、安全等基本要求的前提下,通过科学管理和技术进步,最大限度地节约资源与减少对环境有负面影响的施工活动,它强调的是从施工到工程竣工验收全过程的节能、节地、节水、节材和环境保护("四节一环保")的绿色建筑核心理念。

实施绿色施工,应依据因地制宜的原则,贯彻执行国家、行业和地方相关的技术经济政策。绿色施工是可持续发展理念在工程施工中全面应用的体现,绿色施工并不仅仅是指在工程施工中实施封闭施工,没有尘土飞扬,没有噪声扰民,在工地四周栽花、种草,实施定时洒水等内容,它涉及可持续发展的各个方面,如生态与环境保护、资源与能源利用、社会与经济的发展等内容。

**2. 绿色施工原则**

绿色施工是建筑全寿命周期中的一个重要阶段。实施绿色施工,应进行总体方案优化。

在规划、设计阶段,应充分考虑绿色施工的总体要求,为绿色施工提供基础条件。

实施绿色施工,应对施工策划、材料采购、现场施工、工程验收等各阶段进行控制,加强对整个施工过程的管理和监督。绿色施工的基本原则如下:

(1)减少场地干扰、尊重基地环境。绿色施工要减少场地干扰。工程施工过程会严重扰乱场地环境,这一点对于未开发区域的新建项目尤其严重。场地平整、土方开挖、施工降水、永久及临时设施建造、场地废物处理等均会对场地上现存的动植物资源、地形地貌、地下水位等造成影响,还会对场地内现存的文物、地方特色资源等产生破坏,影响当地文脉的继承和发扬。因此,在施工中减少场地干扰、尊重基地环境对于保护生态环境、维持地方文脉具有重要的意义。业主、设计单位和承包商应当识别场地内现有的自然、文化和构筑物特征,并通过合理的设计、施工和管理工作将这些特征保存下来。可持续的场地设计对于减少这种干扰具有重要的作用。就工程施工而言,承包商应结合业主、设计单位对承包商使用场地的要求,制订满足这些要求的、能尽量减少场地干扰的场地使用计划。计划中应明确:

1)场地内哪些区域将被保护、哪些植物将被保护,并明确保护的方法。

2)怎样在满足施工、设计和经济方面要求的前提下,尽量减少清理和扰动的区域面积,尽量减少临时设施、减少施工用管线。

3)场地内哪些区域将被用作仓储和临时设施建设,如何合理安排承包商、分包商及各工种对施工场地的使用,减少材料和设备的搬动。

4)各工种为了运送、安装和其他目的对场地通道的要求。

5)废物将如何处理和消除,如有废物回填或填埋,应分析其对场地生态、环境的影响。

6)怎样将场地与公众隔离。

(2)施工结合气候。承包商在选择施工方法、施工机械,安排施工顺序,布置施工场地时应结合气候特征。这可以减少气候原因所带来的施工措施的增加、资源和能源用量的增加,有效地降低施工成本;可以减少因为额外措施对施工现场及环境的干扰;有利于施工现场环境质量品质的改善和工程质量的提高。

承包商要做到结合气候施工,首先要了解现场所在地区的气象资料及特征,主要包括降雨、降雪资料,如全年降雨量、降雪量、雨期起止日期、一日最大降雨量等;气温资料,如年平均气温,最高、最低气温及持续时间等;风的资料,如风速、风向和风的频率等。

施工结合气候的主要体现有:

1)承包商应尽可能合理地安排施工顺序,使会受到不利气候影响的施工工序能够在不利气候来临前完成。如在雨期来临之前,完成土方工程、基础工程的施工,以减少地下水位上升对施工的影响,减少其他需要增加的额外雨期施工保证措施。

2)安排好全场性排水、防洪,减少对现场及周边环境的影响。

3)施工场地布置应结合气候,符合劳动保护、安全、防火的要求。产生有害气体和污染环境的加工场(如沥青熬制、石灰熟化)及易燃的设施(如木工棚、易燃物品仓库)应布置在下风向,且不危害当地居民;起重设施的布置应考虑风、雷电的影响。

4)在冬期、雨期、风期、炎热暑期施工中,应针对工程特点,尤其是对混凝土工程、土方工程、深基础工程、水下工程和高空作业等,选择适合的季节性施工方法或有效措施。

(3)绿色施工要求节水节电环保。建设项目通常要使用大量的材料、能源和水资源。减少资源的消耗,节约能源,提高效益,保护水资源是可持续发展的基本观点。施工中资源

(能源)的节约主要有以下几方面内容：

1)水资源的节约利用。通过监测水资源的使用，安装小流量的设备和器具，在可能的场所通过重新利用雨水或施工废水等措施来减少施工期间的用水量，降低用水费用。

2)节约电能。通过监测利用率，安装节能灯具和设备、利用声光传感器控制照明灯具，采用节电型施工机械，合理安排施工时间等降低用电量，节约电能。

3)减少材料的损耗。通过更仔细的采购、合理的现场保管，减少材料的搬运次数，减少包装，完善操作工艺，增加摊销材料的周转次数等降低材料在使用中的消耗，提高材料的使用效率。

4)可回收资源的利用。可回收资源的利用是节约资源的主要手段，也是当前应加强的方向。其主要体现在两个方面：一是使用可再生的或含有可再生成分的产品和材料，这有助于将可回收部分从废弃物中分离出来，同时减少原始材料的使用，即减少自然资源的消耗；二是加大资源和材料的回收利用、循环利用，如在施工现场建立废物回收系统，再回收或重复利用在拆除时得到的材料，这可减少施工中材料的消耗量或通过销售来增加企业的收入，也可降低企业运输或填埋垃圾的费用。

(4)减少环境污染，提高环境品质。绿色施工要求减少环境污染。工程施工中产生的大量灰尘、噪声、有毒有害气体、废物等会对环境品质产生严重的影响，也将有损于现场工作人员、使用者以及公众的健康。因此，减少环境污染、提高环境品质，也是绿色施工的基本原则。提高与施工有关的室内外空气品质是该原则的最主要内容。施工过程中，扰动建筑材料和系统所产生的灰尘，从材料、产品、施工设备或施工过程中散发出来的挥发性有机化合物或微粒均会引发室内外空气品质问题。许多这些挥发性有机化合物或微粒会对健康构成潜在的威胁和损害，需要特殊的安全防护。这些威胁和损伤有些是长期的，甚至是致命的。同时，在建造过程中，这些空气污染物也可能渗入邻近的建筑物，并在施工结束后继续留在建筑物内。那些需要在房屋使用者在场的情况下进行施工的改建项目，在这方面的影响更需引起人们的重视。常用的提高施工场地空气品质的绿色施工技术措施有：

1)制订有关室内外空气品质的施工管理计划。

2)使用低挥发性的材料或产品。

3)安装局部临时排风或局部净化和过滤设备。

4)进行必要的绿化，经常洒水清扫，防止建筑垃圾堆积在建筑物内，储存好可能造成污染的材料。

5)采用更安全、更健康的建筑机械或生产方式。如用商品混凝土代替现场混凝土搅拌，可大幅度地消除粉尘污染。

6)合理安排施工顺序，尽量减少一些建筑材料如地毯、顶棚饰面等对污染物的吸收。

7)对于施工时仍在使用的建筑物而言，应将有毒的工作安排在非工作时间进行，并与通风措施相结合，在进行有毒工作时以及工作完成以后，用室外新鲜空气对现场通风。

8)对于施工时仍在使用的建筑物而言，将施工区域保持负压或升高使用区域的气压有助于防止空气污染物污染使用区域。

对于噪声的控制也是防止环境污染，提高环境品质的一个方面。当前我国已经出台了一些相应的规定对施工噪声进行限制。绿色施工也强调对施工噪声的控制，以防止施工扰民。合理安排施工时间，实施封闭式施工，采用现代化的隔离防护设备，采用低噪声、低振动的建筑机械如无声振捣设备等是控制施工噪声的有效手段。

(5)实施科学管理、保证施工质量。实施绿色施工,必须实施科学管理,提高企业管理水平,使企业从被动适应转变为主动响应,使企业实施绿色施工制度化、规范化。这将充分发挥绿色施工对可持续发展的促进作用,增加绿色施工的经济性效果,增加承包商采用绿色施工的积极性。企业通过 ISO 14001 认证是提高企业管理水平,实施科学管理的有效途径。

实施绿色施工,尽可能减少场地干扰,提高资源和材料的利用效率,增加材料的回收利用等,采用这些手段的前提是确保工程质量。好的工程质量可延长项目寿命,降低项目的日常运行费用,有利于使用者的健康和安全,可促进社会经济发展,其本身就是可持续发展的体现。

**3. 绿色施工的基本要求**

(1)绿色施工是指工程建设中,在保证质量、安全等基本要求的前提下,通过科学管理和技术进步,最大限度地节约资源与减少对环境负面影响的施工活动,实现"四节一环保"(节能、节地、节水、节材和环境保护)。

(2)我国尚处于经济快速发展阶段,作为大量消耗资源、影响环境的建筑业,应全面实施绿色施工,承担起可持续发展的社会责任。

(3)绿色施工导则用于指导绿色施工,在建筑工程的绿色施工中应贯彻执行。

(4)绿色施工应符合国家的法律、法规及相关的标准规范,实现经济效益、社会效益和环境效益的统一。

(5)实施绿色施工,应依据因地制宜的原则,贯彻执行国家、行业和地方相关的技术经济政策。

(6)运用 ISO 14000 和 ISO 18000 管理体系,将绿色施工有关内容分解到管理体系目标中去,使绿色施工规范化、标准化。

(7)鼓励各地区开展绿色施工的政策与技术研究,发展绿色施工的新技术、新设备、新材料与新工艺,推行应用示范工程。

**4. 绿色施工总体框架**

《绿色施工导则》作为绿色施工的指导性原则,共有六大块内容:①总则;②绿色施工原则;③绿色施工总体框架;④绿色施工要点;⑤发展绿色施工的新技术、新设备、新材料、新工艺;⑥绿色施工应用示范工程。

在这六大块内容中,总则主要是考虑设计、施工一体化问题。施工原则强调的是对整个施工过程的控制。

紧扣"四节一环保"内涵,根据绿色施工原则,结合工程施工实际情况,《绿色施工导则》提出了绿色施工的主要内容,根据其重要性,依次列为施工管理、环境保护、节材与材料资源利用、节水与水资源利用、节能与能源利用、节地与施工用地保护六个方面。

这六个方面构成了绿色施工总体框架,涵盖了绿色施工的基本指标,同时包含了施工策划、材料采购、现场施工、工程验收等各阶段的指标的子集,如图 12-1 所示。

绿色施工总体框架与绿色建筑评价标准结构相同,明确这样的指标体系,是为制定"绿色建筑施工评价标准"打基础。

在绿色施工总体框架中,施工管理被放在第一位是有其深层次考虑的。我国工程建设发展的情况是体量越做越大,基础越做越深,所以施工方案是绿色施工中的重大问题。如地下工程的施工,无论是采用明挖法、盖挖法、暗挖法、沉管法、还是冷冻法,都会涉

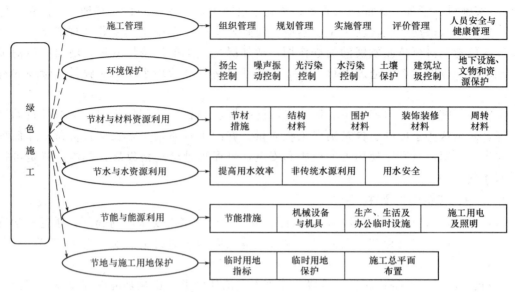

图 12-1 绿色施工总体框架

工期、质量、安全、资金投入、装备配置、施工力量等一系列问题,这是一个举足轻重的问题,对此,《绿色施工导则》在施工管理中,对施工方案确定均有具体规定。

#### 12.3.2 绿色施工技术措施

绿色施工技术要点包括绿色施工管理、环境保护技术要点、节材与材料资源利用技术要点、节水与水资源利用技术要点、节能与能源利用技术要点、节地与施工用地保护技术要点六方面内容,每项内容又有若干项要求。

**1. 绿色施工管理**

绿色施工管理主要包括组织管理、规划管理、实施管理、评价管理,以及人员安全与健康管理五个方面。

(1)组织管理。

①建立绿色施工管理体系,并制定相应的管理制度与目标。

②项目经理为绿色施工第一责任人,负责绿色施工的组织实施及目标实现,并指定绿色施工管理人员和监督人员。

(2)规划管理。

编制绿色施工方案。该方案应在施工组织设计中独立成章,并按有关规定进行审批。绿色施工方案应包括以下内容:

1)环境保护措施,编制环境管理计划及应急救援预案,采取有效措施,降低环境负荷,保护地下设施和文物等资源。

2)节材措施,在保证工程安全与质量的前提下,制定节材措施。如进行施工方案的节材优化,建筑垃圾减量化,尽量利用可循环材料等。

3)节水措施,根据工程所在地的水资源状况,制定节水措施。

4)节能措施,进行施工节能策划,确定目标,制定节能措施。

5)节地与施工用地保护措施,制定临时用地指标、施工总平面布置规划及临时用地节地措施等。

(3) 实施管理。

1) 绿色施工应对整个施工过程实施动态管理,加强对施工策划、施工准备、材料采购、现场施工、工程验收等各阶段的管理和监督。

2) 应结合工程项目的特点,有针对性地对绿色施工作相应的宣传,通过宣传营造绿色施工的氛围。

3) 定期对职工进行绿色施工知识培训,增强职工的绿色施工意识。

(4) 评价管理。

1) 对照导则的指标体系,结合工程特点,对绿色施工的效果及采用的新技术、新设备、新材料与新工艺进行自评估。

2) 成立专家评估小组,对绿色施工方案、实施过程至项目竣工,进行综合评估。

(5) 人员安全与健康管理。

1) 制定施工防尘、防毒、防辐射等措施,保障施工人员的长期职业健康。

2) 合理布置施工场地,保护生活及办公区不受施工活动的有害影响。在施工现场建立卫生急救、保健防疫制度,在安全事故和疾病疫情出现时提供及时救助。

3) 提供卫生、健康的工作与生活环境,加强对施工人员的住宿、膳食、饮用水等生活与环境卫生等的管理,明显改善施工人员的生活条件。

**2. 环境保护技术要点**

绿色施工环境保护是个很重要的问题。工程施工对环境的破坏很大,大气环境污染的主要源之一是大气中的总悬浮颗粒,粒径小于 10 $\mu m$ 的颗粒可以被人类吸入肺部,其对健康十分有害。悬浮颗粒包括道路尘、土壤尘、建筑材料尘等。《绿色施工导则》(环境保护技术要点)对土方作业阶段、结构安装装饰阶段作业区目测扬尘高度明确提出了量化指标;对噪声与振动控制、光污染控制、水污染控制、土壤保护、建筑垃圾控制、地下设施、文物和资源保护等,也提出了定性或定量要求。

(1) 扬尘控制。

1) 运送土方、垃圾、设备及建筑材料等,不污损场外道路。对运输容易散落、飞扬、流漏的物料的车辆,必须采取措施严密封闭,保证车辆清洁。施工现场出口应设置洗车槽。

2) 在土方作业阶段,采取洒水、覆盖等措施,使作业区目测扬尘高度小于 1.5 m,污染物不扩散到场区外。

3) 在结构施工、安装装饰装修阶段,作业区目测扬尘高度应小于 0.5 m。对易产生扬尘的堆放材料应采取覆盖措施;对粉末状材料应封闭存放;场区内可能引起扬尘的材料及建筑垃圾搬运应有降尘措施,如覆盖、洒水等;浇筑混凝土前清理灰尘和垃圾时尽量使用吸尘器,避免使用吹风器等易产生扬尘的设备;机械剔凿作业时可用局部遮挡、掩盖、水淋等防护措施;在高层或多层建筑中清理垃圾时,应搭设封闭性临时专用道或采用容器吊运。

4) 施工现场非作业区达到目测无扬尘的要求。对现场易飞扬物质采取有效措施,如洒水、地面硬化、围挡、密网覆盖、封闭等,防止扬尘产生。

5) 拆除构筑物机械前,应做好扬尘控制计划。可采取清理积尘、拆除体洒水、设置隔挡等措施。

6) 爆破拆除构筑物前,应做好扬尘控制计划。可采用清理积尘、淋湿地面、预湿墙体、屋面敷水袋、楼面蓄水、建筑外设高压喷雾状水系统、搭设防尘排栅和直升机投水弹等综合降尘措施。选择在风力小的天气进行爆破作业。

7)在场界四周隔挡高度位置测得的大气总悬浮颗粒物(TSP)月平均浓度与城市背景值的差值不大于 0.08 mg/m³。

(2)噪声与振动控制。

1)现场噪声排放不得超过《建筑施工场界环境噪声排放标准》(GB 12523—2011)的规定。

2)在施工场界对噪声进行实时监测与控制。监测方法符合《建筑施工场界环境噪声排放标准》(GB 12523—2011)的要求。

3)使用低噪声、低振动的机具,采取隔声与隔振措施,避免或减少施工噪声和振动。施工车辆进入现场时严禁鸣笛。

(3)光污染控制。

1)尽量避免或减少施工过程中的光污染。夜间室外照明灯加设灯罩,透光方向集中在施工范围。

2)对电焊作业采取遮挡措施,避免电焊弧光外泄。

(4)水污染控制。

1)施工现场污水排放应达到污水排放的相关的要求。

2)在施工现场应针对不同的污水,设置相应的处理设施,如沉淀池、隔油池、化粪池等。

3)排放污水时应委托有资质的单位进行废水水质检测,提供相应的污水检测报告。

4)保护地下水环境。采用隔水性能好的边坡支护技术。在缺水地区或地下水位持续下降的地区,基坑降水尽可能少地抽取地下水;当基坑开挖抽水量大于 50 万 m³ 时,应进行地下水回灌,并避免地下水被污染。

5)对于化学品等有毒材料、油料的储存地,应有严格的隔水层设计,做好渗漏液的收集和处理。

6)在使用非传统水源和现场循环再利用水的过程中,应对水质进行检测。

7)砂浆、混凝土搅拌用水应达到《混凝土用水标准》(JGJ 63—2006)的有关要求,并制定卫生保障措施,避免对人体健康、工程质量以及周围环境产生不良影响。

8)施工现场存放的油料和化学溶剂等物品应设有专门的库房,应对地面作防渗漏处理。废弃的油料和化学溶剂应集中处理,不得随意倾倒。

9)施工机械设备检修及使用中产生的油污,应集中汇入接油盘中并定期清理。

10)食堂、盥洗室、淋浴间的下水管线应设置过滤网,并应与市政污水管线连接,保证排水畅通。食堂应设隔油池,并应及时清理。

11)施工现场宜采用移动式厕所,委托环卫单位定期清理。

(5)土壤保护。

1)保护地表环境,防止土壤侵蚀、流失。对因施工造成的裸土,及时覆盖砂石或种植速生草种,以减少土壤侵蚀;若施工可能造成地表径流而使土壤流失,应采取设置地表排水系统、稳定斜坡、植被覆盖等措施,减少土壤流失。

2)保证沉淀池、隔油池、化粪池等不发生堵塞、渗漏、溢出等现象。及时清掏各类池内沉淀物,并委托有资质的单位清运。

3)对于有毒有害废弃物,如电池、墨盒、油漆、涂料等,应回收后交有资质的单位处理,不能作为建筑垃圾外运,以避免污染土壤和地下水。

4)施工后应恢复被施工活动破坏的植被(一般指临时占地内)。与当地园林、环保部门或当地植物研究机构进行合作,在先前开发地区种植当地植物或其他合适的植物,以恢复剩余空地地貌,补救施工活动中人为破坏植被和地貌所造成的土壤侵蚀。

(6)建筑垃圾控制。

1)制订建筑垃圾减量化计划,如对于住宅建筑,每万平方米的建筑垃圾不宜超过400 t。

2)加强建筑垃圾的回收再利用,力争建筑垃圾的再利用和回收率达到30%,拆除建筑物所产生的废弃物的再利用和回收率应大于40%。对于碎石类、土石方类建筑垃圾,可采用地基填埋、铺路等方式提高再利用率,力争再利用率大于50%。

3)施工现场应设置封闭式垃圾站(或容器),施工垃圾、生活垃圾应分类存放,并按规定及时清运消纳。对有毒、有害废弃物的分类率应达到100%;对有可能造成二次污染的废弃物必须单独储存,采取安全防范措施并设置醒目标识。

(7)地下设施、文物和资源保护。

1)施工前应调查清楚地下的各种设施,做好保护计划,保证施工场地周边的各类管道、管线、建筑物、构筑物的安全运行。

2)一旦在施工过程中发现文物,应立即停止施工,保护现场并通报文物部门,协助做好工作。

3)避让、保护施工场区及周边的古树名木。

4)逐步开展统计分析施工项目的 $CO_2$ 排放量,以及各种不同植被和树种的 $CO_2$ 固定量的工作。

**3. 节材与材料资源利用技术要点**

(1)节材措施。

1)图纸会审时,应审核节材与材料资源利用的相关内容,从而使材料损耗率比定额损耗率降低30%。

2)根据施工进度、库存情况等合理安排材料的采购、进场时间和批次,减少库存。

3)现场材料堆放有序。储存环境适宜,措施得当。保管制度健全,责任落实。

4)材料运输工具适宜,装卸方法得当,防止损坏和遗洒。根据现场平面布置情况就近卸载,避免和减少二次搬运。

5)采取技术和管理措施提高模板、脚手架等的周转次数。

6)优化安装工程的预留、预埋、管线路径等方案。

7)应就地取材,施工现场300 km以内生产的建筑材料用量占建筑材料总重量的70%以上。

(2)结构材料。

1)推广使用预拌混凝土和商品砂浆。准确计算采购数量、供应频率、施工速度等,在施工过程中进行动态控制。结构工程使用散装水泥。

2)推广使用高强度钢筋和高性能混凝土,以减少资源消耗。

3)推广钢筋专业化加工和配送。

4)优化钢筋配料和钢构件下料方案。制作钢筋及钢结构前应对下料单及样品进行复核,无误后方可批量下料。

5)优化钢结构制作和安装方法。大型钢结构宜采用工厂制作,现场拼装;宜采用分段吊装、整体提升、滑移、顶升等安装方法，减少方案的措施用材量。

6）采取数字化技术，对大体积混凝土、大跨度结构等专项施工方案进行优化。

（3）围护材料。

1）门窗、屋面、外墙等围护结构选用耐候性及耐久性良好的材料，在施工时确保密封性、防水性和保温隔热性。

2）门窗采用密封性能、保温隔热性能、隔声性能良好的型材和玻璃等材料。

3）屋面材料、外墙材料具有良好的防水性能和保温隔热性能。

4）当屋面或墙体等部位采用基层加设保温隔热系统的方式施工时，应选择高效节能、耐久性好的保温隔热材料，以减小保温隔热层的厚度及材料用量。

5）屋面或墙体等部位的保温隔热系统采用专用的配套材料，以加强各层次之间的粘结或连接强度，确保系统的安全性和耐久性。

6）根据建筑物的实际特点，优选屋面或外墙的保温隔热材料系统和施工方式，例如，保温板粘贴、保温板干挂、聚氨酯硬泡喷涂、保温浆料涂抹等，以保证保温隔热效果，并减少材料浪费。

7）加强保温隔热系统与围护结构的节点处理，尽量降低热桥效应。针对建筑物的不同部位的保温隔热特点，选用不同的保温隔热材料及系统，以达到经济适用的目的。

（4）装饰装修材料。

1）施工前，应对贴面类材料进行总体排版策划，减少非整块材的数量。

2）采用非木质的新材料或人造板材代替木质板材。

3）防水卷材、壁纸、油漆及各类涂料基层必须符合要求，避免起皮、脱落。各类油漆及胶粘剂应随用随开启，不用时及时封闭。

4）幕墙及各类预留、预埋应与结构施工同步。

5）木制品及木装饰用料、玻璃等各类板材等宜在工厂采购或定制。

6）采用自粘类片材，减少现场液态胶粘剂的使用量。

（5）周转材料。

1）应选用耐用、维护与拆卸方便的周转材料和机具。

2）优先选用制作、安装、拆除一体化的专业队伍进行模板工程施工。

3）模板应以节约自然资源为原则，推广使用定型钢模、钢框竹模、竹胶板。

4）施工前应对模板工程的方案进行优化。多层、高层建筑使用可重复利用的模板体系，模板支撑宜采用工具式支撑。

5）优化高层建筑的外脚手架方案，采用整体提升、分段悬挑等方案。

6）推广采用外墙保温板替代混凝土施工模板的技术。

7）现场办公和生活用房采用周转式活动房。现场围挡应最大限度地利用已有围墙，或采用装配式可重复使用围挡封闭。力争使工地临房、临时围挡材料的可重复使用率达到70%。

（6）节材与材料资源利用。绿色施工要点中关于节材与材料资源利用部分，是《绿色施工导则》的特色之一。此条对节材措施、结构材料、围护材料、装饰装修材料以及周转材料，都提出了明确要求。受现场情况约束，有些工程木模板的周转次数低的惊人，有的甚至仅用一次，对我国木材资源造成严重的浪费。绿色施工规定要优化模板及支撑体系方案，采用工具式模板、钢制大模板和早拆支撑体系，采用定型钢模、钢框竹模、竹胶板代替木模板。

(7)钢筋专业化加工与配送要求。钢筋加工配送可以大量消化通尺钢材(非标准长度钢筋,价格比定尺原料钢筋低 200~300 元/t),降低原料浪费。

(8)结构材料要求推广使用预拌混凝土和预拌砂浆。准确计算采购数量、供应频率、施工速度等,在施工过程中进行动态控制。

如果预拌砂浆在国内工程建设中全面实施,我国水泥散装率将提高 8%~10%,并能有效地带动固体废物的综合利用,经济、社会效益显著,是落实循环经济、建设节约型社会、促进节能减排的一项具体行动。

**4. 节水与水资源利用技术要点**

(1)提高用水效率。

1)在施工中采用先进的节水施工工艺。

2)施工现场喷洒路面、绿化浇灌不宜使用市政自来水。现场搅拌用水、养护用水应采取有效的节水措施,严禁无措施浇水养护混凝土。

3)施工现场供水管网应根据用水量设计布置,应做到管径合理、管路简捷,采取有效措施减少管网和用水器具的漏损。

4)对现场机具、设备、车辆冲洗用水必须设立循环用水装置。施工现场办公区、生活区的生活用水采用节水系统和节水器具,提高节水器具配置比率。项目临时用水应使用节水型产品,安装计量装置,采取有针对性的节水措施。

5)在施工现场建立可再利用水的收集处理系统,使水资源得到梯级循环利用。

6)在施工现场分别对生活用水与工程用水确定用水定额指标,并分别计量管理。

7)大型工程的不同单项工程、不同标段、不同分包生活区,凡具备条件的应分别计量用水量。在签订不同标段分包或劳务合同时,将节水定额指标纳入合同条款,进行计量考核。

8)对混凝土搅拌站点等用水集中的区域和工艺点进行专项计量考核。施工现场建立雨水、中水或可再利用水的搜集利用系统。

(2)非传统水源利用。

1)优先采用中水搅拌、中水养护,有条件的地区和工程应收集雨水养护。

2)处于基坑降水阶段的工地,宜优先采用地下水作为混凝土搅拌用水、养护用水、冲洗用水和部分生活用水。

3)现场机具、设备、车辆冲洗、喷洒路面、绿化浇灌等用水,优先采用非传统水源,尽量不使用市政自来水。

4)在大型施工现场,尤其是在雨量充沛地区的大型施工现场建立雨水收集利用系统,充分收集自然降水用于施工和生活中的适宜部位。

5)力争施工中非传统水源和循环水的再利用量大于 30%。

(3)用水安全。在非传统水源和现场循环再利用水的使用过程中,应制定有效的水质检测与卫生保障措施,以避免对人体健康、工程质量以及周围环境产生不良影响。

**5. 节能与能源利用技术要点**

(1)节能措施。

1)制定合理的施工能耗指标,提高施工能源利用率。

2)优先使用国家、行业推荐的节能、高效、环保的施工设备和机具,如选用基于变频技术的节能施工设备等。

3)施工现场分别设定生产、生活、办公和施工设备的用电控制指标,定期进行计量、核算、对比分析,并有预防与纠正措施。

4)在施工组织设计中,合理安排施工顺序、工作面,以减少作业区域的机具数量,相邻作业区充分利用共有的机具资源。安排施工工艺时,应优先考虑耗用电能或其他能耗较少的施工工艺。避免设备额定功率远大于使用功率或超负荷使用设备的现象。

5)根据当地气候和自然资源条件,充分利用太阳能、地热等可再生能源。

(2)机械设备与机具。

1)建立施工机械设备管理制度,开展用电、用油计量,完善设备档案,及时做好维修保养工作,使机械设备保持低耗、高效的状态。

2)选择功率与负载匹配的施工机械设备,避免大功率施工机械设备低负载长时间运行。机电安装可采用节电型机械设备,如逆变式电焊机和能耗低、效率高的手持电动工具等,以利节电。机械设备宜使用节能型油料添加剂,在可能的情况下考虑回收利用,以节约油量。

3)合理安排工序,提高各种机械的使用率和满载率,降低各种设备的单位能耗。

(3)生产、生活及办公临时设施。

1)利用场地自然条件,合理设计生产、生活及办公临时设施的体形、朝向、间距和窗墙面积比,使其获得良好的日照、通风和采光。南方地区可根据需要在其外墙窗设遮阳设施。

2)临时设施宜采用节能材料,墙体、屋面使用隔热性能好的材料,减少夏天空调、冬天取暖设备的使用时间及能量消耗。

3)合理配置采暖设备、空调、风扇数量,规定使用时间,实行分段分时使用,节约用电。

(4)施工用电及照明。

1)临时用电优先选用节能电线和节能灯具,临电线路设计、布置合理,临电设备宜采用自动控制装置。采用声控、光控等节能照明灯具。

2)照明设计以满足最低照度为原则,照度不应超过最低照度的20%。

## 6. 节地与施工用地保护技术要点

(1)临时用地指标。

1)根据施工规模及现场条件等因素合理确定临时设施,如临时加工厂、现场作业棚及材料堆场、办公生活设施等的占地指标。临时设施的占地面积应按用地指标所需的最低面积设计。

2)要求平面布置合理、紧凑,在满足环境、职业健康与安全及文明施工要求的前提下尽可能减少废弃地和死角,临时设施占地面积有效利用率大于90%。

(2)临时用地保护。

1)应对深基坑施工方案进行优化,减少土方开挖和回填量,最大限度地减少对土地的扰动,保护周边自然生态环境。

2)红线外临时占地应尽量使用荒地、废地,少占用农田和耕地。工程完工后,及时对红线外临时占地恢复原地形、地貌,使施工活动对周边环境的影响降至最低。

3)利用和保护施工用地范围内原有的绿色植被。对于施工周期较长的现场,可按建筑永久绿化的要求，安排场地新建绿化。

(3)施工总平面布置。

1)施工总平面布置应做到科学、合理，充分利用原有建筑物、构筑物、道路、管线为施工服务。

2)施工现场搅拌站、仓库、加工厂、作业棚、材料堆场等布置应尽量靠近已有交通线路或即将修建的正式或临时交通线路，缩短运输距离。

3)临时办公和生活用房应采用经济、美观、占地面积小、对周边地貌环境影响较小，且适合于施工平面布置动态调整的多层轻钢活动板房、钢骨架水泥活动板房等标准化装配式结构。生活区与生产区应分开布置，并设置标准的分隔设施。

4)施工现场围墙可采用连续封闭的轻钢结构预制装配式活动围挡，减少建筑垃圾，保护土地。

5)施工现场道路按照永久道路和临时道路相结合的原则布置。施工现场内形成环形通路，减少道路占用土地的情况。

6)临时设施布置应注意远近结合(本期工程与下期工程)，努力减少和避免大量临时建筑拆迁和场地搬迁。

我国绿色施工尚处于起步阶段，应通过试点和示范工程，总结经验，引导绿色施工的健康发展。各地应根据具体情况，制定有针对性的考核指标和统计制度，制定引导施工企业实施绿色施工的激励政策，促进绿色施工的发展。

### 12.3.3 绿色施工组织管理

建筑工程绿色施工应实施目标管理。2014年，住房和城乡建设部制定了《建筑工程绿色施工规范》(GB/T 50905—2014)。参建各方的责任应符合下列规定。

**1. 建设单位**

(1)向施工单位提供建设工程绿色施工的相关资料，保证资料的真实性和完整性。

(2)在编制工程概算和招标文件时，建设单位应明确建设工程绿色施工的要求，并提供场地、环境、工期、资金等方面的保障。

(3)建设单位应会同工程参建各方接受工程建设主管部门对建设工程实施绿色施工的监督、检查工作。

(4)建设单位应组织协调工程参建各方的绿色施工管理工作。

**2. 监理单位**

(1)监理单位应对建设工程的绿色施工承担监理责任。

(2)监理单位应审查施工组织设计中的绿色施工技术措施或专项绿色施工方案，并在实施过程中做好监督检查工作。

**3. 施工单位**

(1)施工单位是建筑工程绿色施工的责任主体，全面负责绿色施工的实施。

(2)实行施工总承包管理的建设工程，总承包单位对绿色施工过程负总责，专业承包单位应服从总承包单位的管理，并对所承包工程的绿色施工负责。

(3)施工项目部应建立以项目经理为第一责任人的绿色施工管理体系，负责绿色施工的组织实施及目标实现，制定绿色施工管理责任制度，组织绿色施工教育培训。定期开展自检、考核和评比工作,并指定绿色施工管理人员和监督人员。

(4)在施工现场的办公区和生活区应设置明显的有节水、节能、节约材料等具体内容的警示标识。

(5)施工现场的生产、生活、办公和主要耗能施工设备应有节能的控制措施和管理办法。对主要耗能施工设备应定期进行耗能计量检查和核算。

(6)施工现场应建立可回收再利用的物资清单,制定并实施可回收废料的管理办法,提高废料利用率。

(7)应建立机械保养、限额领料、废弃物再生利用等管理与检查制度。

(8)施工单位及项目部应建立施工技术、设备、材料、工艺的推广、限制以及淘汰公布的制度和管理方法。

(9)施工项目部应定期对施工现场绿色施工的实施情况进行检查,做好检查记录,并根据绿色施工情况实施改进措施。

(10)施工项目部应按照国家法律、法规的有关要求,做好职工的劳动保护工作。

### 12.3.4 绿色施工规范要求

为了在建筑工程中实施绿色施工,达到节约资源、保护环境和施工人员健康的目的,《建筑工程绿色施工规范》(GB/T 50905—2014)对绿色施工提出了具体要求。

**1. 施工准备**

(1)建筑工程施工项目应建立绿色施工管理体系和管理制度,实施目标管理。

(2)施工单位应按照建设单位提供的施工周边建设规划和设计资料,在施工前做好绿色施工的统筹规划和策划工作,充分考虑绿色施工的总体要求,为绿色施工提供基础条件,并合理组织一体化施工。

(3)建设工程施工前,应根据国家和地方法律法规的规定,制定施工现场环境保护和人员安全与健康等突发事件的应急预案。

(4)编制施工组织设计和施工方案时要明确绿色施工的内容、指标和方法。分部分项工程专项施工方案应涵盖"四节一环保"要求。

(5)施工单位应积极推广应用"建筑业十项新技术"。

(6)施工现场宜推行电子资料管理档案,减少纸质资料。

**2. 土石方与地基工程**

(1)一般规定。

1)通过有计划的采购、合理的现场保管,减少材料的搬运次数,减少包装,完善操作工艺,增加摊销材料的周转次数等措施,降低材料在使用中的消耗,提高材料的使用效率。

2)灰土、灰石、混凝土、砂浆宜采用预拌技术,减少现场施工扬尘,采用电子计量,节约建筑材料。

3)施工组织设计应结合桩基施工特点,有针对性地制定相应绿色施工措施,主要内容应包括组织管理措施、资源节约措施、环境保护措施、职业健康与安全措施等。

4)桩基施工现场应优先选用低噪、环保、节能、高效的机械设备和工艺。

5)土石方工程施工应加强场地保护,在施工中减少场地干扰、保护基地环境。施工时应当识别场地内现有的自然、文化和构筑物特征,并通过合理的措施将这些特征保存。

6)土石方工程在选择施工方法、施工机械、安排施工顺序、布置施工场地时应结合气候特征,减少气候原因所带来的施工措施的改变和资源消耗的增加,同时还应满足以下要求:

①合理地安排施工顺序,易受不利气候影响的施工工序应在不利气候到来前完成。

②安排好全场性排水、防洪,减少对现场及周边环境的影响。

7)土石方工程施工应符合以下要求:

①应选用高性能、低噪声、少污染的设备,采用机械化程度高的施工方式,减少使用污染排放高的各类车辆。

②施工区域与非施工区域间设置标准的分隔设施,做到连续、稳固、整洁、美观。

③易产生泥浆的施工,应实行硬地坪施工;所有土堆、料堆应采取加盖防止粉尘污染的遮盖物或喷洒覆盖剂等措施。

④土石方施工现场大门位置应设置限高栏杆、冲洗车装置;渣土运输车应有防止遗撒和扬尘的措施。

⑤土石方类建筑废料、渣土的综合利用,可采用地基填埋、铺路等方式提高再利用率,再利用率应大于50%。

⑥搬迁树木应手续齐全;在绿化施工中应科学、合理地使用、处置农药,尽量减少农药对环境的污染。

8)在土石方工程开挖过程中应详细勘察,逐层开挖,弃土应合理分类堆放、运输,遇到有腐蚀性的渣土应进行深埋处理,回填土质应满足设计要求。

9)基坑支护结构中有侵入占地红线外的预应力锚杆时,宜采用可拆式锚杆。

(2)土石方工程。

1)土石方工程在开挖前应进行挖、填方的平衡计算,综合考虑土石方最短运距和各个项目施工的工序衔接,减少重复挖填,并与城市规划和农田水利相结合,保护环境、减少资源浪费。

2)粉尘控制应符合下列规定:

①土石方挖掘施工中,表层土和砂卵石覆盖层可以用一般常用的挖掘机械直接挖装,对岩石层的开挖宜采用凿裂法施工,或者采用凿裂法适当辅以钻爆法施工;凿裂和钻孔施工宜采用湿法作业。

②爆破施工前,做好扬尘控制计划。应采用清理积尘、淋湿地面、外设高压喷雾状水系统、搭设防尘排栅和直升机投水弹等综合降尘措施。同时,应选择在风力小的天气进行爆破作业。

③土石方爆破要对爆破方案进行设计,对用药量进行准确计算,注意控制噪声和粉尘扩散。

④土石方作业采取洒水、覆盖等措施,达到作业区目测扬尘高度小于1.5 m,不扩散到场区外。

⑤四级以上大风天气,不应进行土石方工程的施工作业。

3)在土方作业中,对施工区域中的所有障碍物,包括地下文物,树木,地上高压电线、电杆、塔架和地下管线、电缆、坟墓、沟渠以及原有旧房屋等,应按照以下要求采取保护措施:

①在文物保护区内进行土方作业时,应采用人工挖土,禁止机械作业。

②施工区域内有地下管线或电缆时，禁止用机械挖土，应采用人工挖土，并按施工方案对地下管线、电缆采取保护或加固措施。

③高压线塔 10 m 范围内，禁止机械土方作业。

④发现有土洞、地道（地窖）、废井时，要探明情况，制定专项措施方可施工。

4) 喷射混凝土施工防尘应遵照以下规定：

喷射混凝土施工应采用湿喷或水泥裹砂喷射工艺。采用干法喷射混凝土施工时，宜采用下列综合防尘措施：

①在保证顺利喷射的条件下，增加集料含水率。

②在距喷头 3~4 m 处增加一个水环，用双水环加水。

③在喷射机或混合料搅拌处，设置集尘器或除尘器。

④在粉尘浓度较高地段，设置除尘水幕。

⑤加强作业区的局部通风。

⑥采用增黏剂等外加剂。

(3) 桩基工程。

1) 工程施工中成桩工艺应根据工程设计，结合当地实际情况，并参照相关规定控制指标进行优选。常用桩基成桩工艺对绿色施工的控制指标见表 12-2。

表 12-2 常用桩基成桩工艺对绿色施工的控制指标

| 桩基类型 | | 绿色施工控制指标 | | | | |
| --- | --- | --- | --- | --- | --- | --- |
| | | 环境保护 | 节材与材料资源利用 | 节水与水资源利用 | 节能与能源资源利用 | 节土与土地资源利用 |
| 混凝土灌注桩 | 人工挖孔 | √ | √ | √ | √ | √ |
| | 干作业成孔 | √ | √ | √ | √ | √ |
| | 泥浆护壁钻孔 | √ | √ | √ | √ | √ |
| | 长螺旋或旋挖钻钻孔 | √ | √ | √ | √ | √ |
| | 沉管和内夯沉管 | √ | √ | √ | √ | ○ |
| 混凝土预制桩与钢桩 | 锤击沉桩 | √ | ○ | √ | √ | ○ |
| | 静压沉桩 | ○ | ○ | √ | √ | ○ |

注："√"表明该类型桩基对对应绿色施工指标有重要影响；

"○"表明该类型桩基对对应绿色施工指标有一定影响。

2) 混凝土预制桩和钢桩施工时，施工方案应充分考虑施工中的噪声、振动、地层扰动、废气、废油、烟火等对周边环境的影响，制定针对性措施。

3) 混凝土灌注桩施工。

①施工现场应设置专用泥浆池，用以存储沉淀施工中产生的泥浆，泥浆池应可以有效防止污水渗入土壤，污染土壤和地下水源；当泥浆池沉积泥浆厚度超过容量的 1/3 时，应及时清理。

②钻孔、冲孔、清孔时清出的残渣和泥浆，应及时装车运至泥浆池内处置。

③泥浆护壁正反循环成孔工艺施工现场应设置泥浆分离净化处理循环系统。循环系统由泥浆池、沉淀池、循环槽、废浆池、泥浆泵、泥浆搅拌设备、钻渣分离装置组成，并配有排水、清渣、排废浆设施和钻渣运转通道等。施工时泥浆应集中搅拌，集中向钻孔输送。

清出的钻渣应及时采用封闭容器运出。

④桩身钢筋笼进行焊接作业时,应采取遮挡措施,避免电焊弧光外泄;同时,焊渣应随清理随装袋,待焊接完成后,及时将收集的焊渣运至指定地点处置。

⑤在市区范围内严禁敲打导管和钻杆。

4)人工挖孔灌注桩施工。人工挖孔灌注桩施工时,开挖出的土方不得长时间在桩边堆放,应及时运至现场集中堆土处集中处置,并采取覆盖等防尘措施。

5)混凝土预制桩。

①混凝土预制桩的预制场地必须平整、坚实,并设沉淀池、排水沟渠等设施。混凝土预制桩制作完成后,作为隔离桩使用的塑料薄膜、油毡等,不得随意丢弃,应收集并集中进行处理。

②现场制作预制桩用水泥、砂、石等物料存放应满足混凝土工程中的材料储存要求。水泥应入库存放,成垛码放,砂石应表面覆盖,减少扬尘。

③沉淀池、排水沟渠应能防止污水溢出;当污水沉淀物超过容量的1/3时,应进行清掏;沉淀池中污水无悬浮物后,方可排入市政污水管道或进行绿化降尘等循环利用。

6)振动冲击沉管灌注桩施工时,控制振动箱的振动频率,防止产生较大噪声,同时应避免对桩身造成破坏,浪费资源。

7)采用射水法沉桩工艺施工时,应为射水装置配备专用供水管道,同时布置好排水沟渠、沉淀池,有组织地将射水产生的多余水或泥浆排入沉淀池沉淀后,循环利用,并减少污水排放。

8)钢桩。

①现场制作钢桩应有平整、坚实的场地及挡风、防雨和排水设施。

②钢桩切割下来的剩余部分,应运至专门位置存放,并尽可能再利用,不得随意废弃,浪费资源。

9)地下连续墙。

①泥浆制作前应先通过试验确定施工配合比。

②施工时应随时测定泥浆性能并及时予以调整和改善,以满足循环使用的要求。

③施工中产生的建筑垃圾应及时清理干净,使用后的旧泥浆应该在成槽之前进行回收处理和利用。

(4)地基处理工程。

1)污染土地基处理应遵照以下规定:

①进行污染土地基勘察、监测、地基处理施工和检验时,应采取必要的防护措施以防止污染土、地下水等对人体造成伤害或对勘察机具、监测仪器与施工设备造成腐蚀。

②处理方法应能够防止污染土对周边地质和地下水环境的二次污染。

③污染土地基处理后,必须防止污染土地基与地表水、周边地下水或其他污染物的物质交换,防止污染土地基因化学物质的变化而引起工程性质及周边环境的恶化。

2)换垫法施工。

①在回填施工前,填料应采取防止扬尘的措施,避免在大风天气作业。不能及时回填土方应及时覆盖,控制回填土含水率。

②冲洗回填砂石应采用循环水,减少水资源浪费。需要混合和过筛的砂石应保持一定的湿润度。

③机械碾压优先选择静作用压路机。

3)强夯法施工。

①强夯法施工前应平整场地,周围做好排水沟渠。同时,应挖设应力释放沟(宽1 m×深2 m)。

②施工前需进行试夯,确定有关技术参数,如夯锤重量、底面直径及落距、下沉量及相应的夯击遍数和总下沉量。在达到夯实效果的前提下,应减少夯实次数。

③单夯击能不宜超过3 000 kN·m。

4)高压喷射注浆法施工。

①浆液拌制应在浆液搅拌机中进行,不得超过设备设计允许容量。同时,搅拌机应尽量靠近灌浆孔布置。

②在灌浆过程中,压浆泵压力数值应控制在设计范围内,不得超压,避免对设备造成损害,浪费资源。压浆泵与注浆管间各部件应密封严密,防止发生泄漏。

③灌浆完成后,应及时对设备四周遗洒的垃圾及浆液进行清理收集,并集中运至指定地点处置。

④现场应设置适用、可靠的储浆池和排浆沟渠,防止泥浆污染周边土壤及地下水源。

5)挤密桩法施工。

①采用灰土回填时,应对灰土提前进行拌和;采用砂石回填时,砂石应过筛,并冲洗干净,冲洗回填砂石时应采用循环水,减少水资源浪费;砂石应保持一定的湿润度,避免在过筛和混合过程中产生较大扬尘。

②桩位填孔完成后,应及时将桩四周撒落的灰土、砂石等收集清扫干净。

(6)地下水控制。

1)在缺水地区或地下水位持续下降的地区,基坑施工应选择抽取地下水量较少的施工方案,以达到节水的目的。宜选择止水帷幕、封闭降水等隔水性能好的边坡支护技术进行施工。

2)地下水控制、降排水系统应满足以下要求:

①降水系统的平面布置图,应根据现场条件合理设计场地,布置应紧凑,并应尽量减少占地。

②降水系统中的排水沟管的埋设及排水地点的选择要有防止地面水、雨水流入基坑(槽)的措施。

③降水再利用的水收集处理后应就近用于施工车辆冲洗、降尘、绿化、生活用水等。

④降水系统使用的临时用电应设置合理,采用能源利用率高、节能环保型的施工机械设备。

⑤应考虑到水位降低区域内地表及建筑物可能产生的沉降和水平位移,并制定相应的预防措施。

3)井点降水。

①根据水文地质、井点设备等因素计算井点管数量、井点管埋入深度,保持井点管连续工作且地下水抽排量适当,避免过度抽水对地质、周围建筑物产生影响。

②排水总管铺设时,避免直接敲击总管。总管应进行防锈处理,防止锈蚀污染地面。

③采用冲孔时应避免孔径过大产生过多泥浆,产生的泥浆排入现场泥浆池沉淀处置。

④钻井成孔时,采用泥浆护壁,成孔完成并用水冲洗干净后才准使用;钻井产生的泥

浆，应排入泥浆池循环使用。

⑤抽水设备设置专用机房，并有隔声防噪功能，机房内设置接油盘防止油污染。

4)采用集水明排降水时，应符合下列规定：

①基坑降水应储存使用，并应设立循环用水装置。

②降水设备应采用能源利用效率高的施工机械设备，同时建立设备技术档案，并应定期进行设备维护、保养。

5)地下水回灌。

①施工现场基坑开挖抽水量大于50万 $m^3$ 时，应采取地下水回灌，以保证地下水资源平衡。

②回灌时，水质应符合《地下水质量标准》(GB/T 14848)的要求，并按《中华人民共和国水污染防治法》和《中华人民共和国水法》的有关规定执行。

**3. 基础及主体结构工程**

(1)一般规定。

1)在图纸会审时，应增加高强度高效钢筋(钢材)、高性能混凝土的应用，利用大体积混凝土后期强度等绿色施工的相关内容。

2)钢、木、装配式结构等构件，应采取工厂化加工、现场安装的生产方式；构件的加工和进场顺序应与现场安装顺序一致；构件的运输和存放应采取防止变形和损坏的可靠措施。

3)钢结构、钢混组合结构、预制装配式结构等大型结构件安装所需的主要垂直运输机械，应与基础和主体结构施工阶段的其他工程垂直运输统一安排，减少大型机械的投入。

4)应选用能耗低、自动化程度高的施工机械设备，并由专人使用，避免空转。

5)施工现场应采用预拌混凝土和预拌砂浆，未经批准不得现场拌制。

6)应制订垃圾减量化计划，每万平方米的建筑垃圾不宜超过200 t，并分类收集，集中堆放，定期处理，合理利用，回收利用率需达到30%以上；钢材、板材等下脚料和撒落混凝土及砂浆的回收利用率需达到70%以上。

7)施工中使用的乙炔、氧气、油漆、防腐剂等危险品、化学品的运输、储存、使用及污物排放应采取隔离措施。

8)夜间焊接作业和大型照明灯具工作时，应采取挡光措施，防止强光线外泄。

9)基础与主体结构施工阶段，作业区目测扬尘高度小于0.5 m。对易产生扬尘的堆放材料应采取覆盖措施。

(2)混凝土结构工程。

1)钢筋宜采用专用软件优化配料，根据优化配料的结果合理确定进场钢筋的定尺长度。在满足相关规范要求的前提下，合理利用短筋。

2)积极推广钢筋加工工厂化与配送方式、应用钢筋网片或成型钢筋骨架。现场加工时，宜采取集中加工方式。

3)钢筋连接优先采用直螺纹套筒、电渣压力焊等接头方式。

4)进场钢筋原材料和加工半成品应存放有序、标识清晰、储存环境适宜，采取防潮、防污染等措施，保管制度健全。

5)钢筋除锈时应采取可靠措施，避免扬尘和土壤污染。

6)钢筋加工中使用的冷却水，应过滤后循环使用。应按照方案要求处理后排放。

7)钢筋加工产生的粉末状废料,应按建筑垃圾进行处理,不得随地掩埋或丢弃。

8)钢筋安装时,绑扎丝、焊剂等材料应妥善保管和使用,散落的应及时收集利用,防止浪费。

9)模板及其支架应优先选用周转次数多、能回收再利用的材料,减少木材的使用。

10)积极推广使用大模板、滑动模板、爬升模板和早拆模板等工业化模板体系。

11)采用木或竹制模板时,应采取工厂化定型加工、现场安装方式,不得在工作面上直接加工拼装;在现场加工时,应设封闭场所集中加工,采取有效的隔声和防粉尘污染措施。

12)提高模板加工、安装的精度,达到混凝土表面免抹灰或减少抹灰的厚度。

13)脚手架和模板支架宜优先选用碗扣式架、门式架等管件合一的脚手架材料搭设。

14)高层建筑结构施工,应采用整体提升、分段悬挑等工具式脚手架。

15)模板及脚手架施工应及时回收散落的铁钉、铁丝、扣件、螺栓等材料。

16)短木方应采用叉接接长后使用,木、竹胶合板的边角余料应拼接使用。

17)模板脱模剂应由专人保管和涂刷,剩余部分应及时回收,防止污染环境。

18)拆除模板时,应采取可靠措施防止损坏,及时检修维护、妥善保管,提高模板的周转率。

19)合理确定混凝土配合比,混凝土中宜添加粉煤灰、磨细矿渣粉等工业废料和高效减水剂。

20)现场搅拌混凝土时,应使用散装水泥;搅拌机棚应有封闭降噪和防尘措施;现场存放的砂、石料应采取有效的遮盖或洒水防尘措施。

21)混凝土应优先采用泵送、布料机布料浇筑,地下大体积混凝土可采用溜槽或串筒浇筑。

22)混凝土振捣应采用低噪声振捣设备或围挡降噪措施。

23)混凝土应采用塑料薄膜和塑料薄膜加保温材料覆盖保湿、保温养护;当采用洒水或喷雾养护时,养护用水宜使用回收的基坑降水或雨水。

24)混凝土结构冬期施工优先采用综合蓄热法养护,减少热源消耗。

25)浇筑剩余的少量混凝土,应制成小型预制件,严禁随意倾倒或将其作为建筑垃圾处理。

26)清洗泵送设备和管道的水应经沉淀后回收利用,浆料分离后可作室外道路、地面、散水等垫层的回填材料。

(3)砌体结构工程。

1)砌筑砂浆使用干粉砂浆时,应采取防尘措施。

2)采取现场搅拌砂浆时,应使用散装水泥。

3)砌块运输应采用托板整体包装,以减少破损。

4)块体湿润和砌体养护宜使用经检验合格的非传统水源。

5)混合砂浆掺合料可使用电石膏、粉煤灰等工业废料。

6)砌筑施工时,落地灰应及时清理收集再利用。

7)砌块砌筑应按照排块图进行;非标准砌块应在工厂加工,按比例进场,现场切割时应集中加工,并采取防尘、降噪措施。

8)毛石砌体砌筑时产生的碎石块,应用于填充毛石块间空隙,不得随意丢弃。

(4)钢结构工程。

1)钢结构深化设计时,应结合加工、安装方案和焊接工艺的要求,合理确定分段、分节数量和位置,优化节点构造,尽量减少钢材用量。

2)合理选择钢结构安装方案,大跨度钢结构优先采用整体提升、顶升和滑移(分段累积滑移)等安装方法。

3)钢结构加工应制订废料减量化计划,优化下料,综合利用下脚料,废料分类收集、集中堆放、定期回收处理。

4)钢材、零(部)件、成品、半成品件和标准件等产品应堆放在平整、干燥场地或仓库内,防止在制作、安装和防锈处理前发生锈蚀和构件变形。

5)制作和安装大跨度复杂钢结构前,应采用建筑信息三维技术模拟施工过程,以避免或减少错误或误差。

6)钢结构现场涂装应采取适当措施,减少涂料浪费和对环境的污染。

(5)其他。

1)装配式构件应按安装顺序进场,存放应支、垫可靠或设置专用支架,防止变形或损伤。

2)装配式混凝土结构安装所需的埋件和连接件、室内外装饰装修所需的连接件,应在工厂制作时准确预留、预埋。

3)钢混组合结构中的钢结构件,应结合配筋情况,在深化设计时确定与钢筋的连接方式,钢筋连接套筒焊接及预留孔应在工厂加工时完成,严禁安装时随意割孔或后焊接。

4)木结构件连接用铆榫、螺栓孔应在工厂加工时完成,不得在现场制榫和钻孔。

5)建筑工程在升级或改造时,可采用碳纤维等新颖结构加固材料进行加固处理。

6)索膜结构施工时,索、膜应工厂化制作和裁减完成,现场安装。

**4. 建筑装饰装修**

(1)一般规定。

1)建筑装饰装修工程的施工设施和施工技术措施应与基础及结构、机电安装等施工相结合,统一安排,综合利用。

2)应对建筑装饰装修工程的块材、卷材用料进行排板深化设计,在保证质量的前提下,应减少块材的切割量及其产生的边角余料量。

3)建筑装饰装修工程采用的块材、板材、门窗等应采用工厂化加工。

4)建筑装饰装修工程的五金件、连接件、构造性构件宜采用工厂化标准件。

5)对于建筑装饰装修工程使用的动力线路,如施工用电线路、压缩空气管线、液压管线等,应优化缩短线路长度,严禁跑、冒、滴、漏。

6)建筑装饰装修工程施工,宜选用节能、低噪声的施工机具,具备电力条件的施工工地,不宜选用燃油施工机具。

7)建筑装饰装修工程中采用的需要用水泥或白灰类拌和的材料,如砌筑砂浆、抹灰砂浆、粘贴砂浆、保温专用砂浆等,宜预拌,在条件不允许的情况下宜采用干拌砂浆,不宜现场配制。

8)建筑装饰装修工程中使用的易扬尘材料,如水泥、砂石料、粉煤灰、聚苯颗粒、陶粒、白灰、腻子粉、石膏粉等,应封闭运输、封闭存储。

9)建筑装饰装修工程中使用的易挥发、易污染材料,如油漆涂料、胶粘剂、稀释剂、清洗剂、燃油、燃气等,必须采用密闭容器储运,使用时,应使用相应容器盛放,不得随意溢撒或放散。

10) 建筑装饰装修工程室内装修前，宜先进行外墙封闭、室外窗户安装封闭、屋面防水等工序。

11) 对建筑装饰装修工程中受环境温度限制的工序、不易成品保护的工序，应合理安排工序。

12) 建筑装饰装修工程应采取成品保护措施。

13) 建筑装饰装修工程所用材料的包装物应全部分类回收。

14) 民用建筑工程室内装修严禁采用沥青、煤焦油类防腐、防潮处理剂。

15) 高处作业清理现场时，严禁将施工垃圾从窗口、洞口、阳台等处向外抛撒。

16) 建筑装饰装修工程应制定材料节约措施。节材与材料资源利用应满足以下指标：

①材料损耗不应超出预算定额损耗率的70%。

②应充分利用当地材料资源。施工现场300 km以内的材料用量宜占材料总用量的70%以上，或达到材料总价值的50%以上。

③材料包装回收率应达到100%。有毒有害物资分类回收率应达到100%。可再生利用的施工废弃物回收率应达到70%以上。

（2）楼、地面工程。

1) 楼、地面基层处理。

①基层粉尘清理应采用吸尘器，没有防潮要求的，可采取洒水降尘等措施。

②基层需要剔凿的，应采用噪声小的剔凿方式，如使用手钎、电铲等低噪声工具。

2) 楼、地面找平层、隔声层、隔热层、防水保护层、面层等使用的砂浆、轻集料混凝土、混凝土等应采用预拌或干拌料，干拌料的现场运输、仓储应采用袋装等方式。

3) 水泥砂浆、水泥混凝土、现制水磨石、铺贴板块材等楼、地面在养护期内严禁上人，地面养护用水应采用喷洒方式，以保持表面湿润为宜，严禁养护用水溢流。

4) 水磨石楼、地面磨制。

①应有污水回收措施，对污水进行集中处理。

②对楼、地面的洞口、管线口进行封堵，防止泥浆等进入。

③对高出楼、地面400 mm范围内的成品面层应采取贴膜等防护措施，避免污染。

④现制水磨石楼、地面房间的装饰装修，宜先进行现制水磨石工序的作业。

5) 板块面层楼、地面。

①应进行排板设计，在保证质量和观感的前提下，应减少板块材的切割量。

②板块不宜采用工厂化下料加工（包括非标尺寸块材），需要现场切割时，对切割用水应有收集装置，室外机械切割应有隔声措施。

③采用水泥砂浆铺贴时，砂浆宜边用边拌。

④石材、水磨石等易渗透、易污染的材料，应在铺贴前作防腐处理。

⑤严禁采用电焊、火焰对板块材进行切割。

（3）抹灰工程。

1) 墙体抹灰基层处理。

①基层粉尘清理应采用吸尘器，没有防潮要求的，可采取洒水降尘等措施。

②基层需要剔凿的，应采用噪声小的剔凿方式，如使用手钎、电铲等低噪声工具。

2) 对落地灰应采取回收措施，落地灰经过处理后用于抹灰利用，抹灰砂浆损耗率不应大于5%，落地砂浆应全部回收利用。

3）对抹灰砂浆应严格按照设计要求控制抹灰厚度。

4）采用的白灰宜选用白灰膏。如采用生石灰，必须采用袋装，熟化要有容器或熟化池。

5）墙体抹灰砂浆养护用水，以保持表面湿润为宜，严禁养护用水溢流。

6）对于混凝土面层抹灰，在选择混凝土施工工艺时，宜采用清水混凝土支模工艺，取消抹灰层。

(4) 门窗工程。

1）外门窗宜采用断桥型、中空玻璃等密封、保温、隔声性能好的型材和玻璃等。

2）门窗固定件、连接件等，宜选用标准件。

3）门窗制作应采用工厂化加工。

4）应进行门窗型材的优化设计，减少型材边角余料的剩余量。

5）门窗洞口预留，应严格控制洞口尺寸。

6）门窗制作尺寸应采用现场实际测量并进行核对，避免尺寸有误。

7）门窗油漆应在工厂完成。

8）木制门窗存放应作好防雨、防潮等措施，避免门窗损坏。

9）木制门窗应用薄钢板、木板或木架进行保护，塑钢或金属门窗口用贴膜或胶带贴严加以保护，玻璃应妥善运输，避免磕碰。

10）外门窗安装操作应与外墙装修同步进行，宜同时使用外墙操作平台。

11）门窗框与墙体之间的缝隙，不得采用含沥青的水泥砂浆、水泥麻刀灰等材料填嵌。

(5) 吊顶工程。

1）在吊顶龙骨间距满足质量、安全要求的情况下，应对其进行优化。

2）对吊顶高度应充分考虑吊顶内隐蔽的各种管线、设备，进行优化设计。

3）进行隐蔽验收合格后，方可进行吊顶封闭。

4）吊顶应进行块材排板设计，在保证质量、安全的前提下，应减少板材、型材的切割量。

5）吊顶板块材（非标板材）、龙骨、连接件等宜采用工厂化材料，现场安装。

6）吊顶龙骨、配件以及金属面板、塑料面板等下脚料应全部回收。

7）在满足使用功能的前提下，不宜进行吊顶。

(6) 轻质隔墙工程。

1）预制板轻质隔墙。

①预制板轻质隔墙应对预制板尺寸进行排板设计，避免现场切割。

②预制板轻质隔墙应采取工厂加工，现场安装。

③预制板轻质隔墙固定件宜采用标准件。

④预制板运输应有可靠的保护措施。

⑤预制板的固定需要电锤打孔时，应有降噪、防尘措施。

2）龙骨隔墙。

①在满足使用和安全的前提下，宜选用轻钢龙骨隔墙。

②轻钢龙骨应采用标准化龙骨。

③龙骨隔墙面板应进行排板设计，减少板材切割量。

④在墙内管线、盒等预埋进行验收后，方可进行面板安装。

3)活动隔墙、玻璃隔墙应采用工厂制作,现场安装。

(7)饰面板(砖)工程。

1)饰面板应进行排板设计,宜采用工厂下料制作。

2)饰面板(砖)胶粘剂应采用封闭容器存放,严格计量配合比并采用容器拌制。

3)用于安装饰面块材的龙骨和连接件,宜采用标准件。

(8)幕墙工程。

1)对幕墙应进行安全计算和深化设计。

2)用于安装饰面块材的龙骨和连接件,宜采用标准件。

3)幕墙玻璃、石材、金属板材应采用工厂加工,现场安装。

4)幕墙与主体结构的连接件,宜采取预埋方式施工。幕墙构件宜采用标准件。

(9)涂饰工程。

1)基层处理找平、打磨应进行扬尘控制。

2)涂料应采用容器存放。

3)涂料施工应采取措施,防止对周围设施的污染。

4)涂料施涂宜采用涂刷或滚涂,采用喷涂工艺时,应采取有效遮挡。

5)废弃涂料必须全部回收处理,严禁随意倾倒。

(10)裱糊与软包工程。

1)裱糊、软包施工,一般应在其环境中其他易污染工序完成后进行。

2)基层处理打磨应防止扬尘。

3)裱糊胶粘剂应采用密闭容器存放。

(11)细部工程。

1)橱柜、窗帘盒、窗台板、暖气罩、门窗套、楼梯扶手等成品或半成品宜采用工厂制作,现场安装。

2)橱柜、窗帘盒、窗台板、暖气罩、门窗套、楼梯扶手等成品或半成品固定打孔,应有防止粉尘外泄的措施。

3)现场需要木材切割设备,应有降噪、防尘及木屑回收措施。

4)木屑等下脚料应全部回收。

### 5. 屋面工程

(1)屋面施工应搭设可靠的安全防护设施、防雷击设施。

(2)屋面结构基层处理应洒水湿润,防止扬尘。

(3)屋面保温层施工,应根据保温材料的特点,制定防扬尘措施。

(4)屋面用砂浆、混凝土应预拌。

(5)瓦屋面应进行屋面瓦排板设计,各种屋面瓦及配件应采用工厂制作。屋面瓦应按照屋面瓦的型号、材质特征进行包装运输,减少破损。

(6)屋面焊接应有防弧光外泄的遮挡措施。

(7)有种植土的屋面,种植土应有防扬尘措施。

(8)遇5级以上大风天气,应停止屋面施工。

### 6. 建筑保温及防水工程

(1)一般规定。

1)建筑保温及防水工程的施工设施和施工技术措施应与基础及结构、建筑装饰装修、机电安装等工程施工相结合,统一安排,综合利用。

2)建筑保温及防水工程的块材、卷材用料等应进行排板深化设计,在保证质量的前提下,应减少块材的切割量及其产生的边角余料量。

3)对于保温材料、防水材料,应根据其性能,制定相应的防火、防潮等措施。

(2)建筑保温。

1)选用外墙保温材料时,除应考虑材料的吸水率、燃烧性能、强度等指标外,其材料的导热系数应满足外墙保温要求。

2)现浇发泡水泥保温。

①加气混凝土原材料(水泥、砂浆)宜采用干拌,袋装的方式。

②加气混凝土设备应有消声棚。

③拌制的加气混凝土宜采用混凝土泵车、管道输送。

④搅拌设备、泵送设备、管道等冲洗水应有收集措施。

⑤养护用水应采用喷洒方式,严禁养护用水溢流。

3)陶瓷保温。

①陶瓷外墙板应进行排板设计,减少现场切割。

②陶瓷保温外墙的干挂件宜采用标准挂件。

③陶瓷切割设备应有消声棚。

④固定件打孔产生的粉末应有回收措施。

⑤固定件宜采用机械连接,如需要焊接,应对弧光进行遮挡。

4)浆体保温。

①浆体保温材料宜采用干拌半成品,袋装,避免扬尘。

②现场拌和应随用随拌,以免浪费。

③现场拌和用搅拌机,应有消声棚。

④落地浆体应及时收集利用。

5)泡沫塑料类保温。

①当外墙为全现浇混凝土外墙时,宜采用混凝土及外保温一体化施工工艺。

②当外露混凝土构件、砌筑外墙采用聚苯板外墙保温材料时,应采取措施,防止锚固件打孔等产生扬尘。

③外墙如采用装饰性干挂板,宜采用保温板及外饰面一体化挂板。

④屋面泡沫塑料保温时,应对聚苯板进行覆盖,防止风吹,造成颗粒飞扬。

⑤聚苯板下脚料应全部回收。

6)屋面工程保温和防水宜采用防水保温一体化材料。

7)玻璃棉、岩棉保温材料,应封闭存放,剩余材料全部回收。

(3)防水工程。

1)防水基层应验收合格后进行防水材料的作业,基层处理应防止扬尘。

2)卷材防水层。

①在符合质量要求的前提下,对防水卷材的铺贴方向和搭接位置进行优化,减少卷材剪裁量和搭接量。

②宜采用自粘型防水卷材。

③采用热熔粘贴的卷材时,使用的燃料应采用封闭容器存放,严禁倾洒或溢出。

④采用胶黏的卷材时，胶黏剂应为环保型，封闭存放。

⑤防水卷材余料应全部回收。

3）涂膜防水层。

①液态涂抹原料应采用封闭容器存放，严禁溢出污染环境，剩余原料应全部回收。

②粉末状涂抹原料，应装袋或用封闭容器存放，严禁扬尘污染环境，剩余原料应全部回收。

③涂膜防水宜采用滚涂或涂刷方式，采用喷洒方式的，应有防止对周围环境产生污染的措施。

④涂膜固化期内严禁上人。

4）刚性防水层。

①混凝土结构自防水施工中，严格按照混凝土抗渗等级配置混凝土，对混凝土施工缝的留置，在保证质量的前提下，应进行优化，减少施工缝的数量。

②采用防水砂浆抹灰的刚性防水，应严格控制抹灰厚度。

③采用水泥基渗透结晶型防水涂料的，对混凝土基层进行处理时要防止扬尘。

5）金属板防水。

①采用金属板材作为防水材料的，应对金属板材进行下料设计，提高材料利用率。

②金属板焊接时，应有防弧光外泄措施。

6）防水作业宜在干燥、常温环境下进行。

7）闭水试验时，应有防止漏水的应急措施，以免漏水污染环境和损坏其他物品。

8）闭水试验前，应制定有效的回收利用闭水试验用水的措施。

### 7. 机电安装工程

（1）一般规定。

1）机电工程的施工设施和施工技术措施应与基础及结构、装饰装修等工程施工相结合，统一安排，综合利用。

2）机电工程施工前，应包括土建工程在内，进行图纸会审，对管线空间进行布置，对管线线路长度进行优化。

3）机电工程的预留预埋应与结构施工、装修施工同步进行，严禁重新剔凿、重新开洞。

4）机电工程材料、设备的存放、运输应制定保护措施。

（2）建筑给水排水及采暖工程。

1）给水排水及采暖管道安装前应与通风空调、强弱电、装修等专业做好管绘图的绘制工作，专业间确认无交叉问题且标高满足装修要求后方可进行管道的制作及安装。

2）应加强给水排水及采暖管道打压、冲洗及试验用水的排放管理工作。

3）加强节点处理，严禁冷热桥产生。

4）管道预埋、预留应与土建及装修工程同步进行，严禁重新剔凿、重新开洞现象。

5）管道工程进行冲洗、试压时，应制订合理的冲洗、试压方案，成批冲洗、试压，合理安排冲洗、试压次数。

### 8. 通风与空调工程

（1）通风管道安装前应与给水排水、强弱电、装修等专业人员做好绘图工作，专业间确认无交叉问题且标高满足装修要求后方可进行通风管道的制作及安装。

（2）风管制作宜采用工厂计算机下料，集中加工，下料应对不同规格的风管优化组合，先下大管料,后下小管料,先下长料,后下短料,能拼接的材料在允许范围内要拼接使用,边角料按规格码放,做到物尽其用,避免材料浪费。

(3)空调系统各设备间应进行联锁控制,耗电量大的主要设备应采用变频控制。

(4)设备基础的施工宜在空调设备采购订货完成后进行。

(5)加强节点处理,严禁冷热桥产生。

(6)空调水管道打压、冲洗及试验用水的排放应有排放措施。

(7)管道打压、冲洗及试验用水应优先利用施工现场收集的雨水或中水。多层建筑宜采用分层试压的方法,先进行上一楼层管道的水压试验,合格后,将水放至下一层,层层利用,以节约施工用水。

(8)风管、水管管道预埋、预留应与土建及装修工程同步进行,严禁重新剔凿、重新开洞。

(9)机房设备位置及排列形式应合理布置,宜使管线最短,弯头最少,管路便于连接并留有一定的空间,便于管理操作和维修。

### 9. 建筑电气工程及智能建筑工程

(1)加强与土建的施工配合,提高施工质量,缩短工期,降低施工成本。

1)施工前,电气安装人员应会同土建施工工程师共同审核土建和电气施工图纸,了解土建施工进度计划和施工方法,尤其是梁、柱、地面、屋面的做法和相互间的连接方式,并仔细校核自己准备采用的电气安装方法能否和这一项目的土建施工相适应。

2)针对交叉作业制定科学、详细的技术措施,合理安排施工工序。

3)在基础工程施工时,应及时配合土建做好强、弱电专业的进户电缆穿墙管及止水挡板的预留预埋工作。

4)在主体结构施工时,根据土建浇捣混凝土的进度要求及流水作业的顺序,逐层逐段地做好预留预埋配合工作。

5)在土建工程砌筑隔断墙之前应与土建工长和放线员将水平线及隔墙线核实一遍,电气人员将按此线确定管路预埋的位置及各种灯具、开关插座的位置、高程。抹灰之前,电气施工人员应将所有电气工程的预留孔洞按设计和规范要求查对核实一遍,符合要求后将箱盒稳好。

(2)采用高性能、低材耗、耐久性好的新型建筑材料;选用可循环、可回用和可再生的建材;采用工业化生产的成品,减少现场作业;遵循模数协调原则,减少施工废料;减少不可再生资源的使用。

(3)电气管线的预埋、预留应与土建及装修工程同步进行,严禁重新剔凿、重新开洞。

(4)电线导管暗敷时,宜沿最近的线路敷设并应减少弯曲,注意短管的回收利用,节约材料。

(5)不间断电源柜试运行时应有噪声监测,其噪声标准应满足:正常运行时产生的 A 级噪声不应大于 45 dB;输出额定电流为 5 A 及以下的小型不间断电源噪声,不应大于 30 dB。

(6)不间断电源安装应注意防止电池液泄漏污染环境,废旧电池应注意回收。

(7)锡焊时,为减少焊剂加热时挥发出的化学物质对人体的危害,减少有害气体的吸入量,一般情况下,电烙铁到人体的距离应不小于 20 cm,通常以 30 cm 为宜。

(8)推广免焊接头,尽量减少焊锡锅的使用。

(9)电气设备的试运行时间按规定运行,但不应超过规定时间的 1.5 倍。

(10)临时用电宜选用低耗低能供电导线,合理设计、布置临电线路,临电设备宜采用自动控制装置,采用声控、光控等节能照明灯具。

(11)放线时应由施工员计算好剩余线量,避免浪费。

(12)建筑物内大型电气设备的电缆供应应在设计单位对实际用电负荷核算后进行。

**10. 电梯工程**

(1)电梯井结构施工前应确定电梯的有关技术参数,以便做好预留预埋工作。

(2)电梯安装过程中,应对导轨、导靴、对重、轿厢、钢丝绳及其他附件按说明书要求进行防护,露天存放时防止受潮。

(3)井道内焊接作业应保证良好通风。

**11. 拆除工程**

(1)一般规定。

1)拆除工程应贯彻环保拆除的原则,应重视建筑拆除物的再生利用,积极推广拆除物分类处理技术。建筑拆除过程中产生的废弃物的再利用和回收率应大于40%。

2)拆除工程施工应制订拆除施工方案。

3)拆除工程应对其施工时间及施工方法予以公告。

4)建筑拆除后,场地不应成为废墟,应对拆除后的场地进行生态复原。

5)在恶劣的气候条件下,严禁进行拆除工作。

6)实行"四化管理"。"四化管理"包括强化建筑拆除物"减量化"管理,加强并推进建筑拆除物的"资源化"研究和实践,实行"无害化"处理,推进建筑拆除物利用的"产业化"。

7)应按照"属地负责、合理安排、统一管理、资源利用"的原则,合理确定建筑拆除物临时消纳处置场所。

(2)施工准备。

1)拆除施工前应对周边50 m以内的建筑物及环境情况进行调查,对将受影响的区域予以界定;对周边建筑现状采用裂缝素描、摄影、摄像等方法予以记录。

2)拆除施工前应对周边进行必要的围护。围护结构应以硬质板材为主,且应在围护结构上设置警示性标示。

3)拆除施工前应制订应急救援方案。

4)在拆除工程作业中,若发现不明物体,应停止施工并采取相应的应急措施,保护现场,及时向有关部门报告。

5)根据拆除工程施工现场作业环境,制定消防安全措施。施工现场应设置消防车通道,保证充足的消防水源,配备足够的灭火器材。

(3)绿色拆除施工措施。

1)拆除工程按建筑构配件破坏与否可分为保护性拆除和破坏性拆除;按施工方法可分为人工拆除、机械拆除和爆破拆除。

2)保护性拆除。

①装配式结构、多层砖混结构和构配件直接利用价值高的建筑应采用完好性拆除。

②可采用人工拆除或机械拆除,也可两种方法配合拆除。

③拆除时应按建造施工顺序逆向拆除。

④为防粉尘,应用水淋洒拆除部位,但淋洒后的水不应污染环境。

3)对建筑构配件直接利用价值不高的建筑物、构筑物,可采用破坏性拆除。

①破坏性拆除可选用人工拆除、机械拆除或爆破拆除方法，也可几种方法配合使用。

②在正式爆破之前，应进行小规模范围试爆，根据试爆结果修改原设计，采取必要的防护措施，确保爆破飞石被控制在有效范围内。

③当用钻机钻成爆破孔时，可采用钻杆带水作业或减少粉尘的措施。

④爆破拆除时，可悬挂塑料水袋于待爆破拆除建构物各爆点四周或采用多孔微量爆破方法。

⑤在爆破完成后，可及时用消防高压水枪进行高空喷洒水雾消尘。

⑥防护材料可选择铁丝网、草袋子和胶皮带等。

⑦对于需要重点防护的范围，应在其附近架设防护排架，在其上挂金属网。

4) 当采用爆破拆除时，尽量采用噪声小、对环境影响小的措施，如静力破碎、线性切割等。

①采用具有腐蚀性的静力破碎剂作业时，灌浆人员必须戴防护手套和防护眼镜。孔内注入破碎剂后，作业人员应保持安全距离，严禁在注孔区域行走。

②静力破碎剂严禁与其他材料混放。

③在相邻的两孔之间，严禁钻孔与注入破碎剂同步进行施工。

④使用静力破碎发生异常情况时，必须停止作业，查清原因并采取相应措施确保安全后，方可继续施工。

5) 对烟囱、水塔等高大建构筑物进行爆破拆除，进行爆破拆除设计时应考虑控制构筑物倒塌时的触地振动，必要时应在倒塌范围内铺设缓冲垫层和开挖减振沟。

(4) 建筑拆除物的综合利用。

1) 建筑拆除物处置单位应不得将建筑拆除物混入生活垃圾，不得将危险废弃物混入建筑拆除物。

2) 拆除的门窗、管材、电线等完好的材料应回收重新利用。

3) 拆除的砌体部分，能够直接利用的砖应回收重新利用，不能直接利用的宜运送到统一的管理场地，其可作为路基垫层的填料。

4) 拆除的混凝土经破碎筛分机处理后，可作为再生集料配制低强度等级再生集料混凝土，用于地基加固、道路工程垫层、室内地坪及地坪垫层。

5) 拆除的钢筋和钢材（铝材）：经分拣、集中、再生利用，可经再加工制成各种规格的钢材（铝材）。

6) 拆除的木材或竹材可作为模板和建筑用材再生利用，也可用于制造人造木材或将木材用破碎机粉碎，作为造纸原料或作为燃料使用。

(5) 拆除场地的生态复原。

1) 对拆除工程的拆除场地应进行生态复原。

2) 拆除工程的生态复原贯彻生态性与景观性原则和安全性与经济性原则。

3) 当需要生态复原时，拆除施工单位应按拆除后的土地用途进行生态复原。

4) 建筑物拆除后应恢复地表环境，避免土壤被有害物质侵蚀、流失。

5) 建筑拆除场地内的沉淀池、隔油池、化粪池等不发生堵塞、渗漏、溢出等现象，并应有应急预案，避免堵塞、渗漏、溢出等现象导致对土壤、水等环境的污染。

## 项目小结

绿色施工作为建筑全寿命周期中的一个重要阶段,是实现建筑领域资源节约和节能减排的关键环节。绿色施工是指工程建设中,在保证质量、安全等基本要求的前提下,通过科学管理和技术进步,最大限度地节约资源并减少对环境有负面影响的施工活动,实现节能、节地、节水、节材和环境保护("四节一环保")。

文明施工是指保持施工现场良好的作业环境、卫生环境和工作秩序。因此,文明施工也是保护环境的一项重要措施。文明施工主要包括:规范施工现场的场容,保持作业环境的整洁卫生;科学组织施工,使生产有序进行;减少施工对周围居民和环境的影响;遵守施工现场文明施工的规定和要求,保证职工的安全和身体健康。

环境保护是按照法律法规、各级主管部门和企业的要求,保护和改善作业现场的环境,控制现场的各种粉尘、废水、废气、固体废弃物、噪声、振动等对环境的污染和危害。环境保护也是文明施工的重要内容之一。

为保障作业人员的身体健康和生命安全,改善作业人员的工作环境与生活环境,防止施工过程中各类疾病的发生,建设工程施工现场应加强卫生与防疫工作。

绿色施工技术要点包括绿色施工管理、环境保护技术要点、节材与材料资源利用技术要点、节水与水资源利用技术要点、节能与能源利用技术要点、节地与施工用地保护技术要点六方面内容,每项内容又有若干项要求。

为了在建筑工程中实施绿色施工,达到节约资源、保护环境和施工人员健康的目的,国家制定了《建筑工程绿色施工规范》(GB/T 50905—2014)。其对绿色施工提出了具体要求。

## 复习思考题

12—1 什么是绿色施工?包括哪些内容?
12—2 什么是文明施工?其总体要求有哪些?
12—3 落实文明施工的各项管理措施有哪些?
12—4 建设工程项目对环境保护的基本要求有哪些?
12—5 建设工程环境保护措施有哪些?
12—6 何谓噪声污染,其来源有哪些?
12—7 施工现场噪声的控制措施有哪些?
12—8 固体废物的主要处理方法有哪些?
12—9 施工现场职业健康安全卫生的要求有哪些?
12—10 绿色施工基本原则有哪些?
12—11 绿色施工基本要求有哪些?
12—12 绿色施工环境保护技术要点有哪些?
12—13 绿色施工节材与材料资源利用技术要点有哪些?

12—14 绿色施工节水与水资源利用技术要点有哪些？
12—15 绿色施工节能与能源利用技术要点有哪些？
12—16 绿色施工节地与施工用地保护技术要点有哪些？
12—17 土石方与地基工程绿色施工有何要求？
12—18 基础及主体结构工程绿色施工有何要求？
12—19 装饰工程绿色施工有何要求？
12—20 建筑保温工程绿色施工有何要求？

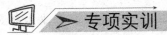 专项实训

## 制订建筑工程绿色施工方案

实训目的：体验建筑工程绿色施工管理氛围，熟悉绿色施工规范的基本要求。
材料准备：①工程现场。
②施工图纸。
③相关规范标准。
④联系施工现场负责人。
⑤设计工程过程。
实训步骤：划分小组→分配工作任务→走访施工现场→进行资料整理→完成绿色施工方案。
实训结果：①熟悉建筑工程绿色施工氛围。
②掌握绿色施工规范的基本要求。
③编制绿色施工方案。
注意事项：①学生角色扮演真实。
②工作程序设计合理。
③充分发挥学生的积极性、主动性与创造性。

# 参 考 文 献

[1] 国家标准.GB 55032—2022 建筑与市政工程施工质量控制通用规范[S].北京：中国建筑工业出版社，2022.

[2] 国家标准.GB 55034—2022 建筑与市政施工现场安全卫生与职业健康通用规范[S].北京：中国建筑工业出版社，2022.

[3] 国家标准.GB 55023—2022 施工脚手架通用规范[S].北京：中国建筑工业出版社，2022.

[4] 全国一级建造师执业资格考试用书编委会.建设工程项目管理[M].北京：中国建筑工业出版社，2015.

[5] 全国一级建造师执业资格考试用书编委会.建筑工程管理与实务[M].北京：中国建筑工业出版社，2015.

[6] 郝永池.绿色建筑与绿色施工[M].北京：清华大学出版社，2015.

[7] 罗中，张涛.建设工程项目管理[M].哈尔滨：哈尔滨工业大学出版社，2013.

[8] 郝永池.建筑工程项目管理[M].北京：人民邮电出版社，2016.

[9] 李云峰.建筑工程质量与安全管理[M].北京：化学工业出版社，2009.

[10] 张瑞生.建筑工程质量与安全管理[M].北京：中国建筑工业出版社，2007.